高职高专活页式教材
校企双元合作开发教材



# AutoCAD 案例教程

主　编　张树财
副主编　吴家安
编　委　朱百合　于　亮
韩　迪　王学明

东北大学出版社
·沈　阳·

图书在版编目（CIP）数据

AutoCAD 案例教程 / 张树财主编. — 沈阳 ：东北大学出版社，2023. 9

ISBN 978-7-5517-3355-7

Ⅰ. ①A… Ⅱ. ①张… Ⅲ. ①AutoCAD 软件—案例—教材 Ⅳ. ①TP391. 72

中国国家版本馆 CIP 数据核字（2023）第 191315 号

## 内容简介

本书是根据教育部高职高专最新的教学指导方案要求，专门为高职高专院校的机电自动化类专业“AutoCAD 工程制图”课程编写的活页式教材。本书将专业知识传授、职业技能培训与劳动精神、劳模意识等思政元素有机结合，以通过实践教学提高学生的综合素质。

本书集科学性、实用性、新颖性和可读性于一体。在内容安排上，本书精选出与 AutoCAD 绘图过程相关的若干任务，同时将各类操作技能命令进行重新编排，将操作技能命令的学习融入绘制图样案例，使得各类知识点从图样中由浅入深地表达出来，并通过“知识点精”部分总结出实用技能技巧。本书各项目教学内容之间，逻辑上环环相扣，内容上彼此衔接，功能上优化整合，为学生后续参加职业技能考试打下坚实基础。

本书配有微课视频资源，方便教师教学和零基础学生自学使用。

出 版 者：东北大学出版社
地址：沈阳市和平区文化路三号巷 11 号
邮编：110819
电话：024-83687331（市场部） 83680267（社务部）
传真：024-83680180（市场部） 83680265（社务部）
网址：http://www.neupress.com
E-mail：neuph@neupress.com
印 刷 者：辽宁一诺广告印务有限公司
发 行 者：东北大学出版社
幅面尺寸：185 mm×260 mm
印 张：15. 5
字 数：368 千字
出版时间：2023 年 9 月第 1 版
印刷时间：2023 年 9 月第 1 次印刷
策划编辑：牛连功
责任编辑：周 朦
责任校对：王 旭
封面设计：潘正一

ISBN 978-7-5517-3355-7 定 价：48.00 元

# 前　言

高职高专层次机电自动化类专业人才在企业中的就业方向比较灵活，既可以就业于各类工矿企业，如电力、化工、冶金、汽车制造、纺织等行业企业，从事自动化系统及设备的日常维护、技术改造、故障维修等工作，也可以从事技术合作项目的洽谈、设计、安装、调试及后期技术服务等工作。通过对本行业的调查，我们清晰地认识到为各类企业培养机电自动化类专业人才的重要性和紧迫性。随着我国制造业的快速发展，社会急需高素质、高技能，同时掌握机械、电气自动化、电力自动化、生产过程自动化的复合型人才。因此，机电自动化类专业具有广阔的发展空间。

“AutoCAD 工程制图”课程是机电自动化技术创新型高技能人才必须学习的基本课程，也是高职高专院校机电自动化类专业（电气自动化、电力自动化、城市轨道供配电、铁道供电专业）的一门重要的专业基础课。

为了满足高职高专院校机电自动化类专业学生学习“AutoCAD 工程制图”课程的需要，我们组织多年从事机械设计、电气制图工作，以及在教学第一线且具有扎实的专业基础、理论知识与丰富实践经验的专业教师编写了本书。

本书以训练学生 AutoCAD 制图技能为目标，详细介绍了利用 AutoCAD 完成机械制图、电气制图的操作方法。学生掌握 AutoCAD 基本操作技能后，可以独立完成工程图样的绘制。在绘图过程中，学生可以养成“精益求精，勇于创新”的精神。

本书具有以下五项特色。

（1）配有数字化素材和微课视频，并以二维码形式体现于书中，便于学生课前预习和课后复习相关知识技能，且有利于“AutoCAD 工程制图”课程资源库的建设。

（2）各任务均设置“知识点精”部分，主要用于提炼出教学中的知识点精华。此部分作为学习要点，学生应重点学习。教师通过对此部分进行讲解，可以教育学生在学习过程中要善于总结，无论是学习理论课程还是掌握实践技能，都要善于进行提炼、归纳、总结。

（3）图形案例形式多样，分层设计。各任务的开始有针对各知识点讲解而设置的知识点图样，各任务的最后有巩固提高案例；各项目有综合任务进阶案例；最后两个项目是机械制图综合案例和电气制图综合案例。

（4）教学案例为具有职业特点的课程思政教育案例。案例素材体现工匠精神、团结协作、友谊互助等思想政治教育理念。

（5）采用最新版本绘图软件，即 AutoCAD 2022 中文版。

本书由内蒙古交通职业技术学院张树财担任主编，负责本书的策划统筹工作；由哈尔滨市农业科学院吴家安担任副主编，负责企业技术支持工作。其中，项目二、项目四由张树财编写；项目七、项目八由朱百合编写；项目一、项目九由于亮编写；项目三、项目十由韩迪编写；项目五、项目六由王学明编写。

由于编者水平有限，加之时间仓促，本书中难免存在疏漏之处，恳请读者批评、指正。

编　者<br>2023 年 6 月

# 目　录

# 项目一

# AutoCAD 基础

AutoCAD 是一款由 Autodesk 公司开发的计算机辅助设计(CAD)软件，在建筑、工程、制造和设计等领域被广泛使用。该软件有多种版本，本书主要讲解 AutoCAD 2022 中文版(以下简称 AutoCAD)。

AutoCAD 是一款功能强大的绘图和设计工具。它提供了丰富的功能和工具，可以帮助用户进行二维和三维图形的创建、编辑及分析；具有直观的用户界面和灵活的命令系统，可以满足不同用户的需求。

## 知识目标

为了掌握 AutoCAD 的基础知识，需要实现以下 5 个知识目标：

(1)了解 AutoCAD 的用户界面，包括工具栏、菜单栏、命令行和属性面板等，熟悉各个界面元素的功能及用途；

(2)熟悉选择对象的常用方法；

(3)熟悉重复命令和取消已执行的操作；

(4)熟悉图层的概念和使用方法；

(5)熟悉调用 AutoCAD 命令的方法。

## 技能目标

(1)熟知 AutoCAD 操作界面的命令名称及功用。

(2)熟练掌握调用工具栏的方法。

(3)熟练设置图层，能够创建、修改和删除图层，掌握图层的属性(如颜色、线型、可见性等)设置。

## 素质目标

绘图操作过程中需要熟练掌握各命令名称及功用，以便提高绘图效率。

# 任务一　AutoCAD 用户界面

## 任务情景

不同版本的 AutoCAD，其绘图界面的布局也会有所差别。为了能够更加高效地完成绘制工作，学生应熟悉 AutoCAD 的用户界面，使绘图变得更加简单高效。

## 任务目标

熟悉 AutoCAD 用户界面。

## 任务要求

培养学生认知用户界面各区域名称的能力。

## 任务思考

熟练掌握绘图操作技能，能够更有效地绘制图形，因此，对用户界面认知及熟悉程度会影响绘图效率。

## 任务实施

### 一、鼠标操作技巧

在 AutoCAD 操作中，鼠标的使用最为重要，不同的操作鼠标的方法可以触发不同的功能。鼠标相关操作如表 1-1 所列，鼠标光标不同形状的含义如表 1-2 所列。

**表 1-1　鼠标相关操作**

| 名称 | 鼠标操作动作 | 应用 |
| --- | --- | --- |
| 单击 | 点击鼠标左键一次 | 选取工具栏命令，拾取点和选择对象，选择与操作对话框中的栏目，等等 |
| 双击 | 连续且快速点击鼠标左键两次 | 打开程序和文件，打开特性管理器 |
| 右击 | 点击鼠标右键一次 | 调用快捷菜单；代替“Enter”键，用于结束某个命令 |
| 拖动 | 按住鼠标左键，并移动鼠标，使光标移动到另一个位置后，释放鼠标左键 | 移动工具栏位置 |

表 1-1(续)

| 名称 | 鼠标操作动作 | 应用 |
|---|---|---|
| 拖动滚轮 | 按住鼠标滚轮，并移动鼠标，使光标移动 | 当绘图区光标变为手形时，移动图形 |
| 双击滚轮 | 连续且快速点击鼠标滚轮两次 | 将屏幕图形全部显示在绘图区 |
| 滚轮滚动 | 滚动鼠标滚轮(中键) | 放大和缩小屏幕图形(向前滚动滚轮为放大，向后滚动滚轮为缩小) |
| Shift+拖动滚轮 | 同时按住“Shift”键和鼠标滚轮，并移动鼠标，使光标移动 | 对图形触发三维动态观察 |

表 1-2　鼠标光标不同形状的含义

| 形状 | 含义 | 形状 | 含义 |
|---|---|---|---|
|  | 正常绘图状态 |  | 调整右上左下大小 |
|  | 选择状态 |  | 调整左右大小 |
|  | 输入状态 |  | 调整左上右下大小 |
|  | 选择目标状态 |  | 调整上下大小 |
|  | 实时放大状态 |  | 视图平移符号 |
|  | 移动实体状态 |  | 插入文本符号 |
|  | 调整命令窗大小 |  | 帮助超文本跳转 |

## 二、AutoCAD 用户界面

AutoCAD 用户界面由标题栏、菜单栏、功能区、工具栏、绘图区、命令行和状态栏等组成，标题栏如图 1-1 所示。

AutoCAD 用户界面

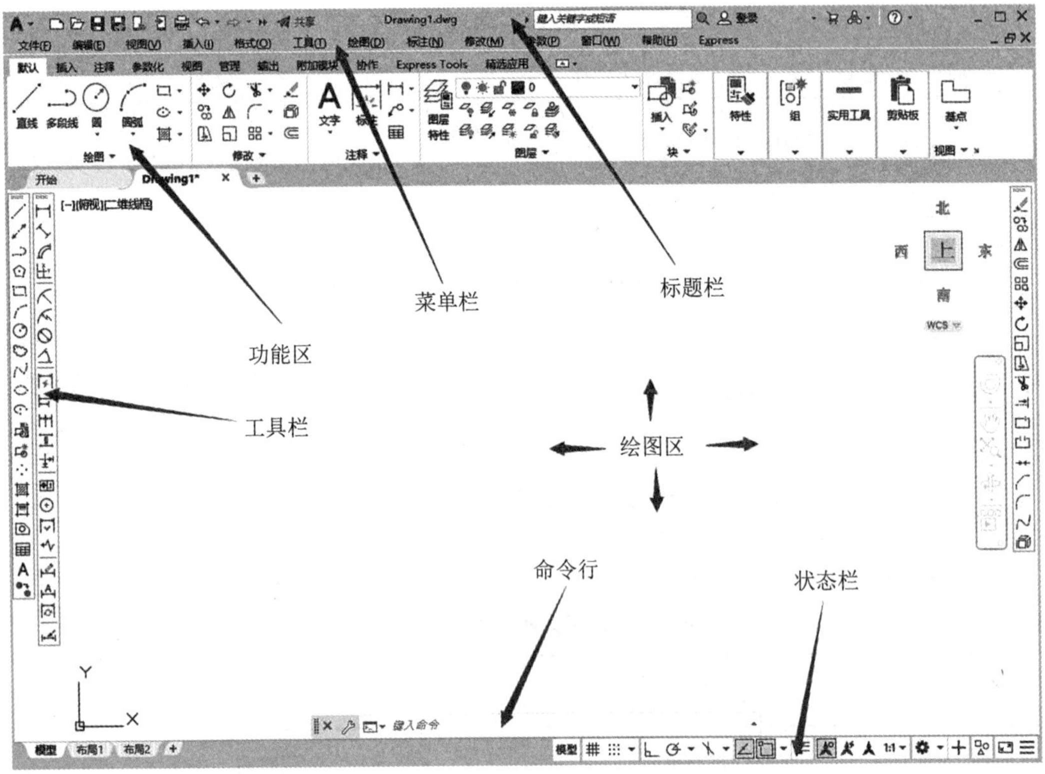


**图 1-1　AutoCAD 用户界面**

## (一)标题栏

标题栏通常包括软件名称、绘图文件名称、当前工具栏、当前视图的缩放比例等信息。在 AutoCAD 中，标题栏可以显示当前绘图文件的名称和路径，以及当前的工作区、布局、绘图比例等信息。标题栏可以帮助用户快速了解当前绘图的状态和属性，方便用户进行操作和编辑标题栏。标题栏如图 1-2 所示。

**图 1-2　标题栏**

## (二)菜单栏

菜单栏提供了大量的命令和功能，可以通过单击菜单项来执行相应的命令。菜单项可以通过自定义菜单的方式来添加、修改和删除，使得 AutoCAD 更适合个人需求。菜单栏如图 1-3 所示。

**图 1-3　菜单栏**

## (三)功能区

功能区提供了常用命令和功能图标，分为多个选项卡，可以通过切换选项卡来显示不同功能面板，并可以通过单击功能面板上的图标来执行相应的命令。功能区如图 1-4 所示。

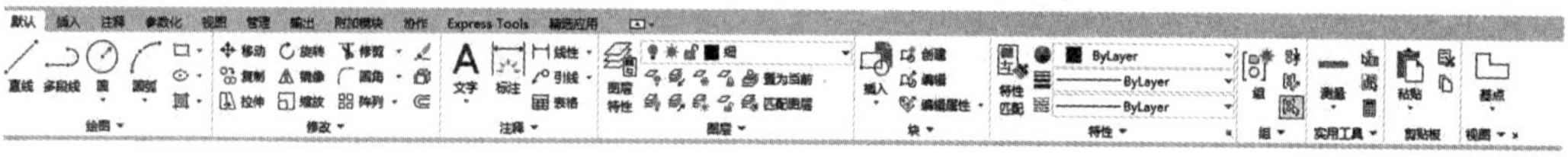

图 1-4　功能区

## (四)工具栏

通过菜单栏的“工具”→“工具栏”→“AutoCAD”，调用 AutoCAD 提供的一些默认工具栏，也可以通过自定义工具栏的方式来添加、修改和删除工具栏，以便更好地满足用户个人需求。

常用工具栏有绘图工具栏(图 1-5)、修改工具栏(图 1-6)和标注工具栏(图 1-7)。

图 1-5　绘图工具栏

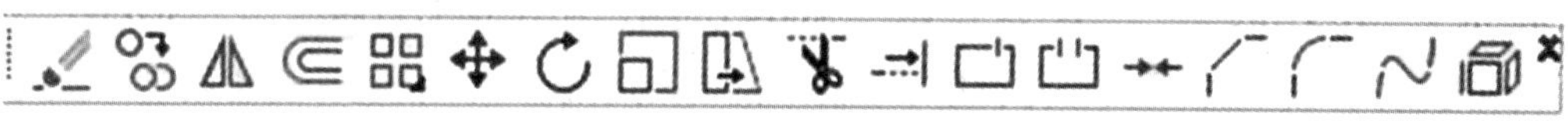

图 1-6　修改工具栏

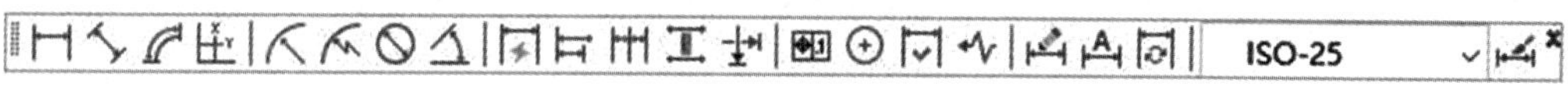


图 1-7　标注工具栏

## (五)绘图区

绘图区是 AutoCAD 中用于绘制图形的主要区域，可以通过操作鼠标、键盘等方式绘制图形。绘图区具有放大、缩小、旋转、移动等功能，可以方便用户进行图形编辑和操作。绘图区如图 1-8 所示。

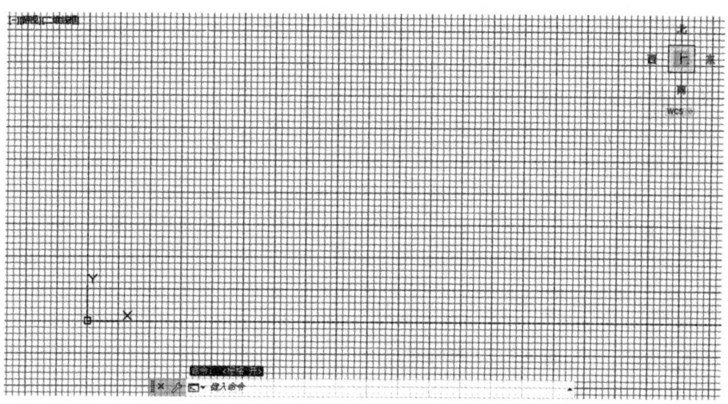

图 1-8　绘图区

### （六）命令行

命令行是 AutoCAD 中最常用的命令输入方式，可以通过键盘输入命令和参数方式执行相应的操作。命令行具有命令提示、自动补全、历史记录等功能，大大提高了用户的工作效率。命令行如图 1–9 所示。

**图 1–9　命令行**

> ☞ **知识点精**　*初学者在绘图过程中，应根据命令行的提示进行绘图操作。*

### （七）状态栏

状态栏显示当前 AutoCAD 的状态信息，如模型空间、栅格、捕捉、正交、极轴追踪、对象捕捉、线宽等，如图 1–10 所示。

**图 1–10　状态栏**

## 任务二　AutoCAD 基本操作

文件的新建和保存是 AutoCAD 使用过程中最基础的操作，命令的调用及功能的使用也是 AutoCAD 使用过程中必备的技能。

### 任务情景

AutoCAD 的使用场合比较广泛，在机械、电气、土木工程、建筑等领域应用较多。更省力地绘图、更便捷地修改是使用 AutoCAD 的两大原因。

### 任务目标

熟练调用绘图命令。

### 任务要求

（1）培养学生熟练操作绘图命令的能力。

（2）培养学生熟练操作图层命令的能力。

## 任务思考

在命令调用过程中，选择更为便捷的方式，有助于节省绘图时间。

## 任务实施

# 一、文件管理

## (一)新建图形文件

文件管理

在 AutoCAD 工作界面中，用以下方式新建图形文件。

(1)菜单栏：选择“文件”→“新建”命令。

(2)工具栏：单击“ ”按钮。

(3)命令行：输入“NEW”。

(4)快捷键：按“Ctrl+N”快捷键。

选择上述 4 种方式之一进行操作，然后弹出如图 1-11 所示的“选择样板”对话框，用户可以根据需要选择一个预设的样板文件；当选中某个文件时，该对话框右侧的“预览”窗口中会显示其效果；单击“打开(O)”按钮，即可新建一个图形文件。

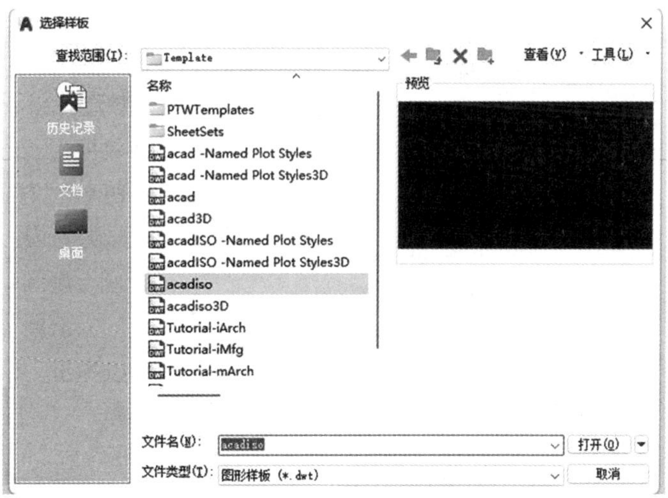


图 1-11　“选择样板”对话框

## (二)保存图形文件

绘制好的图形要及时存盘，便于以后调用或修改。保存图形文件的方法有“快速保存”和“另存为”2 种。

1.快速保存

“快速保存”用于保存对当前图形文件所做的修改，即使用当前图形文件的名称和文件类型保存。其操作方式有以下 4 种。

(1)菜单栏：选择“文件”→“保存”命令。

(2)工具栏：单击“”按钮。

(3)命令行：输入“QSAVE”。

(4)快捷键：按“Ctrl+S”快捷键。

2.另存为

“另存为”用于换文件名存盘或换文件格式存盘。其操作方式有以下 2 种。

(1)菜单栏：选择“文件”→“另存为”命令。

(2)命令行：输入“SAVE”。

执行“另存为”命令后，弹出如图 1-12 所示的“图形另存为”对话框；用户在该对话框中确定好保存路径、文件名和文件类型以后，单击“保存(S)”按钮，即可实现图形文件的存储。

**图 1-12 “图形另存为”对话框**

在“图形另存为”对话框的“文件类型”下拉列表中，可以选择 7 种文件类型存储当前图形文件。它提供了一些与 AutoCAD 前期版本兼容的文件格式，也可以将当前图形的全部信息以文本形式保存为 DXF 格式。

存盘后，标题栏上会显示当前文件的名字和路径。AutoCAD 默认的文件后缀为“.dwg”。如果继续绘制或修改图形，再存盘时，单击按钮使用“快速保存”的方法，系统会自动以原名、原目录保存修改后的文件，而不必使用“另存为”的方法进行保存。

如果是新建的图形，使用“快速保存”和“另存为”的效果是一样的。但如果打开的是旧图形，经过修改后，用“快速保存”的方法存盘，就会覆盖原来的图形。若还想保留原来的图形，就要用“另存为”的方法换名存盘，以免丢失原有文件。

☞ **知识点精** 初学者往往容易忘记保存文件，一旦出现意外，将会导致绘制好的图形数据全部丢失。因此，建议学生在使用 AutoCAD 软件绘图时，养成随时存盘的好习惯。

## (三)打开文件

AutoCAD 附带许多样本文件，用户可以直接打开调用，也可以打开在计算机中存放的原有文件。其操作方式有以下 4 种。

(1)菜单栏：选择“文件”→“打开”命令。

(2)工具栏：单击“ ”按钮。

(3)命令行：输入“OPEN”。

(4)快捷键：按“Ctrl+O”快捷键。

弹出“选择文件”对话框(如图 1-13 所示)，找到需要的文件，单击“打开(O)”按钮，即可打开旧文件。

图 1-13 “选择文件”对话框

## (四)退出 AutoCAD

退出 AutoCAD 的同时，将关闭已经打开的全部图形文件。其命令调用方式有以下 3 种。

(1)菜单栏：选择“文件”→“退出”命令。

(2)命令行：输入“QUIT”或“EXIT”。

(3)可以单击 AutoCAD 界面窗口右上角的“ ✕ ”按钮退出。

如果有图形文件经修改后还没有存盘，那么 AutoCAD 将依照打开图形文件的顺序弹出提示对话框，用户依次确认后，退出 AutoCAD。

## 二、设置工作空间

工作空间切换

### (一)切换工作空间

(1)在菜单栏中选择“工具”→“工作空间”命令。

(2)“工作空间”包含“二维草图与注释”“三维建模”“三维基础”3 个空间；也可以根据自己的绘图习惯，设置好菜单、功能区面板和工具栏，再将当前工作空间另存，命名为“cad 经典”。

(3)在 AutoCAD 界面右下角的“工作空间”下拉菜单中选择“cad 经典”工作空间，即可切换工作空间，如图 1-14所示。

**图 1-14　在“工作空间”下拉菜单中选择“cad 经典”**

☞ **知识点精**

AutoCAD 的版本升级很快，为了解决因版本不熟而带来的困扰，初学者可以将自己熟悉的界面另存为新的工作空间。

对于初学者来说，他们比较常用的是菜单栏。要想显示菜单栏，可以在“标题栏”中的“自定义快速访问工具栏”的下拉菜单中，选择“显示/隐藏菜单栏”。

对于老学员来说，他们比较常用的是工具栏。使用时，习惯把“绘图”工具栏放在绘图区域左侧，把“修改”工具栏放在绘图区域右侧。

### (二)工作空间设置

在“工作空间”下拉菜单中单击“工作空间设置”命令，打开“工作空间设置”对话框，如图 1-15 所示。

**图 1-15　“工作空间设置”对话框**

# 三、命令调用形式

## (一)快捷方式调用

AutoCAD 中的快捷方式如表 1-3 所列。

**表 1-3　AutoCAD 中的快捷方式**

| 快捷键 | 意义 | 快捷键 | 意义 |
|---|---|---|---|
| F1 | 获取帮助 | NEA | 捕捉到最近点 |
| F2 | 实现绘图窗口和文本窗口的切换 | AA | 测量区域和周长(area) |
| F3(Ctrl+F) | 控制是否实现对象自动捕捉 | AL | 对齐(align) |
| F4 | 数字化仪控制 | AR | 阵列(array) |
| F5 | 等轴测平面切换 | AP | 加载".lsp"脚本文件 |
| F6 | 控制状态栏上坐标的显示方式 | AV | 打开"视图"对话框(dsviewer) |
| F7(Ctrl+G) | 栅格显示模式控制 | SE | 打开"对象自动捕捉"对话框 |
| F8 | 正交模式控制 | ST | 打开"字体设置"对话框(style) |
| F9(Ctrl+B) | 栅格捕捉模式控制 | SO | 绘制二围面(2dsolid) |
| F10(Ctrl+U) | 极轴模式控制 | SP | 拼音的校核(spell) |
| F11(Ctrl+W) | 对象追踪模式控制 | SC | 缩放比例(scale) |
| Z | 缩放 | SN | 栅格捕捉模式设置(snap) |
| dra | 半径标注 | DT | 文本的设置(dtext) |
| ddi | 直径标注 | DI | 测量两点间的距离 |
| dal | 对齐标注 | OI | 插入外部对象 |
| dan | 角度标注 | Ctrl+1 | 打开"特性"对话框 |
| Ctrl+C | 将选择的对象复制到剪切板 | Ctrl+2 | 打开图像资源管理器 |
| Ctrl+J | 重复执行上一步命令 | Ctrl+6 | 打开图像数据原子 |
| Ctrl+K | 超级链接 | Ctrl+O | 打开图像文件 |
| Ctrl+N | 新建图形文件 | Ctrl+P | 打开"打印"对话框 |
| Ctrl+M | 打开"选项"对话框 | Ctrl+S | 保存文件 |
| END | 捕捉到端点 | Ctrl+V | 粘贴剪贴板中的内容 |
| MID | 捕捉到中点 | Ctrl+X | 剪切所选择的内容 |
| INT | 捕捉到交点 | Ctrl+Y | 重做 |
| CEN | 捕捉到圆心 | Ctrl+Z | 取消前一步的操作 |
| QUA | 捕捉到象限点 | A | 绘圆弧 |
| TAN | 捕捉到切点 | B | 定义块 |
| PER | 捕捉到垂足 | C | 画圆 |
| NOD | 捕捉到节点 | D | 尺寸资源管理器 |

表 1-3(续)

| 快捷键 | 意义 | 快捷键 | 意义 |
|---|---|---|---|
| E | 删除 | L | 直线 |
| F | 倒圆角 | M | 移动 |
| G | 对相组合 | X | 炸开 |
| H | 填充 | V | 设置当前坐标 |
| I | 插入 | U | 恢复上一次操作 |
| S | 拉伸 | O | 偏移 |
| T | 文本输入 | P | 移动 |
| W | 定义块并保存到硬盘中 | | |

### (二)工具栏调用

在菜单栏中单击“工具”命令，弹出“工具栏”列表，在此列表中选择所需工具栏，如图 1-16 所示。

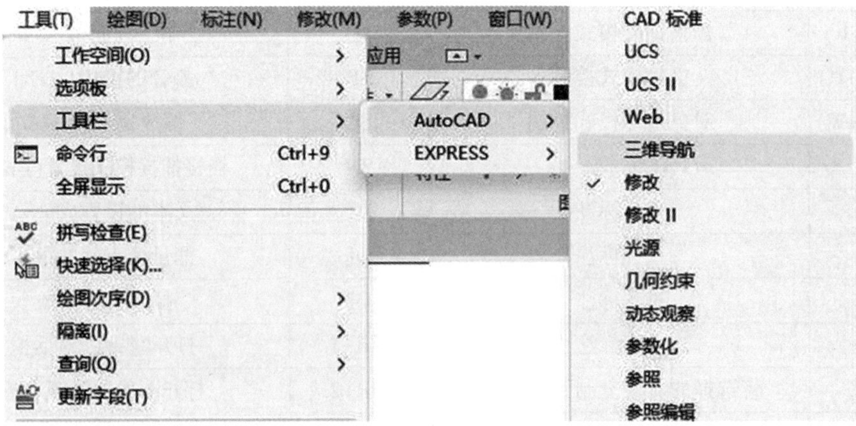


图 1-16　工具栏调用

> ☞ **知识点精**　打开工具栏的方法：可在工具栏任意位置点击鼠标右键，弹出“工具栏”列表，然后选择需要的工具栏。

## 四、选择对象的常用方法

在执行修改命令过程中，有以下 6 种选择对象的方法。

选择对象、平移缩放

### (一)直接选取

当 AutoCAD 提示“选择对象：”时，鼠标光标变成一个小方块，直接用鼠标光标点击对象，图形线条变虚，每单击一次选中一个对象。

### (二)选择全部对象

当 AutoCAD 提示“选择对象:”时, 在命令行输入“all”, 则全部图形都被选中, 包括关闭图层里的对象也被选中。

### (三)窗口选择

窗口选择方法可以选择所有位于矩形窗口内的对象。当 AutoCAD 提示“选择对象:”时, 在图形对象附近点击鼠标左键, 自左向右或自右向左移动光标, 将选择的对象包含在矩形窗口内, 再次点击鼠标左键指定矩形窗口, 可选中窗口内的对象。

当鼠标光标自左向右选择对象时, 窗口边界线为实线, 窗口颜色为浅蓝色, 即表示“窗含”选择, 此时所选择的对象必须全部包含在窗口内, 才能被选中。

当鼠标光标自右向左选择对象时, 窗口边界线为虚线, 窗口颜色为浅绿色, 即表示“窗交”选择, 此时凡被窗口包含在内及被窗口边界线接触到的对象均会被选中。

### (四)多边形选择

当 AutoCAD 提示“选择对象:”时, 在命令行输入“cp”, 利用鼠标在选择对象外围空白区域单击并拖拽, 此时多边形边界线为虚线, 凡被多边形包含在内及被多边形边界线接触到的对象均会被选中。

### (五)栏选

当 AutoCAD 提示“选择对象:”时, 在命令行输入“f”, 利用鼠标在需要选择的对象上绘制一条多段的折线, 此时多段折线边界线为虚线, 所有与多段折线相交的对象将全部被选中。

### (六)取消选择

若选择对象过程中误选了某些对象, 可取消选择。当 AutoCAD 提示“选择对象:”时误选了某些对象, 可在命令行输入“r”, 然后用鼠标选择误选的对象, 就可以将误选的对象从选择集中删除。若还需要向选择集中添加对象, 则在命令行中输入“a”。

## 五、删除对象

### (一)AutoCAD 删除快捷键命令

AutoCAD 删除快捷键命令为“E”(全称“ERASE”), 主要用于删除选定对象。

### (二)AutoCAD 删除错误对象的操作方法

(1)命令行: 在命令行输入 AutoCAD 删除快捷键命令(E), 按“Enter”键确定, 然后根据命令行提示在图纸中选择需要删除的对象, 按“Enter”键确认即可删除, 如图 1-17 所示。

图 1-17　删除对象

（2）菜单栏：选择“编辑”→“删除”命令，如图 1-18 所示。

图 1-18　在“编辑”下拉列表中选择“删除”命令

（3）工具栏：单击“删除”按钮。

（4）按键盘“Delete”键，删除对象。

☞ **知识点精**

（1）撤销和恢复命令。

在绘图过程中，经常会用到撤销和恢复命令。撤销命令为“Ctrl+Z”，恢复命令为“Ctrl+Y”。

（2）终止命令。

在执行命令过程中，按下键盘上的“Esc”键可终止绘图。

（3）重复上一命令。

按下“Enter”键、“空格”键或鼠标右键，将重复上一命令。

## 六、视图缩放和平移

### （一）平移操作

当用户需要平移查看 AutoCAD 中的图纸时，可以按下鼠标中间的滚轮（此时

AutoCAD 界面中出现一个小手掌的图标)，然后按住滚轮并移动鼠标，即可实现 AutoCAD 图纸的平移查看。

### (二)缩放操作

首先将鼠标光标移动到需要放大和缩小的中心位置，然后滚动鼠标中间的滚轮，向前滚动实现对图纸的放大，向后滚动实现对图纸的缩小，以方便用户查看图纸。

操作要点：鼠标光标放置的位置应是缩放图形的中心点，缩放的图形会针对中心点进行调整。

缩放菜单如图 1-19 所示。

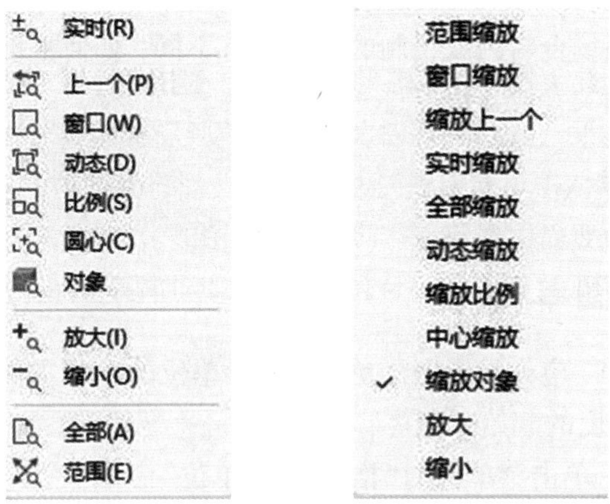


(a)　　　　(b)

**图 1-19　缩放菜单**

(1)实时缩放：用户可以通过垂直向上或向下移动鼠标光标的方式来放大或缩小图形。

(2)动态缩放：在当前视区中显示图形的全部。

> ☞ **知识点精**
>
> 在绘图过程中，AutoCAD 最常用的缩放方式是用“鼠标滚轮滚动”放大和缩小，并结合“按住滚轮”移动屏幕。

# 任务三　AutoCAD 绘图环境的设置

## 任务情景

正是因为 AutoCAD 应用的广泛性，所以在使用 AutoCAD 过程中更应该注意规范性，统一标准能够使绘图变得更便捷。

## 任务目标

(1)设置绘图单位。

(2)设置绘图界限。

## 任务要求

熟练掌握绘图环境的设置技巧。

## 任务思考

不同行业、不同场合对图纸绘制的要求各有不同，如何根据实际情况准确地设置绘图环境，还需要对相关专业知识有进一步的了解。

## 任务实施

### 一、设置绘图单位

在设计图纸之前，应先设置图形单位。图形单位的设置主要包括设置长度和角度的类型、精度，以及角度的起始方向等。

在 AutoCAD 中，单击菜单栏的“格式”→“单位”命令，弹出“图形单位”对话框，如图 1-20 所示。

图 1-20 “图形单位”对话框

在“图形单位”对话框中，主要包括 4 个选项区，分别是“长度”“角度”“插入时的缩放单位”“光源”选项区。下面分别介绍“长度”“角度”“光源”这 3 个选项区的含义。

### (一)“长度”选项区

在“图形单位”对话框中的“长度”选项区中，用户可以设置图形长度单位的类型和精度。

(1)在“类型”下拉列表中，主要有“小数”“分数”“工程”“建筑”“科学”5 个长度类型选项。

(2)在“精度”下拉列表中，可以选择长度单位的精度，如小数的位数，最大可以设置精确到小数点后 8 位，默认值为小数点后 4 位。

### (二)“角度”选项区

在“图形单位”对话框中的“角度”选项区中，用户可以设置图形角度单位的类型和精度。

(1)在“类型”下拉列表中，主要有“十进制度数”“百分度”“弧度”“勘测单位”“度/分/秒”5 个角度单位选项。

(2)在“精度”下拉列表中，可以选择角度单位的精度。

(3)“顺时针”复选框用来指定角度的正方向。在默认情况下，以逆时针方向为正方向；若选中“顺时针”复选框，则以顺时针方向为正方向。

(4)单击“方向”按钮，弹出“方向控制”对话框。

在“方向控制”对话框中，可以设置角度的基准方向。其中，可以选择东、北、西或南方向为零度的方向。

也可以选中“其他”单选按钮，此时“角度”文本框被激活，可在该文本框中输入零度方向与 $X$ 轴正方向的夹角数值。选中“其他”单选按钮后，还可以单击“拾取角度”按钮返回到绘图区，通过选取两点确定基准角度为零度的方向。

### (三)“光源”选项区

在“图形单位”对话框中的“光源”选项区中，用户可以在“用于指定光源强度的单位”下拉列表中选择用于指定光源强度的单位，通过控制当前图形中的光度控制光源的强度测量单位。

## 二、设置绘图界限

图形界限是一个在绘图空间中想象出来的矩形绘图区，显示为一个可见栅格指示区域，标明用户的工作区域和图纸边界。设置绘图界限可以避免所绘制的图形超出边界，在绘图之前，一般都要对绘图界限进行设置。

### (一)调用“图形界限”命令

AutoCAD 可以通过以下 2 种方法调用“图形界限”命令。

(1)菜单栏：单击“格式”→“图形界限”命令。

(2)命令行：在命令行中输入“LIMITS”命令并按“Enter”键。

调用“图形界限”命令后，AutoCAD 命令行提示如下：

指定一点。命令：'_limits

重新设置模型空间界限：

指定左下角点或［开(ON)/关(OFF)］<0.0000，0.0000>：

指定右上角点 <420.0000，297.0000>：

### (二)设置“图形界限”

(1)指定左下角点，输入“0，0”后确定。

(2)指定右上角点，输入“594，420”后确定，即 A2 纸。

# 任务四　图层的设置

## 任务情景

图层在 AutoCAD 中可谓重中之重，一份图纸中，线型的可见与否、线型的粗细、线型的颜色等都是通过图层进行设置的。

## 任务目标

熟练运用图层管理器、图层。

## 任务要求

能够熟练运用图层、设置当前层、修改图线图层等各项功能。

## 任务思考

针对不同的图纸要求，合理地设置图层参数。

## 任务实施

### 一、图层管理器

设置图层

打开“图层特性管理器”对话框，有“新建图层”“冻结图层”“删除图层”“置为当前”4 个功能键，如图 1-21 所示。

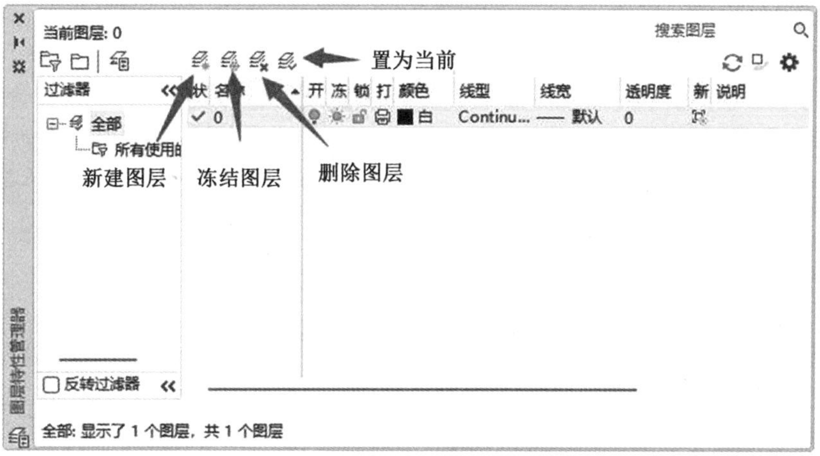


图 1-21　“图层特性管理器”对话框(一)

## (一)新建图层

单击“新建图层”功能键，新建图层，分别设置图层特性(包括名称、颜色、线型、线宽等)。

## (二)图层特性设置

1.图层重命名

选中图层后，单击图层名称或按“F2”键，对图层进行重命名。

2.图层修改颜色

单击每个图层的颜色属性，会弹出“选择颜色”对话框(如图 1-22 所示)，然后选择自己需要修改的颜色，单击“确定”按钮。

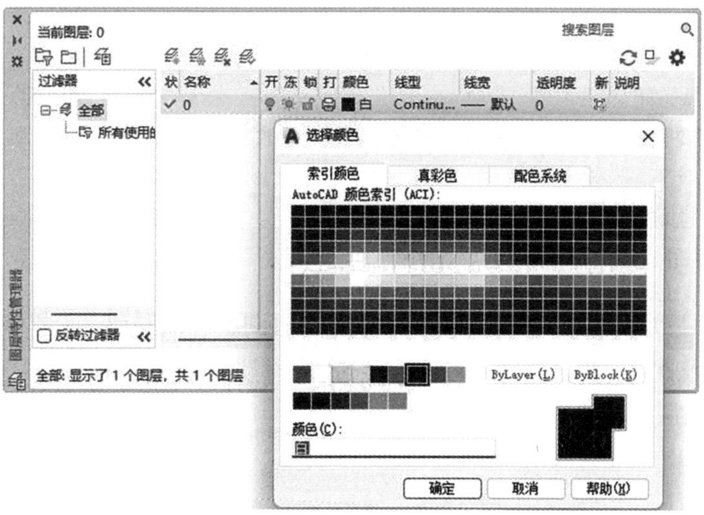


图 1-22　“选择颜色”对话框

3.图层修改线型

在该图层的“选择线型”对话框(如图 1-23 所示)中加载合适的线型。

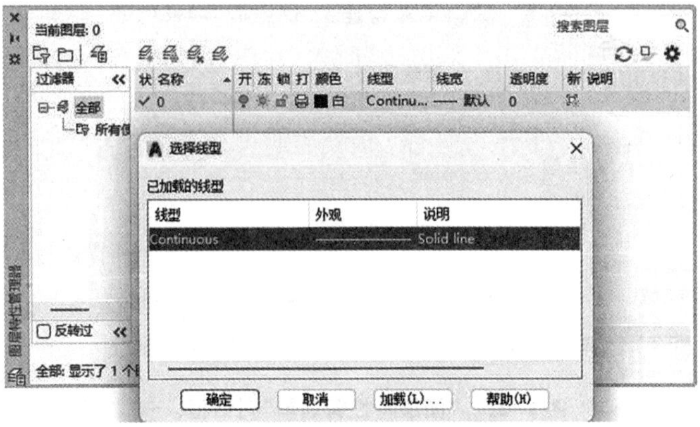


图 1-23 “选择线型”对话框

4.图层修改线宽

在该图层的“线宽”对话框(如图 1-24 所示)中选择合适的线宽。

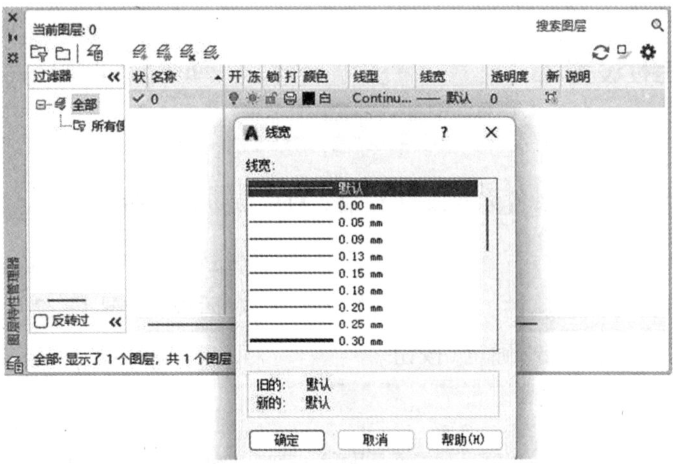


图 1-24 “线宽”对话框

## (三)图层状态设置

1.打开/关闭

在弹出的“图层特性管理器”对话框中，可以看到所有图层列表、图层的组织结构和各图层的属性及状态。单击每个图层的“打开/关闭”图标，可以控制图层是否在屏幕上显示。隐藏的图层不会被打印输出。

2.冻结/解冻

如果某个图层上的对象只需要显示、不需要选择和编辑，可以单击图层下面的“冻结”命令，如图 1-25 所示。

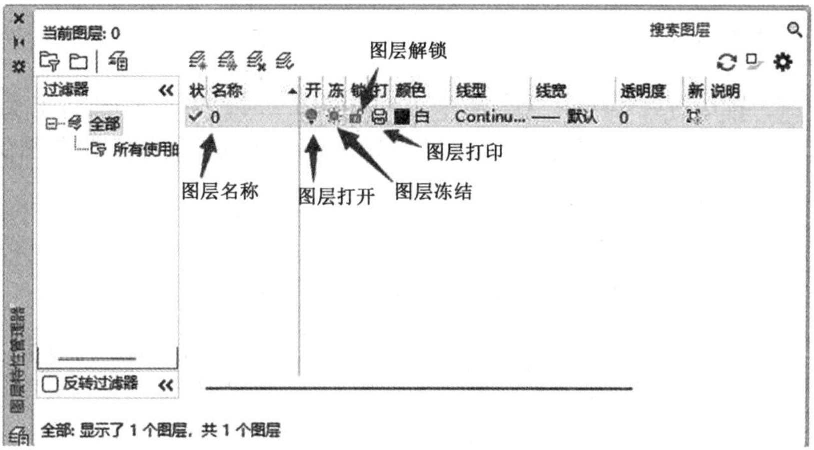


图 1-25　“图层特性管理器”对话框(二)

3.锁定/解锁

在绘图中，为防止在其他操作过程中误删图层，可以锁定该图层，使其不被修改或编辑。

## 二、图层的应用

### (一)图层切换

在绘图过程中，首先设置当前层进行绘图。如果对当前层所绘制图形进行图层修改，应先选中线段或图形，再在“图层特性管理器”下拉列表中选择所需图层，即可进行切换。图层展示窗口如图 1-26 所示。

图 1-26　图层展示窗口

### (二)删除图层

在打开的“图层特性管理器”对话框中进行删除图层时，可以按住“Shift”键，一次选中多个图层，然后单击“删除”按钮，就可以删除选定的图层。切记，当前图层、图层 0 等无法删除，如图 1-27 所示。

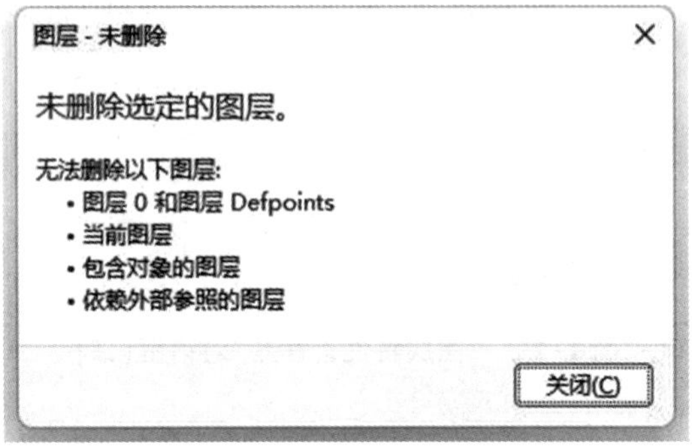


图 1-27　无法删除的图层

# 项目二

# 绘制简单二维图形

构成简单二维图形的主要图形元素有直线、圆、圆弧、矩形、正多边形、椭圆和图案填充等，熟练运用这些图形元素的绘制方法是 AutoCAD 制图的基础。本项目充分利用辅助绘图方法(如坐标、正交、对象捕捉、极轴追踪等)进行精确绘图，并结合一定的绘图技巧，完成简单二维图形的绘制。学生学习本项目后，不仅为后续更加灵活、高效地完成复杂二维图形的绘制做好了准备，而且为后续从事计算机辅助设计制图工作打下了良好基础。

本项目主要介绍“直线”“点”“构造线”“矩形”“正多边形”“圆”“圆弧”“椭圆”“图案填充”“渐变色”等命令的用法，同时灵活选用与各类知识点相关的图样案例由浅入深地进行讲解，逐步完成简单二维图形的绘制。

## 知识目标

(1)利用坐标绘制直线。

(2)利用“正交”“对象捕捉”“极轴追踪”“对象捕捉追踪”功能绘制直线。

(3)利用“偏移”“修剪”“延伸”命令编辑图线。

(4)绘制点、构造线。

(5)绘制圆、圆弧、圆环。

(6)倒圆角，倒角。

(7)绘制矩形、正多边形、椭圆。

(8)图案填充。

## 技能目标

(1)培养学生灵活运用各类坐标方法绘制直线的能力。

(2)培养学生灵活运用“极轴”“对象捕捉”“极轴追踪”“对象捕捉追踪”功能绘制直线的能力。

(3)使学生掌握“偏移”“修剪”“延伸”命令，完成图形的编辑。

(4)使学生合理灵活地运用点、构造线等辅助绘图的方法。

(5)锻炼学生选择最简单、最方便的绘图方法的能力。

(6)学生掌握圆角、倒角的制造工艺和工艺结构。

(7)学生掌握直接绘制具有一定角度的多边形、椭圆的方法。

(8)学生能够利用不同的剖面线，完成图案填充的创建和编辑。

## 素质目标

(1)在绘图时，学生应该有自己独立的思想和思维方式，注重科学思维方法的训练。

(2)在绘图时，学生应灵活选用各种绘图方法，做到方法不单一、技术更灵巧。

(3)在绘图时，学生应认真仔细、有耐心，多画图才能总结经验、归纳技能技巧。

(4)学习工作中，学生要有“绳锯木断，水滴石穿”的精神，这样才能练就一身“好手艺”，成为大国工匠。

# 任务一　绘制由直线构成的二维图形

直线是构成机械图样最基本的图形元素之一，“直线”命令也是绘图最常用的命令。

## 任务情景

在项目一中，学生已经学习了 AutoCAD 用户界面、基本操作、绘图环境的设置及图层的设置等知识，已经做好了绘图前的准备工作。从项目二开始，学生学习绘制简单的二维图形。

在学习本项目过程中，学生将根据“绘图”“修改”命令的实用情况和难易程度，以图样为载体，按照由简单到复杂的顺序进行学习，并将各类知识点从图样中由浅入深地表达出来。

本任务主要学习绘制由直线构成的二维图形。

## 任务目标

(1)在正交模式下绘制水平直线和竖直直线。

(2)利用坐标绘制直线。

(3)利用“对象捕捉”“极轴追踪”“对象捕捉追踪”功能绘制直线。

(4)利用“偏移”命令绘制平行线。

(5)利用“修剪”“延伸”命令编辑图线。

(6)绘制点。

(7)绘制构造线。

## 任务要求

(1)培养学生灵活运用各类坐标绘制直线的能力。

(2)培养学生灵活运用“极轴”“对象捕捉”“极轴追踪”“对象捕捉追踪”功能绘制直

线的能力。

(3)使学生掌握“偏移”“修剪”“延伸”命令，完成图形的编辑。

(4)使学生合理灵活地运用点、构造线等辅助绘图的方法。

## 任务思考

在学习 AutoCAD 过程中，很多命令都是按部就班的，需要一步一步地按照命令行的提示进行操作。但合理运用一些绘图技巧，可以有效提高绘图速度。在绘图过程中，熟练掌握“极轴”“对象捕捉”“极轴追踪”“对象捕捉追踪”等功能，可以使绘图既准确又高效。

## 任务实施

### 一、“直线”命令

使用“直线”命令绘制直线，其原理是利用两点确定一条直线，这从“直线”图标( )中也可以看出。启动“直线”命令后，可以在绘图区单击一点，也可以利用键盘输入端点坐标，确定两点连接构成直线。“直线”命令可以绘制一条直线，也可以绘制多条首尾相连的连续折线，折线图形中每条直线都是独立直线。

#### (一)“直线”命令的启动方法

直线命令的启动方法有以下 4 种。

(1)菜单栏：选择“绘图”→“直线”命令。

(2)功能区：选择“默认”→“绘图”→“直线”命令，如图 2-1 所示。

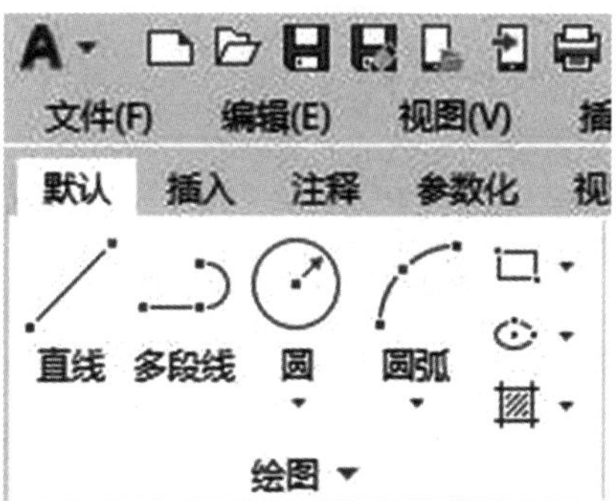


**图 2-1　在功能区启动“直线”命令**

(3)工具栏：单击“╱”按钮。

(4)命令行：输入“Line”或“L”。

#### (二)命令解析

“直线”命令的命令行提示如下：

命令：_line

指定第一个点：

指定下一点或［放弃(U)］：

指定下一点或［闭合(C)/放弃(U)］：

该命令的选项说明如下。

(1)指定第一个点/下一点：指定两点确定一条直线。

(2)闭合(C)：绘制第二条直线后，可以输入“c”，则本次绘制的多条直线首尾相连，自动封闭。

(3)放弃(U)：当直线绘制有误时，可以输入“u”，则放弃上一条直线。

☞ **知识点精**

在 AutoCAD 中，“Enter”键、“空格”键及鼠标右键，三者都可完成“确定”或“重复上一命令”。

绘制直线，在指定第一个点时，直接按“空格”键或“Enter”键，AutoCAD 会把上次绘制的图线终点作为本次绘制的起点。如果上次绘制的是圆弧，新绘制的直线将与圆弧相切。

【例题 2-1】 利用“直线”命令，在绘图区以单击方式，连续绘制直线，最终绘制一个任意的闭合四边形，如图 2-2 所示。

正交模式绘制直线

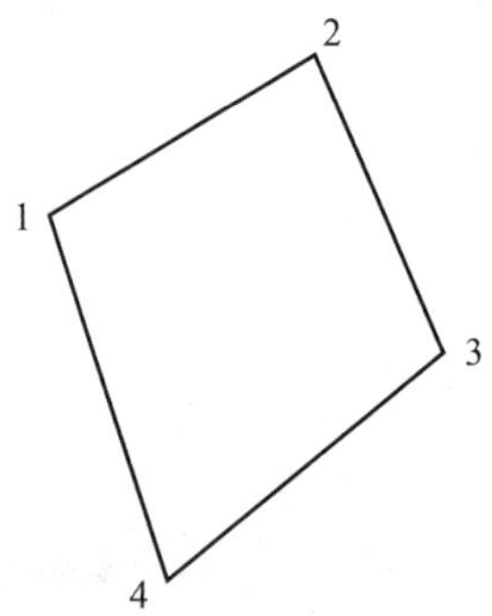


**图 2-2　例题 2-1 图形**

例题 2-1 的操作步骤命令行提示如下：

命令：_line　　//启动“直线”命令//

指定第一个点：　　//定义直线的第 1 个点//

指定下一点或［放弃(U)］：　　//定义直线的第 2 个点，也是下一条直线的起点//

指定下一点或［放弃(U)］：　　//定义直线的第 3 个点//

指定下一点或［闭合(C)/放弃(U)］：　　//定义直线的第 4 个点//

指定下一点或［闭合(C)/放弃(U)］：u　　//放弃(U)刚绘制好的上一条直线，重画第 4 个点//

指定下一点或［闭合(C)/放弃(U)］：　　//再次定义直线的第 4 个点//

指定下一点或［闭合(C)/放弃(U)］：c

//闭合(C)本次绘制的 4 条直线，首尾相连，构成封闭四边形//

☞ **知识点精**

(1)将鼠标移动到功能区面板或工具栏某按钮上，停留几秒后，系统会显示该按钮的名称和绘图帮助信息；

(2)绘图过程中，眼睛要随时盯着命令行，根据命令行的提示进行绘图操作。

以上两点对于初学者学习 AutoCAD 有所帮助。

## 二、在正交模式下绘制直线

AutoCAD 可以利用正交模式进行辅助绘图，可以绘制水平直线和垂直直线。在正交模式下，可以通过单击状态栏“∟”按钮或按“F8”快捷键，实现开关切换。在绘制直线时，打开正交模式，当移动鼠标时会发现，只能沿水平或垂直方向绘制直线，用户移动鼠标判断好方向后，只需输入直线的长度数值，按“Enter”键，即可画出水平直线或垂直直线。

☞ **知识点精**

在用 AutoCAD 绘制直线过程中，当指定第一个点后，在正交模式下通过移动鼠标确定直线绘制方向，输入长度数值，按“Enter”键便可绘制直线，方便实用。

正交模式的开关，最方便的方法就是按“F8”快捷键，按“F8”键可以实现正交模式开关的快速切换。

【例题 2-2】　在正交模式下，利用“直线”命令绘制如图 2-3 所示的图形。

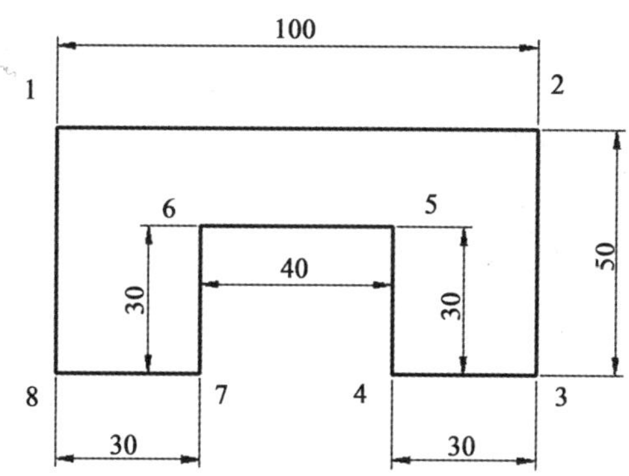


**图 2-3　例题 2-2 图形**

例题 2-2 的操作步骤命令行提示如下：

命令：_line　　//启动“直线”命令//

指定第一个点：　　//任意单击一点定义直线的第一个点//

指定下一点或［放弃(U)］：100

//移动鼠标，控制其水平向右，输入长度 100，按“Enter”键，如 2 点//

指定下一点或［放弃(U)］: 50　　//向下，输入长度 50，如 3 点//

指定下一点或［闭合(C)/放弃(U)］: 30　　//向左，输入长度 30，如 4 点//

指定下一点或［闭合(C)/放弃(U)］: 30　　//向上，输入长度 30，如 5 点//

指定下一点或［闭合(C)/放弃(U)］: 40　　//向左，输入长度 40，如 6 点//

指定下一点或［闭合(C)/放弃(U)］: 30　　//向下，输入长度 30，如 7 点//

指定下一点或［闭合(C)/放弃(U)］: 30　　//向左，输入长度 30，如 8 点//

指定下一点或［闭合(C)/放弃(U)］: c　　//输入“c”，按“Enter”键，直线闭合//

【例题 2-3】　在正交模式下，利用直线命令绘制如图 2-4 所示的图形。

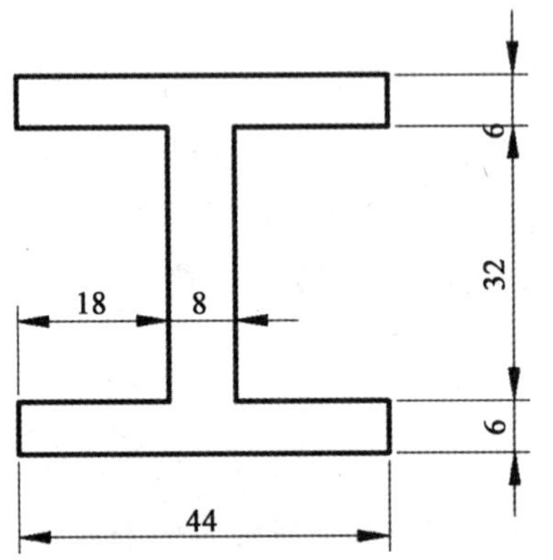


**图 2-4　例题 2-3 图形**

## 三、输入点坐标绘制直线

利用坐标绘制直线

用 AutoCAD 绘图时，启动“直线”命令后，命令行提示指定直线的第一个点，指定第一个点的方法可以是在绘图区单击，也可以是输入点的坐标数值。下面学习坐标类型。

坐标分为直角坐标和极坐标两类，又可分别分为绝对坐标和相对坐标 2 种类型。可以通过键盘精确地输入坐标数值。输入的坐标数值，可以显示在命令行；也可以按“F12”键，打开动态输入，使得命令行提示的信息显示在鼠标十字光标处。

### (一)直角坐标

1.绝对直角坐标

绝对直角坐标是输入点相对原点的坐标值，即输入点的($X$，$Y$，$Z$)坐标。在二维图形中，$Z$ 坐标可以省略。例如，“20，50”指点的坐标为(20，50，0)。

2.相对直角坐标

相对直角坐标是输入点相对于前一点的坐标值。输入相对直角坐标，必须在坐标值前面加上“@”符号，如“@50，100”指该点相对于前一点，沿 $X$ 方向增加 50，沿 $Y$ 方向增加 100。

## (二)极坐标

1.绝对极坐标

绝对极坐标是给定输入点与原点的距离和角度，在距离和角度之间以“<”符号进行间隔。角度的方向规定 *X* 轴正向为 0°开始，按照逆时针旋转计算。例如,“50<45”指与原点距离为 50，角度方向为 45°。

2.相对极坐标

相对极坐标是给定输入点与前一点的距离和角度，在距离(或长度)前面加“@”符号。例如,“@ 50<45”指输入点与前一点的距离为 50，与前一点的连线角度为 45°。

☞ **知识点精**

在 AutoCAD 中输入坐标“@ x，y”“@ L<α”时，其中“,”“<”符号都是英文状态下的。

AutoCAD 绘制直线时，已知直线的角度，但长度未知，可以利用角度覆盖的方式画图。例如，画直线时，指定第一个点后，先在命令行输入“<45”，按“Enter”键，就会画出角度为 45°或 225°的射线，再合理确定长度，完成绘制直线。

上述四类坐标图例如图 2-5 所示。

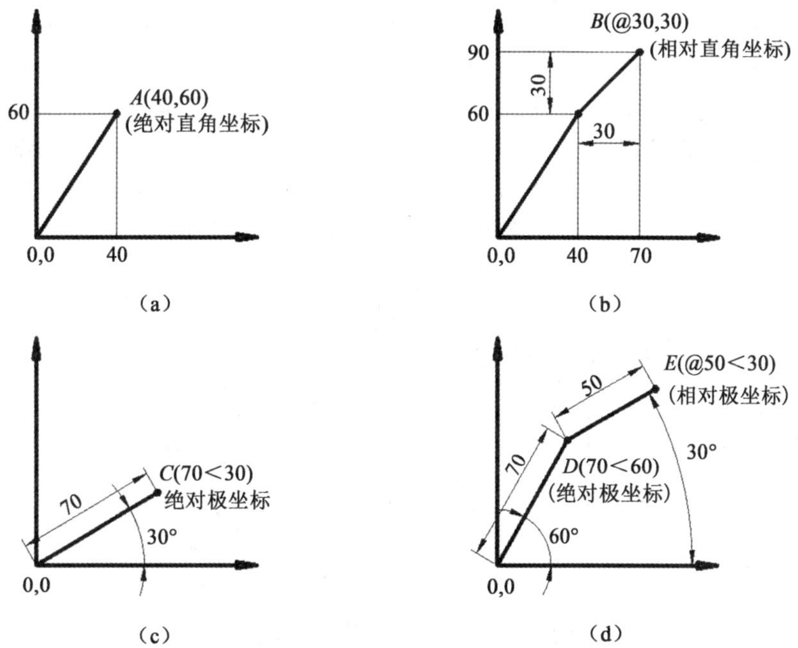


**图 2-5　四类坐标图例**

【例题 2-4】　已知 *A* 点的绝对直角坐标(50，50)，用“直线”命令绘图，图形尺寸如图 2-6 所示。

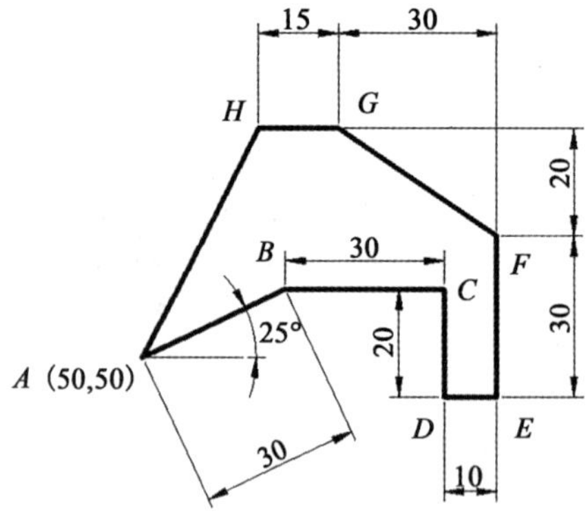


图 2-6 例题 2-4 图形

提示：①直线 *AB* 用相对极坐标方法绘制；②水平线或垂直线利用正交模式确定方向，输入长度数值，如直线 *BC*，*CD*，*DE*，*EF*，*GH*；③直线 *FG* 用相对直角坐标方法绘制；④绘制直线 *HA*，输入“c”闭合。

例题 2-4 的操作步骤命令行提示如下：

命令：_line //启动“直线”命令//
指定第一个点：50，50 //输入 *A* 点绝对直角坐标//
指定下一点或［放弃(U)］：@ 30<25 //输入 *B* 点的相对极坐标//
指定下一点或［放弃(U)］：30 //在正交模式下移动鼠标，给定方向输入长度 30//
指定下一点或［闭合(C)/放弃(U)］：20 //给定方向输入长度 20//
指定下一点或［闭合(C)/放弃(U)］：10 //给定方向输入长度 10//
指定下一点或［闭合(C)/放弃(U)］：30 //给定方向输入长度 30//
指定下一点或［闭合(C)/放弃(U)］：@ -30，20 //输入 *G* 点的相对直角坐标//
指定下一点或［闭合(C)/放弃(U)］：15 //给定方向输入长度 15//
指定下一点或［闭合(C)/放弃(U)］：c //输入“c”，按“Enter”键//

【例题 2-5】 用“直线”命令绘图，图形尺寸如图 2-7 所示。

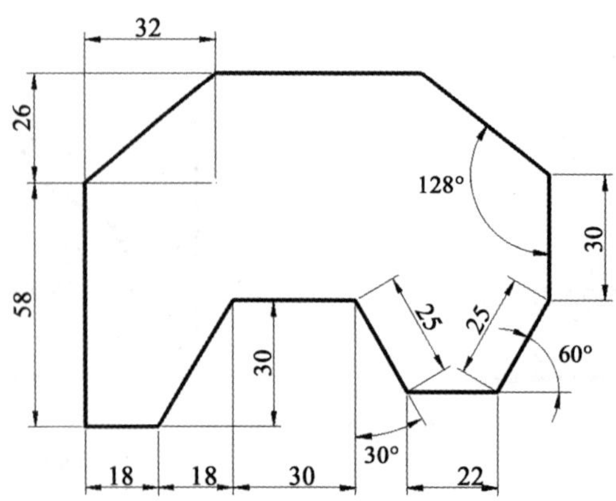


图 2-7 例题 2-5 图形

提示：灵活运用正交、相对直角坐标、相对极坐标进行绘图。

## 四、使用“对象捕捉”绘制直线

构成简单二维图形的图形元素有直线、圆、圆弧、矩形、正多边形、椭圆等，且各类几何图形对象都有确定其位置、形状、大小的特殊点，如端点、中点、圆心、切点等。AutoCAD 为用户提供了方便、快捷的“对象捕捉”功能，绘图时，用户可以方便快捷地将鼠标光标定位到图形的各类特殊点上，实现精确绘图。

对象捕捉

### (一)调用“对象捕捉”功能的方法

1.自动对象捕捉

自动对象捕捉可以按“F3”快捷键，也可单击状态栏中“”图标。在绘图过程中，当 AutoCAD 提示输入点时，移动光标到图线对应的特殊点位置，可自动捕捉特殊点。

对象捕捉设置方法：可右击状态栏上“对象捕捉”按钮或单击对象捕捉图标右侧下三角按钮，弹出“对象捕捉设置”菜单(如图 2-8 所示)，然后选中需要的特殊点；也可以打开“草图设置”对话框，选择“对象捕捉”选项卡，然后进行设置，如图 2-9 所示。

图 2-8　“对象捕捉设置”菜单

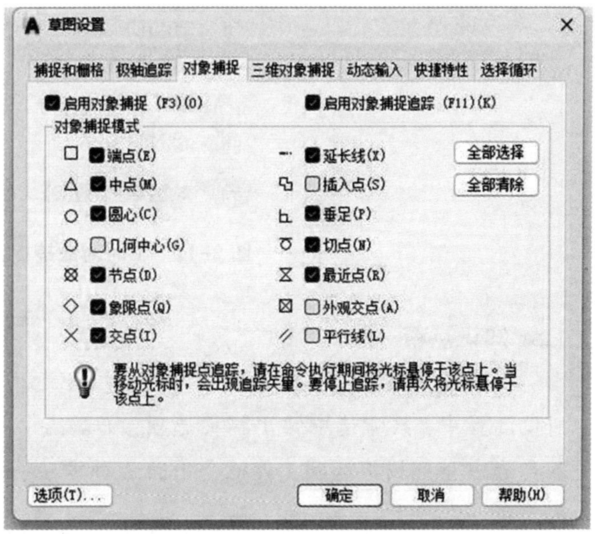


图 2-9　在“草图设置”对话框中选择“对象捕捉”选项卡

2.对象捕捉工具栏

利用对象捕捉工具栏(如图 2-10 所示)，进行对象捕捉。

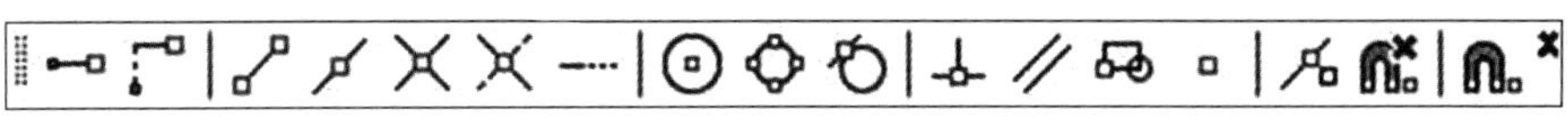

图 2-10　对象捕捉工具栏

3.临时对象捕捉快捷菜单

在绘图过程中，当 AutoCAD 提示输入点时，按住“Ctrl/Shift+鼠标右键”打开如图

2-11所示的快捷菜单，单击菜单中的相应命令，即可启动对象捕捉。

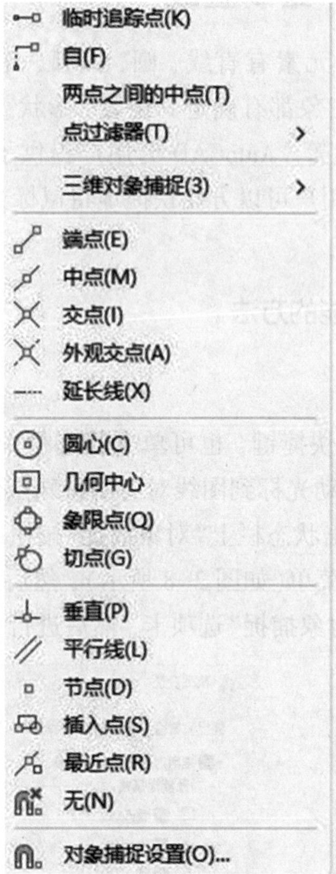


图 2-11　临时对象捕捉快捷菜单

☞ **知识点精**

上述 3 种对象捕捉方法都很常用，综合运用 3 种方法更为实用。通常，在对象捕捉设置中，只需选中常用捕捉选项，如端点、中点、圆心、象限点、交点、垂足等，不要选中全部捕捉选项，再结合下面 2 种方法，就可以方便灵活地运用对象捕捉制图了。

(1) 对象捕捉工具栏。可在菜单栏中选择“工具”菜单栏→“工具栏”→“AutoCAD”→各类工具栏，也可在任意工具栏位置右击，打开工具栏。其实，通过“Ctrl/Shift+鼠标右键”打开临时对象捕捉快捷菜单，更为方便快捷。

(2) 利用对象捕捉方式捕捉特殊点的前提条件是，在画图命令执行过程中才能进行对象捕捉，即命令行提示指定点；没有画图命令，不能进行自动对象捕捉。

## (二)“对象捕捉”各类特殊点的主要功能

(1) 端点：用于捕捉直线段、圆弧、多段线的端点。

(2)中点：用于捕捉直线段、圆弧、多段线的中点。

(3)圆心：用于捕捉圆、圆弧、圆环、椭圆的圆心。

(4)几何中心：用于捕捉矩形、正多边形的几何中心。

(5)节点：用于捕捉单个点对象。

(6)象限点：用于捕捉圆、圆弧、椭圆的象限点(0°，90°，180°，270°点)。

(7)交点：用于捕捉图形对象之间的交点。

(8)延伸：用于捕捉延长线上的点，可以将光标沿着几何对象端点向外移动，此时显示出捕捉辅助线和捕捉点的相对极坐标细节，输入捕捉距离后，按“Enter”键，绘制出新点。

(9)插入：图块、文字等的插入点。

(10)垂足：用于捕捉垂足，绘制对象的垂线。

(11)切点：用于捕捉圆或圆弧的切点，绘制对象的切线。

(12)最近点：捕捉距离光标最近的点，捕捉的点一定在图线上。

(13)外观交点：延长线上与另一几何对象的交点。

(14)平行：捕捉平行，绘图时可以捕捉平行线。

【例题 2-6】　利用捕捉“切点”绘制图 2-12 所示的图形。

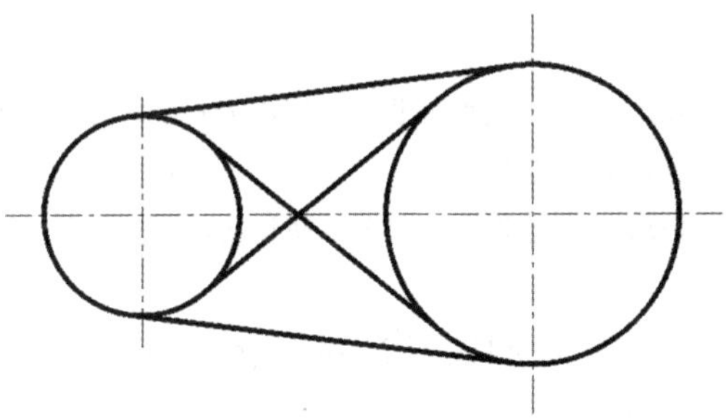

**图 2-12　例题 2-6 图形**

提示：绘制已知两圆的四条切线。

例题 2-6 的操作步骤命令行提示如下：

| | |
|---|---|
| 命令：_line | //启动“直线”命令// |
| 指定第一个点：_tan 到 | //“Shift+鼠标右键”临时捕捉切点// |
| 指定下一点或［放弃(U)］：_tan 到 | //“Shift+鼠标右键”临时捕捉切点// |
| 指定下一点或［放弃(U)］： | //按“Enter”键结束// |
| 命令：_line | //按“Enter”键重复上一命令// |
| 指定第一个点：_tan 到 | //临时捕捉切点// |
| 指定下一点或［放弃(U)］：_tan 到 | //临时捕捉切点// |
| 指定下一点或［放弃(U)］： | //按“Enter”键结束// |
| 命令：_line | //按“Enter”键重复上一命令// |
| 指定第一个点：_tan 到 | //临时捕捉切点// |
| 指定下一点或［放弃(U)］：_tan 到 | //临时捕捉切点// |

指定下一点或［放弃(U)］: //按"Enter"键结束//
命令: _line //按"Enter"键重复上一命令//
指定第一个点: _tan 到 //临时捕捉切点//
指定下一点或［放弃(U)］: _tan 到 //临时捕捉切点//
指定下一点或［放弃(U)］: //按"Enter"键结束//

【例题 2-7】 利用捕捉"延伸""平行"命令绘制如图 2-13 所示的图形。

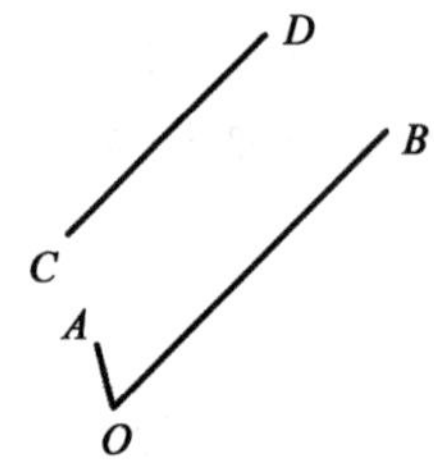


图 2-13 例题 2-7 图形

提示: ①绘制直线 CD, C 点在 OA 延长线上, 距离 A 点 20 的位置; ②过 C 点作 OB 的平行线 CD, 直线 CD 长 50。

例题 2-7 的操作步骤命令行提示如下:

命令: _line //启动"直线"命令//
指定第一个点:
指定第一个点: _ext 于 20 //延伸捕捉, 光标沿 OA 方向移动产生捕捉辅助线后输入 20//
指定下一点或［放弃(U)］: _par 到 50
//平行捕捉, 光标移动到 OB 线上捕捉平行, 再移动到接近平行位置显示平行辅助线, 输入 50//
指定下一点或［放弃(U)］: //按"Enter"键结束//

【例题 2-8】 利用"捕捉自"绘制如图 2-14 所示的图形。

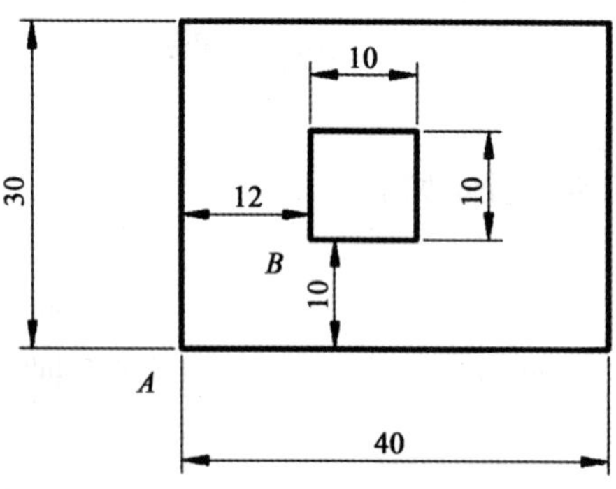


图 2-14 例题 2-8 图形

例题 2-8 的操作步骤命令行提示如下:

命令: _line //启动"直线"命令//
指定第一个点: _from 基点: <偏移>: //启动"捕捉自", 基点是 A//
<偏移>: @12, 10 //输入 B 点相对于基点 A 的相对坐标//

指定下一点或［放弃(U)］：10　　//极轴追踪方向向右，长度 10//
指定下一点或［放弃(U)］：10　　//方向向上，长度 10//
指定下一点或［闭合(C)/放弃(U)］：10　　//方向向左，长度 10//
指定下一点或［闭合(C)/放弃(U)］：c　　//按“Enter”键结束//

【例题 2-9】　利用对象捕捉，使用“直线”命令，将图 2-15(a)修改为图 2-15(b)的样式。

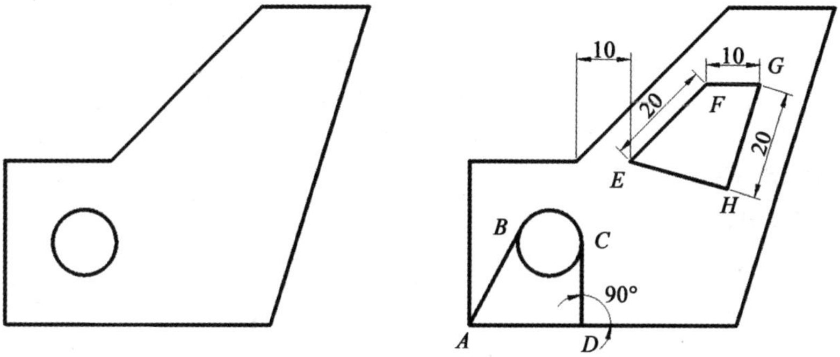


(a)　　(b)

**图 2-15　例题 2-9 图形**

例题 2-9 的操作步骤命令行提示如下：

命令：_line　　//启动“直线”命令//
指定第一个点：　　//自动捕捉交点//
指定下一点或［放弃(U)］：_tan 到　　//捕捉切点//
指定下一点或［放弃(U)］：　　//按“Enter”键结束//
命令：_line　　//按“Enter”键重复上一命令//
指定第一个点：　　//自动捕捉象限点//
指定下一点或［放弃(U)］：　　//自动捕捉垂足//
指定下一点或［放弃(U)］：
命令：_line
指定第一个点：10　　//捕捉延长线，距离 10//
指定下一点或［放弃(U)］：_par 到 20　　//捕捉平行，长度 20//
指定下一点或［放弃(U)］：10　　//正交模式，长度 10//
指定下一点或［闭合(C)/放弃(U)］：_par 到 20　　//捕捉平行，长度 20//
指定下一点或［闭合(C)/放弃(U)］：c　　//按“Enter”键结束//

## 五、使用“极轴追踪”绘制直线

AutoCAD 有自动追踪功能，可以方便快捷地进行绘图。自动追踪有极轴追踪和对象捕捉追踪 2 种。利用自动追踪，用户可以追踪现有图形的对齐路径，找到精确的位置、角度绘制新图线。

极轴

绘图时，打开“极轴追踪”功能，用户在绘图区指定一点后，当移动光标到设定的增量角附近时，会出现一条追踪辅助线(相当于图线方向)，并且显示当前极轴长度和极轴角度，此时单击或输入长度数值，就可以完成极轴追踪制图。

极轴开关快捷键是“F10”键，也可以点击状态栏“ ”图标。

极轴的设置方法：可右击状态栏上“极轴”按钮或单击极轴图标右侧下三角按钮，弹出“极轴设置”菜单(如图2-16所示)，然后选中对应极轴角；也可以打开“草图设置”对话框，选择“极轴追踪”选项卡，然后进行设置，如图2-17所示。

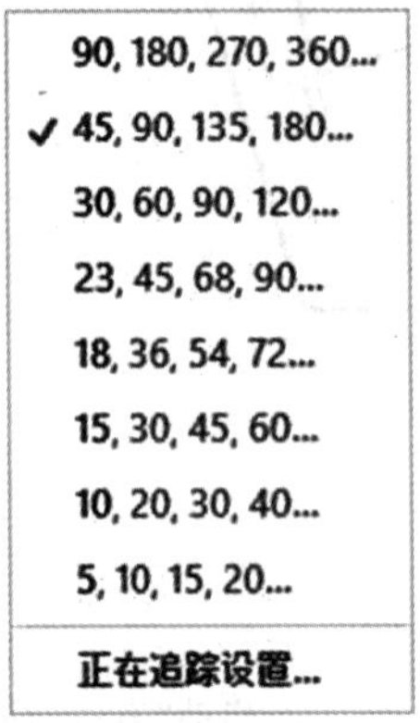


图2-16 “极轴设置”菜单

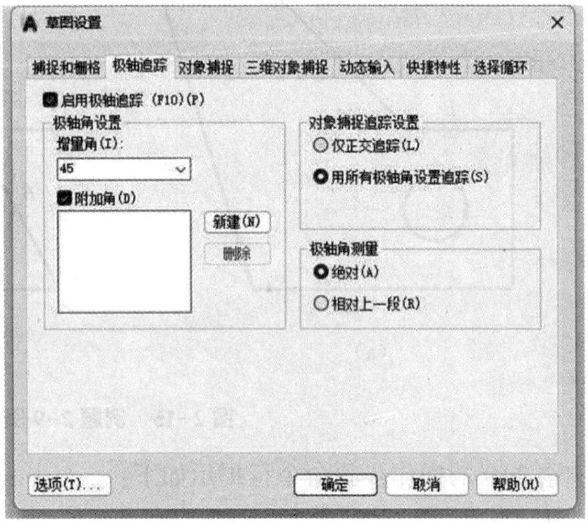


图2-17 在“草图设置”对话框中选择“极轴追踪”选项卡

在“草图设置”对话框的“极轴追踪”选项卡中，可以选中“启用极轴追踪”复选框，其中包含“极轴角设置”“对象捕捉追踪设置”“极轴角测量”3个选项区。

## (一)极轴角设置

1.增量角

可以手动输入新的增量角，也可以通过下拉菜单选择增量角。极轴追踪会捕捉增量角，也会捕捉整数倍角度。

2.附加角

可以选中“附加角”复选框，启用附加角；可以新建附加角；也可以删除附加角。

## (二)对象捕捉追踪设置

1.仅正交追踪

对象捕捉追踪时，仅正交追踪。

2.用所有极轴角设置追踪

对象捕捉追踪时，可追踪所有极轴角。

## (三)极轴角测量

1.绝对

追踪的极轴角为绝对角度。

2.相对上一段

追踪的极轴角为相对上一段的角度。

☞ **知识点精**

利用“极轴追踪”绘制直线，即首先利用极轴追踪方向，然后输入长度。这是最方便快捷的绘制直线的方法。

【例题2-10】　利用极轴追踪和相对极坐标2种方法，用“直线”命令绘制图2-18所示的菱形。

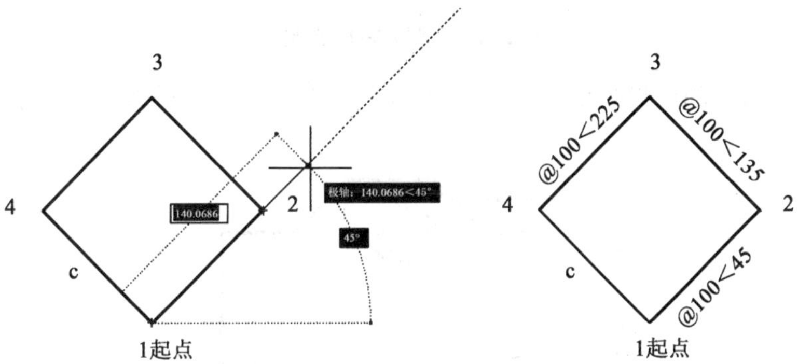


(a) 利用极轴追踪方法　　(b) 利用相对极坐标方法

**图2-18　例题2-10图形**

例题2-10中利用极轴追踪方法的命令行提示如下：

命令：_line　//启动“直线”命令//

指定第一个点：　//单击鼠标，任意指定起点//

指定下一点或［放弃(U)］：100　//追踪45°极轴，输入长度100//

指定下一点或［放弃(U)］：100　//追踪135°极轴，输入长度100//

指定下一点或［闭合(C)/放弃(U)］：100　//追踪225°极轴，输入长度100//

指定下一点或［闭合(C)/放弃(U)］：c　//输入“c”，按“Enter”键//

例题2-10中利用相对极坐标方法的命令行提示如下：

命令：_line　//启动“直线”命令//

指定第一个点：　//单击鼠标，任意指定起点//

指定下一点或［放弃(U)］：@ 100<45　//输入相对极坐标//

指定下一点或［放弃(U)］：@ 100<135　//输入相对极坐标//

指定下一点或［闭合(C)/放弃(U)］:@ 100<225　//输入相对极坐标//

指定下一点或［闭合(C)/放弃(U)］：c　//输入“c”，按“Enter 键”//

【例题 2-11】 利用极轴追踪和相对极坐标 2 种方法，用“直线”命令绘制如图 2-19 所示的正六边形。

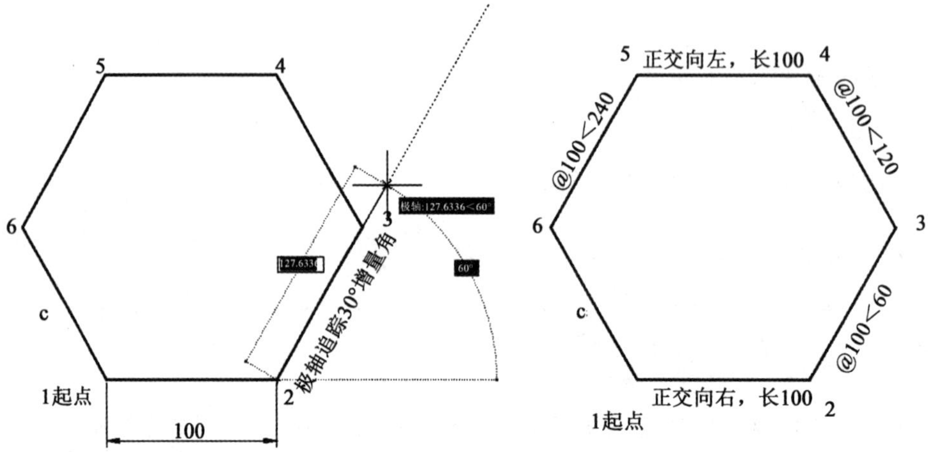


（a）利用极轴追踪方法 （b）利用相对极坐标方法

图 2-19 例题 2-11 图形

【例题 2-12】 利用极轴追踪方法绘制如图 2-20 所示的风筝图形。

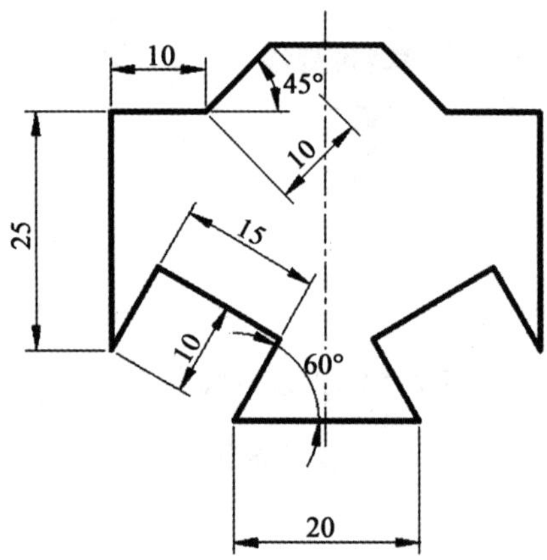


图 2-20 例题 2-12 图形

提示：分别设置极轴追踪的“增量角”30°和 45°，按照追踪方向画图。

## 六、使用“对象捕捉追踪”绘制直线

对象捕捉追踪也是一种自动追踪模式。打开“对象捕捉追踪”模式，既可以按“F11”快捷键，也可以在状态栏单击“对象捕捉追踪”按钮（）。

绘图前，首先在状态栏打开“对象捕捉”按钮（）、“对象捕捉追踪”按钮（）、“极轴追踪”按钮（），为绘图做好准备。在执行绘图命令时，将光标移动到图形的某一捕捉参考点上，然后移走光标，这时捕捉到的参考点处会有一个绿色的捕捉点，即新建立的对象捕捉追踪点；沿对象捕捉追踪点朝水平方向、垂直方向或已设定好的极轴方向移动，就会显示出相应的追踪路径，此时输入追踪距离数值，按“Enter”键，即可完成追踪。

注意：建立对象捕捉追踪点时，不要点击鼠标左键；否则，会直接捕捉追踪。

【例题 2-13】　利用对象捕捉追踪，使用“直线”命令，将图 2-21(a) 修改为图 2-21(b) 的样式。

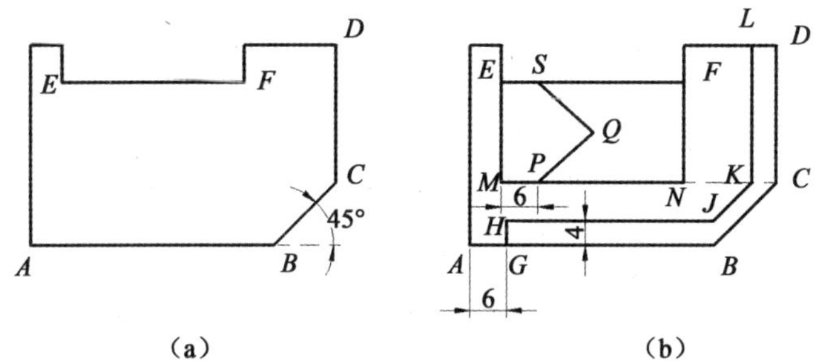


**图 2-21　例题 2-13 图形**

例题 2-13 的操作步骤命令行提示如下：

命令：_line　//启动“直线”命令//

指定第一个点：6　//以 *A* 点为追踪参考点向右，输入追踪距离 6，按“Enter”键，确定 *G* 点//

指定下一点或［放弃(U)］：4　//正交向上，长度 4，确定 *H* 点//

指定下一点或［放弃(U)］：　//从 *H* 点向右追踪，再在 *B* 点建立追踪点，确定 *J* 点//

指定下一点或［闭合(C)/放弃(U)］：　//追踪 45°极轴，再追踪 *C* 点，确定 *K* 点//

指定下一点或［闭合(C)/放弃(U)］：　//捕捉垂足，确定 *L* 点//

指定下一点或［闭合(C)/放弃(U)］：　//按“Enter”键结束//

命令：_line　//按“Enter”键重复命令//

指定第一个点：　//捕捉 *E* 点//

指定下一点或［放弃(U)］：　//向下追踪，再追踪 *C* 点，确定 *M* 点//

指定下一点或［放弃(U)］：　//向右追踪，再追踪 *F* 点，确定 *N* 点//

指定下一点或［闭合(C)/放弃(U)］：　//捕捉 *F* 点//

指定下一点或［闭合(C)/放弃(U)］：　//按“Enter”键结束//

命令：_line

指定第一个点：6　//以 *M* 点为追踪参考点向右，输入追踪距离 6，按“Enter”键，确定 *P* 点//

指定下一点或［放弃(U)］：　//同时追踪 *ME* 和 *EF* 的中点，确定 *Q* 点//

指定下一点或［放弃(U)］：　//追踪 *P* 点交 *EF* 于 *S* 点//

指定下一点或［闭合(C)/放弃(U)］：c　//输入“c”，按“Enter”键//

在实际绘图过程中，将“对象捕捉追踪”和“极轴追踪”功能结合起来使用，既能方便用户沿着极轴方向画图，又能轻易地利用对象捕捉追踪沿着极轴定位指定点。

## 七、“偏移”命令

前面讲解了如何利用对象捕捉画平行线，其实在 AutoCAD 绘图过程中，最常用的画平行线的方法是偏移。绘图时，经常需要绘制平行线、同心圆或等距的曲线等，都可以利用“偏移”命令。可偏移的对象有直线、多段线、多边形、圆、圆弧、椭圆、构造线和样条曲线等。当偏移一条闭合的曲线时，会产生与原对象形状相近的曲线图形。

### （一）“偏移”命令的启动方法

“偏移”命令的启动方法有以下 4 种。

（1）菜单栏：选择“修改”菜单→“偏移”命令。

（2）功能区：单击“默认”→“修改”→“偏移”按钮（⊆）。

（3）工具栏：单击“⊆”按钮。

（4）命令行：输入“OFFSET”或“O”。

### （二）命令解析

“偏移”命令的命令行提示如下：

命令：_offset

当前设置：删除源=否　图层=源　OFFSETGAPTYPE=0

指定偏移距离或［通过(T)/删除(E)/图层(L)］<9>：

选择要偏移的对象，或［退出(E)/放弃(U)］<退出>：

指定要偏移的那一侧上的点，或［退出(E)/多个(M)/放弃(U)］<退出>：

该命令的选项说明如下。

（1）指定偏移距离：可以输入偏移距离值，也可以在绘图区指定两点，这两点的间距就是偏移距离。

（2）通过(T)：通过指定点创建新的偏移对象。

（3）删除(E)：偏移后是否删除源对象。

（4）图层(L)：设置偏移后的新对象的图层选项，在当前图层或源对象所在的图层。

> ☞ **知识点精**
>
> 偏移距离，既可以在屏幕上指定，也可以输入数值确定，还可以通过某点确定。
>
> 偏移对象，可以是直线、圆、椭圆、圆弧、多段线等。

【例题 2-14】　利用“偏移”命令绘制如图 2-22 所示的图形。

偏移

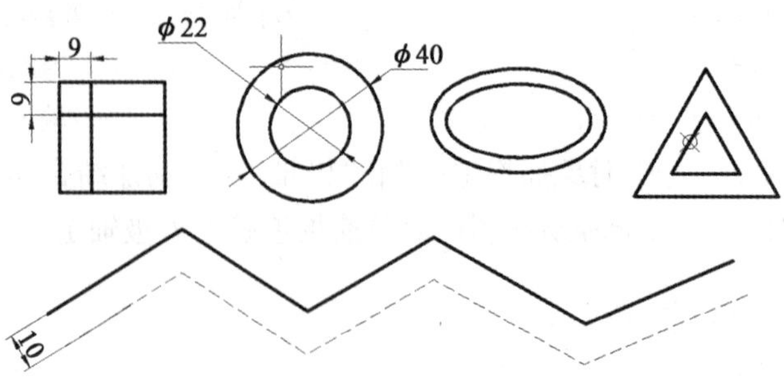


图 2-22　例题 2-14 图形

例题 2-14 的操作步骤命令行提示如下：

命令：_offset
当前设置：删除源=否　图层=源　OFFSETGAPTYPE=0
指定偏移距离或［通过(T)/删除(E)/图层(L)］<8.1915>：9　　//偏移距离 9//
选择要偏移的对象，或［退出(E)/放弃(U)］<退出>：　　//偏移直线//
指定要偏移的那一侧上的点，或［退出(E)/多个(M)/放弃(U)］<退出>：
选择要偏移的对象，或［退出(E)/放弃(U)］<退出>：　　//偏移直线//
指定要偏移的那一侧上的点，或［退出(E)/多个(M)/放弃(U)］<退出>：
选择要偏移的对象，或［退出(E)/放弃(U)］<退出>：　　//偏移圆//
指定要偏移的那一侧上的点，或［退出(E)/多个(M)/放弃(U)］<退出>：
选择要偏移的对象，或［退出(E)/放弃(U)］<退出>：　　//按“Enter”键结束//
命令：_offset
当前设置：删除源=否　图层=源　OFFSETGAPTYPE=0
指定偏移距离或［通过(T)/删除(E)/图层(L)］<9.0000>：指定第二点：
//屏幕上指定两点，确定偏移距离//
选择要偏移的对象，或［退出(E)/放弃(U)］<退出>：　　//偏移椭圆//
指定要偏移的那一侧上的点，或［退出(E)/多个(M)/放弃(U)］<退出>：
选择要偏移的对象，或［退出(E)/放弃(U)］<退出>：　　//按“Enter”键结束//
命令：
命令：_offset
当前设置：删除源=否　图层=源　OFFSETGAPTYPE=0
指定偏移距离或［通过(T)/删除(E)/图层(L)］<4.1115>：t　　//通过 T//
选择要偏移的对象，或［退出(E)/放弃(U)］<退出>：　　//偏移三角形//
指定通过点或［退出(E)/多个(M)/放弃(U)］<退出>：　　//通过点//
选择要偏移的对象，或［退出(E)/放弃(U)］<退出>：　　//按“Enter”键结束//
命令：
命令：_offset
当前设置：删除源=否　图层=源　OFFSETGAPTYPE=0
指定偏移距离或［通过(T)/删除(E)/图层(L)］<通过>：i　　//设置图层选项//
输入偏移对象的图层选项［当前(C)/源(S)］<源>：c　　//设置为当前层//
指定偏移距离或［通过(T)/删除(E)/图层(L)］<通过>：10　　//偏移距离 10//
选择要偏移的对象，或［退出(E)/放弃(U)］<退出>：　　//选择多段线//
指定要偏移的那一侧上的点，或［退出(E)/多个(M)/放弃(U)］<退出>：
选择要偏移的对象，或［退出(E)/放弃(U)］<退出>：　　//按“Enter”键结束//

## 八、“修剪”命令

在绘图过程中，用户所画的图线不可能一次成形，常有很多图线交织在一起，必要时，还需要绘制一些辅助线，这些图线和辅助线都需要进行多次编辑，才能画出正确、完整的图形。“修剪”命令是用户在绘图时最常用的编辑命令之一。“修剪”命令是沿着指定的修剪边界剪掉图形中不需要的部分。在修剪时，剪切边必须与修剪对象相交，或者与延长线相交。

### (一)"修剪"命令的启动方法

"修剪"命令的启动方法有以下 4 种。

(1)菜单栏：选择"修改"菜单→"修剪"命令。

(2)功能区：单击"默认"→"修改"→"修剪"按钮( 修剪)。

(3)工具栏：单击" "按钮。

(4)命令行：输入"TRIM"或"TR"。

### (二)命令解析

"修剪"命令的命令行提示如下：

命令：_trim

当前设置：投影=UCS，边=无，模式=标准

选择剪切边…

选择对象或［模式(O)］<全部选择>：o

输入修剪模式选项［快速(Q)/标准(S)］<标准(S)>：q

选择要修剪的对象，或按住 Shift 键选择要延伸的对象或

［剪切边(T)/窗交(C)/模式(O)/投影(P)/删除(R)/放弃(U)］：

该命令的选项说明如下。

(1)模式(O)：有 2 种模式选项，即快速(Q)、标准(S)。

(2)快速(Q)：与以往用的标准(S)模式有所区别，快速(Q)模式用起来方便快捷，即单击的图线将被修剪，包括单独的图线，也会被删除。

(3)标准(S)：标准模式，执行命令首先选择剪切边(类似于剪刀)，确定完剪切边，再进行修剪，可修剪与剪切边相交或与剪切边延长线相交的图线。

(4)剪切边(T)：可重新选择剪切边。

(5)窗交(C)：利用窗口交叉方法选择修剪的对象。

(6)边(E)：可设置延伸模式［延伸(E)/不延伸(N)］，判断与剪切边延长线相交的图线是否可以修剪。

(7)删除(R)：删除对象。

☞ **知识点精**

在选择要修剪的对象时，可按住"Shift"键选择要延伸的对象，将"修剪"功能转换成"延伸"功能。

执行"修剪"命令确定"剪切边"时，直接点击鼠标右键，意思是绘图区内所有图线均为剪切边，与剪切边相交的图线都可以修剪。单一图线不可以修剪(删除)。

【例题 2-15】“修剪”命令练习：以 *AB*，*CD* 为剪切边，完成修剪。

修剪、延伸

方法一：将“修剪”命令改为在快速(Q)模式下进行修剪，如图 2-23(a)所示。

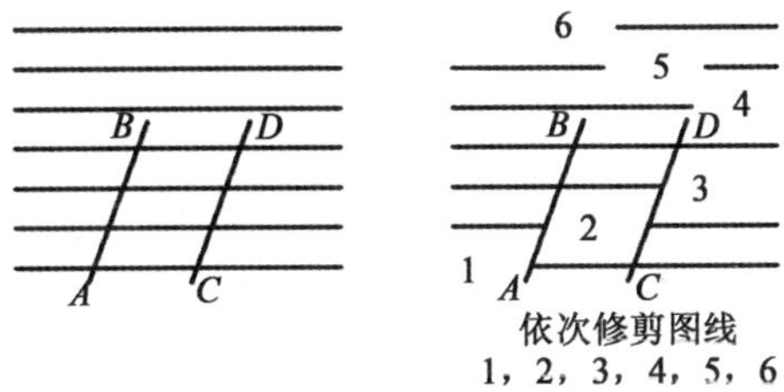


(a)　　(b)

**图 2-23　例题 2-15 图形**

方法一的操作步骤命令行提示如下：

命令：_trim　　//调用“修剪”命令//

当前设置：投影=UCS，边=无，模式=标准　　//当前模式//

选择剪切边…　　//选择剪切边//

选择对象或［模式(O)］<全部选择>：o　　//修改模式//

输入修剪模式选项［快速(Q)/标准(S)］<标准(S)>：q　　//快速(Q)//

选择要修剪的对象，或按住 Shift 键选择要延伸的对象或

//按住“Shift”键，将“修剪”功能转换成“延伸”功能//

［剪切边(T)/窗交(C)/模式(O)/投影(P)/删除(R)］：　　//单击要修剪的图线完成修剪//

选择要修剪的对象，或按住 Shift 键选择要延伸的对象或

［剪切边(T)/窗交(C)/模式(O)/投影(P)/删除(R)/放弃(U)］：　　//按“Enter”键结束//

方法二：“修剪”命令在标准(S)模式下进行修剪，如图 2-23(b)所示。

方法二的操作步骤命令行提示如下：

命令：_trim　　//调用“修剪”命令//

当前设置：投影=UCS，边=无，模式=标准　　//当前模式//

选择剪切边...　　//选择剪切边//

选择对象或［模式(O)］<全部选择>：找到 1 个　　//选择 *AB* 剪切边//

选择对象：找到 1 个，总计 2 个　　//选择 *CD* 剪切边，右击确定//

选择对象：

选择要修剪的对象，或按住 Shift 键选择要延伸的对象或

［剪切边(T)/栏选(F)/窗交(C)/模式(O)/投影(P)/边(E)/删除(R)］：

//单击要修剪的图线//

选择要修剪的对象，或按住 Shift 键选择要延伸的对象或

［剪切边(T)/栏选(F)/窗交(C)/模式(O)/投影(P)/边(E)/删除(R)/放弃(U)］：e

//更改延伸模式//

输入隐含边延伸模式［延伸(E)/不延伸(N)］<不延伸>：e　　//延伸(E)//

选择要修剪的对象，或按住 Shift 键选择要延伸的对象或

［剪切边(T)/栏选(F)/窗交(C)/模式(O)/投影(P)/边(E)/删除(R)/放弃(U)］：

//依次单击要修剪的图线(1，2，3，4，5，6)完成修剪//

选择要修剪的对象，或按住 Shift 键选择要延伸的对象或

[剪切边(T)/栏选(F)/窗交(C)/模式(O)/投影(P)/边(E)/删除(R)/放弃(U)]：

//按“Enter”键结束//

## 九、“延伸”命令

“延伸”命令可以将线段、曲线等图形对象延伸到某一边界线，使其与边界线相交。如果图线延伸后与边界线不直接相交，而与边界线的延长线相交，此时边界线就是隐含边界。

### (一)“延伸”命令的启动方法

“延伸”命令的启动方法有以下 4 种。

(1)菜单栏：选择“修改”菜单→“延伸”命令。

(2)功能区：单击“默认”→“修改”→“延伸”按钮( 延伸 )。

(3)工具栏：单击“ ”按钮。

(4)命令行：输入“EXTEND”或“EX”。

### (二)命令解析

“延伸”命令的命令行提示如下：

命令：_extend

当前设置：投影=UCS，边=无，模式=快速

选择要延伸的对象，或按住 Shift 键选择要修剪的对象或

[边界边(B)/窗交(C)/模式(O)/投影(P)]：o

输入延伸模式选项 [快速(Q)/标准(S)] <快速(Q)>：s

选择要延伸的对象，或按住 Shift 键选择要修剪的对象或

[边界边(B)/栏选(F)/窗交(C)/模式(O)/投影(P)/边(E)/放弃(U)]：

该命令的选项说明如下。

(1)模式(O)：有 2 种模式选项，即快速(Q)、标准(S)。

(2)快速(Q)：只要延伸对象的延长线上有图线(即边界边)，鼠标移动到延伸对象的合理位置上并单击，就可以完成延伸。快速(Q)模式用起来方便快捷。

(3)标准(S)：标准模式，执行命令先选择边界边，边界边确定后，再单击延伸对象进行延伸，可将延伸对象延伸到与边界边相交或与边界边的延长线相交。

(4)边界边(B)：可重新选择边界边。

(5)窗交(C)：利用窗口交叉方法选择延伸对象。

(6)边(E)：可设置延伸模式 [延伸(E)/不延伸(N)]，判断是否把延伸对象延伸到其隐含边界(边界边的延长线上)。

【例题 2-16】 “延伸”命令练习：以 *B*，*C* 为边界边，延伸图线 *A*，如图 2-24 所示。

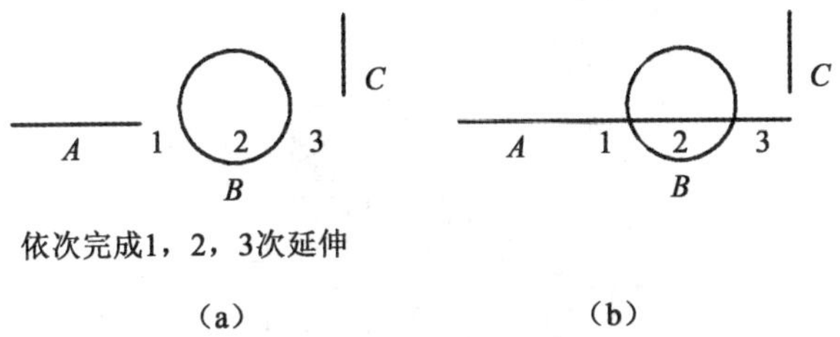


图 2-24　例题 2-16 图形

例题 2-16 的操作步骤命令行提示如下：

命令：_extend　//调用"延伸"命令//

当前设置：投影=UCS，边=无，模式=快速　//当前模式//

选择要延伸的对象，或按住 Shift 键选择要修剪的对象或

[边界边(B)/窗交(C)/模式(O)/投影(P)]：　//第 1 次延伸//

选择要延伸的对象，或按住 Shift 键选择要修剪的对象或

[边界边(B)/窗交(C)/模式(O)/投影(P)/放弃(U)]：　//第 2 次延伸//

选择要延伸的对象，或按住 Shift 键选择要修剪的对象或

[边界边(B)/窗交(C)/模式(O)/投影(P)/放弃(U)]：o　//修改"延伸"模式//

输入延伸模式选项 [快速(Q)/标准(S)] <快速(Q)>：s　//修改为标准(S)//

选择要延伸的对象，或按住 Shift 键选择要修剪的对象或

[边界边(B)/栏选(F)/窗交(C)/模式(O)/投影(P)/边(E)/放弃(U)]：e

//修改"延伸"模式//

输入隐含边延伸模式 [延伸(E)/不延伸(N)] <延伸>：e　//设置为延伸(E)//

选择要延伸的对象，或按住 Shift 键选择要修剪的对象或

[边界边(B)/栏选(F)/窗交(C)/模式(O)/投影(P)/边(E)/放弃(U)]：　//第 3 次延伸//

选择要延伸的对象，或按住 Shift 键选择要修剪的对象或　//按"Enter"键结束//

## 十、绘制点

点是最基本的图形元素之一。在图样中，点通常用于指定一个特殊的坐标位置，起到辅助定位的作用。用户合理地运用点的辅助定位功能，可以解决很多实际技术问题。点在 AutoCAD 中有很多不同的表现形式，可以根据需要设置点样式。

### (一)点样式

系统默认的点样式是"."，不方便用户观察，所以在绘制点前，应先设置点样式。

"点样式"有以下 2 种设置方法。

(1)菜单栏：选择"格式"菜单→"点样式"命令。

(2)功能区：单击"默认"→"使用工具"→"点样式"按钮。

执行上述操作后，系统弹出"点样式"对话框，如图 2-25 所示。在该对话框中，系统提供了 20 种点样式；同时，可以设置点大小，点大小既可以设置为相对于屏幕的大小，也可以设置为绝对单位大小；最后单击"确定"按钮，系统即自动采用新的设置重新生成图形。

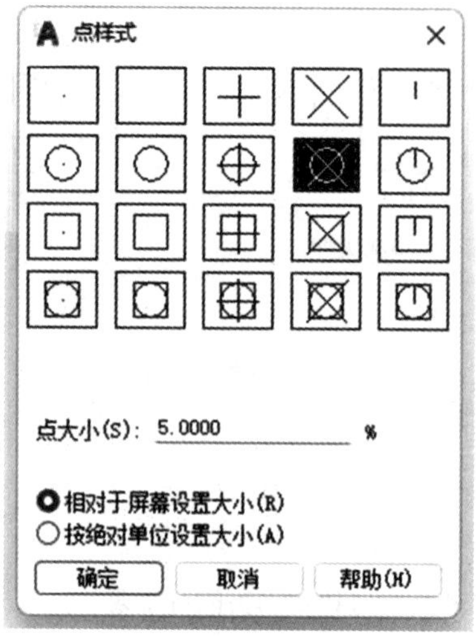


**图 2-25 “点样式”对话框**

## (二)“点”命令

“点”命令的启动方法有以下 3 种。

(1)菜单栏：选择“绘图”菜单→“点”→“单点”或“多点”命令。

(2)功能区：单击“默认”→“绘图”→“多点”按钮(  )。

(3)工具栏：单击“  ”按钮。

【例题 2-17】 绘制多点。

例题 2-17 的操作步骤命令行提示如下：

命令：_point //调用“多点”命令//

指定点： //光标在屏幕区指定一个点//

命令：_point

指定点：10，10 //输入坐标画点//

命令：_point

指定点：50，50 //输入坐标画点//

## (三)“定数等分”命令

“定数等分”命令是根据等分数目在图形对象上均匀绘制等分点。这些点只标记等分位置，不分割图形对象。可等分的图形元素有直线、圆、圆弧等。

“定数等分”命令的启动方法有以下 2 种。

(1)菜单栏：选择“绘图”菜单→“点”→“定数等分”命令。

(2)功能区：单击“默认”→“绘图”→“定数等分”按钮(  )。

【例题 2-18】 “定数等分”命令练习：将直线和圆定数等分，如图 2-26 所示。

绘制点

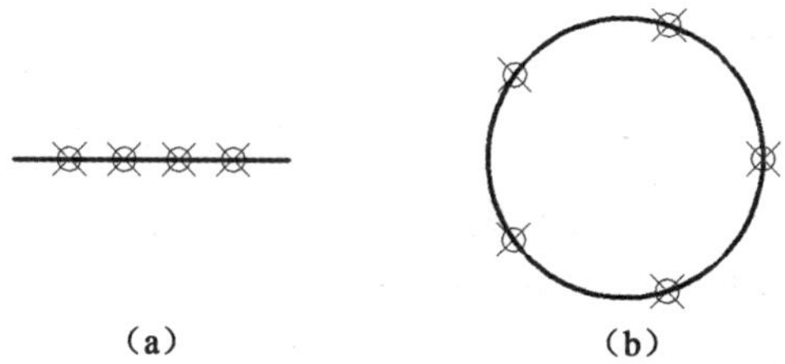


图 2-26　例题 2-18 图形

例题 2-18 的操作步骤命令行提示如下：

命令：_divide　　//调用“定数等分”命令//
选择要定数等分的对象：　　//选择直线//
输入线段数目或［块(B)］：5　　//分 5 份//
命令：_divide
选择要定数等分的对象：　　//选择圆//
输入线段数目或［块(B)］：5　　//分 5 份//

【例题 2-19】　利用“定数等分”命令辅助绘图，图形尺寸如图 2-27 所示。

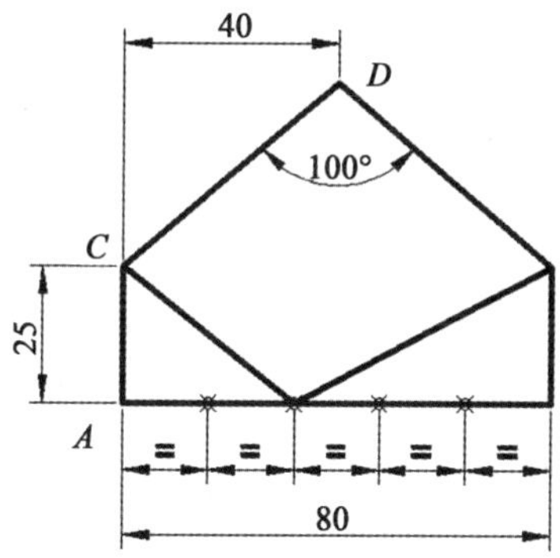


图 2-27　例题 2-19 图形

提示：将直线 *AB* 定数等分，计算得到直线 *CD* 的角度是 40°。

【例题 2-20】　利用“定数等分”命令辅助画“五角星”图。

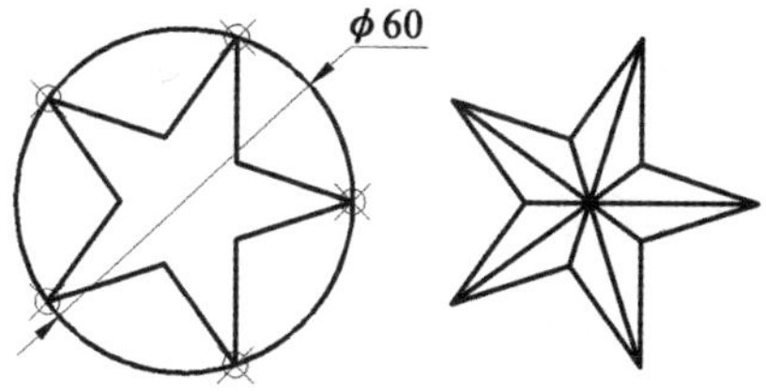


图 2-28　例题 2-20 图形

提示：①将已知圆进行定数等分；②利用“对象捕捉”捕捉节点、交点等并绘制直线；③最后修剪多余图线，结果如图 2-28 所示。

### (四)“定距等分”命令

“定距等分”命令是按照指定的等分距离在图形对象的长度或周长方向绘制等距点。这些点只标记等距位置，不分割图形对象。不同类型的图形对象，计算距离的起始点不同。如果是直线，起点是距离选择点最近那一侧的端点；如果是多边形，起点是多边形的起点；如果是圆，起点是右侧象限点。

“定距等分”命令的启动方法有以下 2 种。

(1)菜单栏：选择“绘图”菜单→“点”→“定距等分”命令。

(2)功能区：单击“默认”→“绘图”→“定距等分”按钮( )。

【例题 2-21】“定距等分”命令练习：在圆和两条斜线上建立长度为 20 的等距点，如图 2-29 所示。

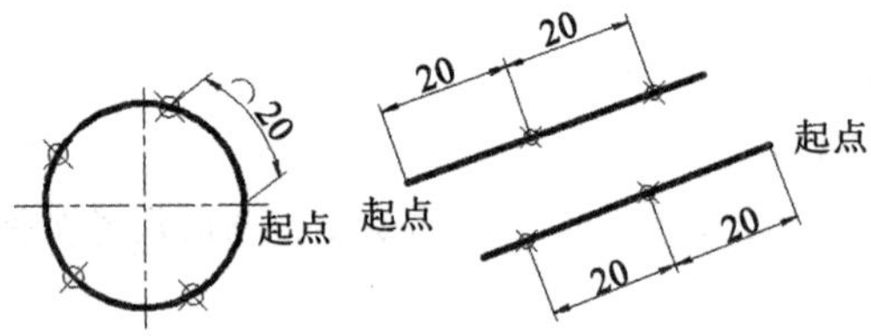


**图 2-29　例题 2-21 图形**

例题 2-21 的操作步骤命令行提示如下：

命令：_measure　//调用“定距等分”命令//
选择要定距等分的对象：　//选择圆//
指定线段长度或［块(B)］：20　//输入距离 20//
命令：_measure
选择要定距等分的对象：　//选择直线，选择点靠近左侧//
指定线段长度或［块(B)］：20　//输入距离 20//
命令：_measure
选择要定距等分的对象：　//选择直线，选择点靠近右侧//
指定线段长度或［块(B)］：20　//输入距离 20//

## 十一、“构造线”命令

构造线是两端无限延长的直线，绘图过程中，通常用于绘制定位或辅助线。

### (一)“构造线”命令的启动方法

“构造线”命令的启动方法有以下 4 种。

(1)菜单栏：选择“绘图”菜单→“构造线”命令。

(2)功能区：单击“默认”→“绘图”→“构造线”按钮( )。

(3)工具栏：单击“ ”按钮。

(4)命令行：输入“XLINE”或“XL”。

## （二）命令解析

“构造线”命令的命令行提示如下：

命令：_xline

指定点或［水平(H)/垂直(V)/角度(A)/二等分(B)/偏移(O)］：

该命令的选项说明如下：

(1)指定点：用指定 2 个通过点的方式创建构造线。

(2)水平(H)/垂直(V)：创建水平/垂直构造线。

(3)角度(A)：按照指定的角度创建构造线。角度的参照方式为创建与已知直线成任意角度的构造线。

(4)二等分(B)：创建角平分构造线。

(5)偏移(O)：利用“偏移”命令创建构造线，有通过指定点和给定偏移距离 2 种方式。

> ☞ **知识点精**
>
> 构造线一般用作辅助线，一般需要建立辅助线图层。当不需要建立辅助线图层时，可以随时关闭图层。

【例题 2-22】　绘制如图 2-30 所示的各类构造线。

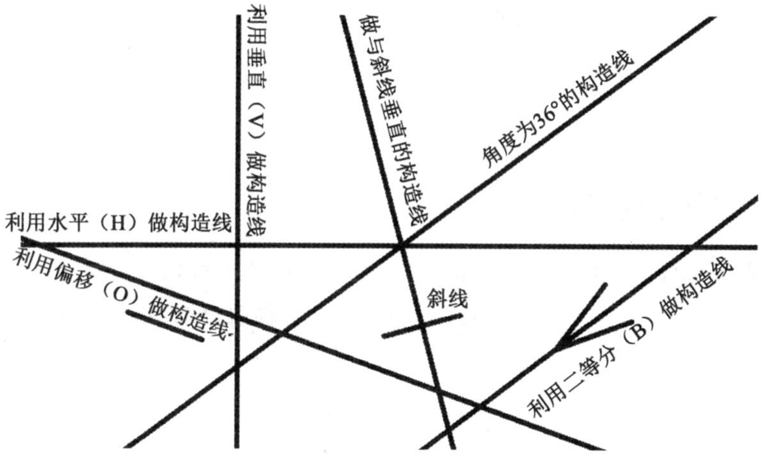


**图 2-30　例题 2-22 图形**

例题 2-22 的操作步骤命令行提示如下：

命令：_xline　　　　　　　　　　　　//调用“构造线”命令//

指定点或［水平(H)/垂直(V)/角度(A)/二等分(B)/偏移(O)］：h

　　　　　　　　　　　　//绘制水平(H)构造线//

指定通过点：

指定通过点：＊取消＊

绘制构造线

命令：_xline

指定点或［水平(H)/垂直(V)/角度(A)/二等分(B)/偏移(O)］：v　　//绘制垂直(V)构造线//

指定通过点：

命令：_xline

指定点或［水平(H)/垂直(V)/角度(A)/二等分(B)/偏移(O)］：a　　//绘制角度(A)构造线//

输入构造线的角度（0）或［参照(R)］：36　　//角度为36°//

指定通过点：

命令：_xline

指定点或［水平(H)/垂直(V)/角度(A)/二等分(B)/偏移(O)］：a　　//绘制角度(A)构造线//

输入构造线的角度（0）或［参照(R)］：r　　//绘制参照(R)角度构造线//

选择直线对象：　　//选择参照直线//

输入构造线的角度<0>：90　　//参照角度90°//

指定通过点：

命令：_xline

指定点或［水平(H)/垂直(V)/角度(A)/二等分(B)/偏移(O)］：b　　//绘制角平分线//

指定角的顶点：　　//选择角的顶点//

指定角的起点：　　//选择角的起点//

指定角的端点：　　//选择角的端点//

命令：_xline

指定点或［水平(H)/垂直(V)/角度(A)/二等分(B)/偏移(O)］：o　　//绘制偏移(O)构造线//

指定偏移距离或［通过(T)］<6.0000>：10　　//偏移距离10//

选择直线对象：　　//选择偏移线//

指定向哪侧偏移：　　//单击上侧//

选择直线对象：　　//按"Enter"键结束//

## 十二、巩固提高案例

绘制由直线构成的二维图形，巩固提高AutoCAD绘图技巧。

【例题2-23】　利用"直线""偏移""极轴追踪""修剪"等命令绘制如图2-31所示的图形。

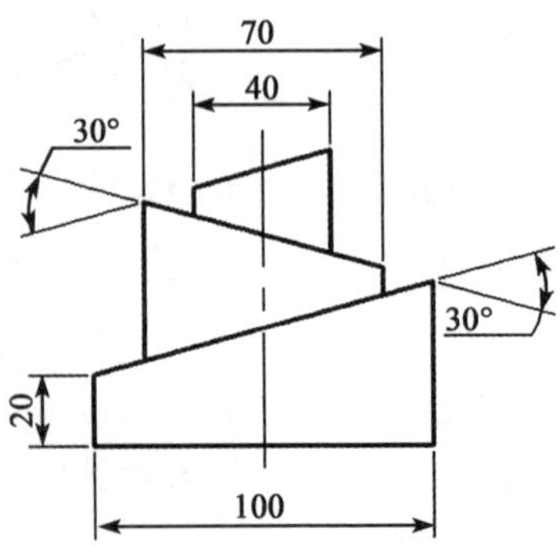


图2-31　例题2-23图形

(1)设置绘图环境，创建图层，如图 2-32 所示。

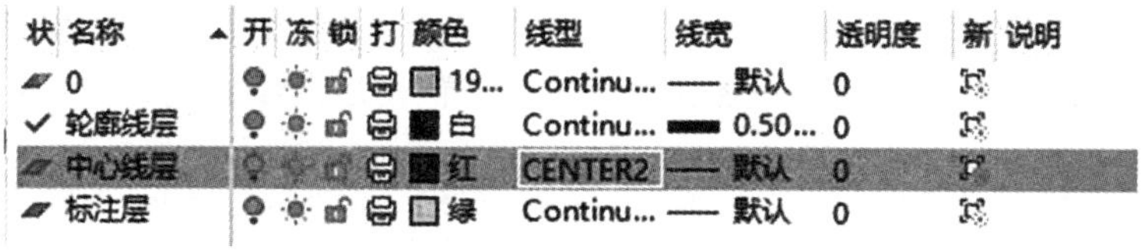

| 状 | 名称 | 开 | 冻 | 锁 | 打 | 颜色 | 线型 | 线宽 | 透明度 | 新 | 说明 |
|---|---|---|---|---|---|---|---|---|---|---|---|
|  | 0 |  |  |  |  | 19... | Continu... | —— 默认 | 0 |  |  |
| ✓ | 轮廓线层 |  |  |  |  | 白 | Continu... | 0.50... | 0 |  |  |
|  | 中心线层 |  |  |  |  | 红 | CENTER2 | —— 默认 | 0 |  |  |
|  | 标注层 |  |  |  |  | 绿 | Continu... | —— 默认 | 0 |  |  |

**图 2-32　创建图层**

(2)打开“极轴追踪”“对象捕捉”“对象捕捉追踪”功能。例题 2-23 设置的极轴追踪角度为 15°，设置常用对象捕捉方式为端点、中点、交点、垂足等，设置用所有极轴角进行捕捉追踪，为制图做准备工作。

(3)用“直线”命令在轮廓层绘制直线 $AB$(长度为 100)；切换到中心线层，用“直线”命令捕捉追踪直线中点，绘制中心线(长度约为 100)，如图 2-33(a)所示。

(4)切换到轮廓线层，用“直线”命令绘制 $AC$(长度为 20)、$BD$(长度约为 50)，以 $C$ 点为起点，利用“极轴追踪”，捕捉交点 $D$；同理，再用“极轴追踪”捕捉交点 $E$、交点 $F$，如图 2-33(b)所示。

(5)利用“修剪”命令，修剪多余图线，结果如图 2-33(c)所示。

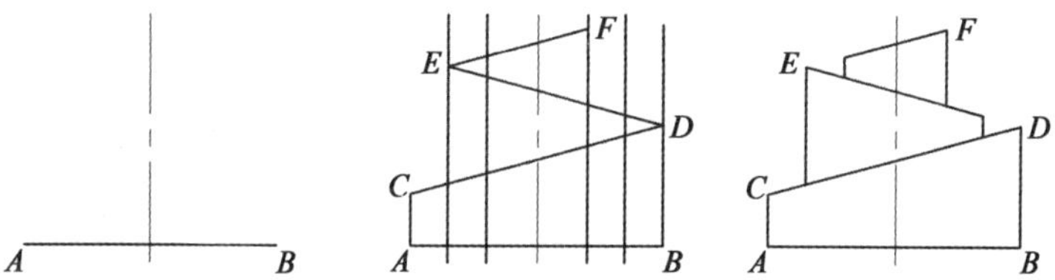


(a)　　(b)　　(c)

**图 2-33　例题 2-23 图形**

【例题 2-24】　利用“直线”“构造线”“相对极坐标”“修剪”等命令绘制如图 2-34 所示的图形。

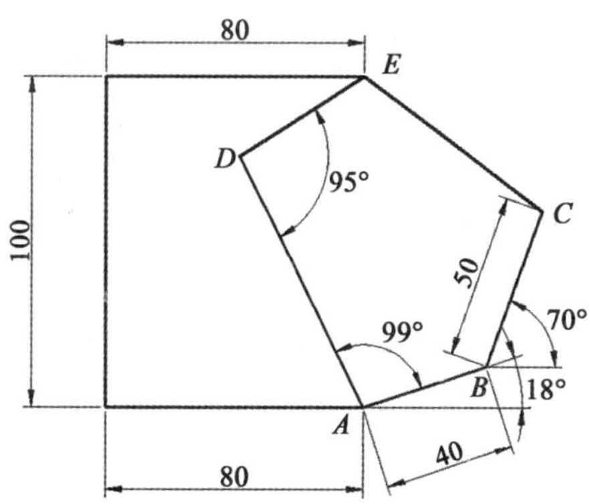


**图 2-34　例 2-24 图形**

提示：①$AB$，$BC$ 用相对极坐标(@长度小于角度)绘制；②利用“构造线”命令绘制

直线 *AD*，单击“构造线”命令，利用角度(A)参照(R)，参照直线 *AB*，参照角度为 99°，单击 *A* 点绘制构造线；③利用“构造线”命令绘制直线 *DE*，单击“构造线”命令，利用角度(A)参照(R)，参照直线 *AD*，参照角度为 95°，单击 *E* 点绘制构造线；④利用“修剪”命令，修剪多余图线，结果如图 2-34 所示。

# 任务二　绘制由直线、圆、圆弧等构成的二维图形

本任务主要讲解如何绘制由直线、圆、圆弧构成的二维图形，主要介绍利用“直线”“圆”“圆弧”“圆角”“倒角”命令绘图的方法。

## 任务情景

在前面，已经绘制了很多由直线构成的简单二维图形，但在各行业各领域的图样中，很多都包括圆、圆弧过渡的图线。此类图形绘图方法繁杂，绘图难度增大。通过本任务的学习，学生可以绘制由直线、圆、圆弧等构成的二维图形。

## 任务目标

(1)绘制圆、圆弧、圆环。

(2)倒圆角、倒角。

## 任务要求

(1)锻炼学生选择最简单、最方便的绘图方法的能力。

(2)培养学生掌握圆角、倒角的制造工艺和工艺结构。

## 任务思考

绘制某一圆弧，可以利用圆、圆弧、圆角 3 种方法完成，教师可以引导学生利用这 3 种方法分别绘图，然后对比 3 种方法，分析哪种最简单、最快捷，使学生学会选择最方便、最高效的方法进行绘图，从而提高绘图速度。

## 任务实施

### 一、绘制圆

圆是绘图最常用的图形元素之一。

### (一)“圆”命令的启动方法

“圆”命令的启动方法有以下 4 种。

(1)菜单栏：选择“绘图”菜单→“圆”命令。

(2)功能区：单击“默认”→“绘图”→“圆”按钮( )。

(3)工具栏：单击“ ”按钮。

(4)命令行：输入“CIRCLE”或“C”。

### (二)命令解析

“圆”命令的命令行提示如下：

命令：_circle

指定圆的圆心或［三点(3P)/两点(2P)/切点、切点、半径(T)］：

该命令的选项说明如下：

(1)圆心，半径/圆心，直径(D)：绘制圆的最常用方法。

(2)两点(2P)：直径上的两端点绘制圆。

(3)三点(3P)：圆周上的任意三点绘制圆。

(4)相切，相切，半径(T)：已知与两已知图形对象相切及半径绘制圆。

(5)相切，相切，相切：已知与三已知图形对象相切绘制圆。

### (三)圆的绘制方法

AutoCAD 有 6 种绘制圆的方法，如图 2-35 所示。用户既可以通过菜单栏或功能区直接选择圆的制图方式，也可以通过圆绘制方法文字前的简易图标来理解绘图方式。

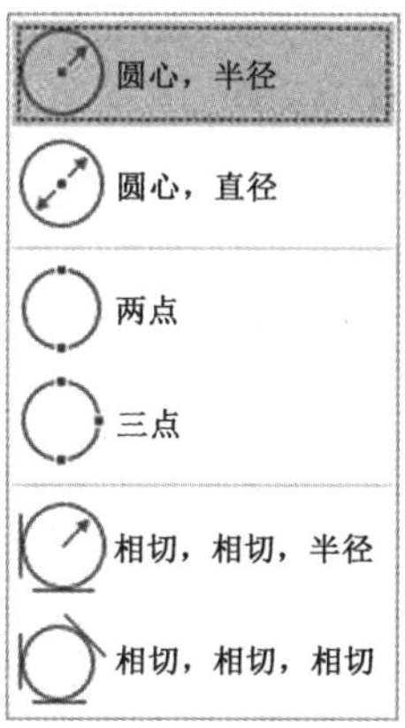


**图 2-35　圆的绘制方法**

> ☞ **知识点精**
>
> 用“相切，相切，半径(T)”方法绘制圆时，注意切点位置的拾取，不同的位置会画出外切或内切不同的圆。

【例题 2-25】 利用各种圆的绘制方法绘图，图形尺寸如图 2-36 所示。

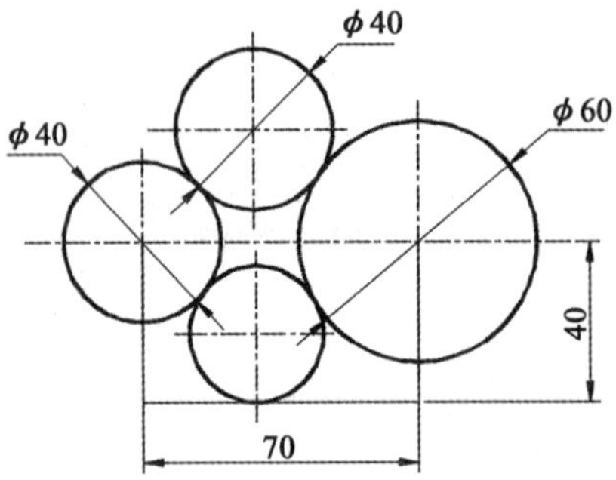


图 2-36　例题 2-25 图形

绘制圆

提示：①绘制体现左右 2 个圆中心距的辅助直线，长度为 70，分别以直线的两端点为圆心绘制 2 个圆（$\phi$40 和 $\phi$60）；②以“相切，相切，半径（T）”的方法，绘制上面的圆（$\phi$40）；③将水平中心点划线向下偏移 40，再以“相切，相切，相切”的方法画下面的圆；④补全所有中心对称点划线。

例题 2-25 的操作步骤命令行提示如下：

命令：_line　　//中心线层绘制辅助直线//

指定第一个点：

指定下一点或［放弃(U)］：70　　//直线长 70，确定 2 个圆的中心距//

指定下一点或［放弃(U)］：

命令：_circle

指定圆的圆心或［三点(3P)/两点(2P)/切点、切点、半径(T)］：　　//“圆心，半径”方法画圆//

指定圆的半径或［直径(D)］<56.7239>：20　　//半径 20//

命令：_circle

指定圆的圆心或［三点(3P)/两点(2P)/切点、切点、半径(T)］：　　//“圆心，半径”方法画圆//

指定圆的半径或［直径(D)］<20.0000>：30　　//半径 30//

命令：_circle

指定圆的圆心或［三点(3P)/两点(2P)/切点、切点、半径(T)］：_ttr

//“相切，相切，半径”方法画圆//

指定对象与圆的第一个切点：　　//第一个切点//

指定对象与圆的第二个切点：　　//第二个切点//

指定圆的半径<30.0000>：20　　//半径 20//

命令：_offset　　//调用“偏移”命令//

当前设置：删除源＝否　图层＝当前　OFFSETGAPTYPE＝0

指定偏移距离或［通过(T)/删除(E)/图层(L)］<通过>：40　　//偏移距离 40//

选择要偏移的对象，或［退出(E)/放弃(U)］<退出>：　　//选择中心线//

指定要偏移的那一侧上的点，或［退出(E)/多个(M)/放弃(U)］<退出>：　　//向下偏移//

选择要偏移的对象，或［退出(E)/放弃(U)］<退出>：＊取消＊

命令：_circle

指定圆的圆心或［三点(3P)/两点(2P)/切点、切点、半径(T)］：_3p

指定圆上的第一个点：_tan 到　　　　　　　　　　　//利用“相切，相切，相切”方法画圆//

指定圆上的第二个点：_tan 到

指定圆上的第三个点：_tan 到

命令：指定对角点或［栏选(F)/圈围(WP)/圈交(CP)］：＊取消＊

【例题 2-26】　利用“两点”方法画圆，图形尺寸如图 2-37 所示。

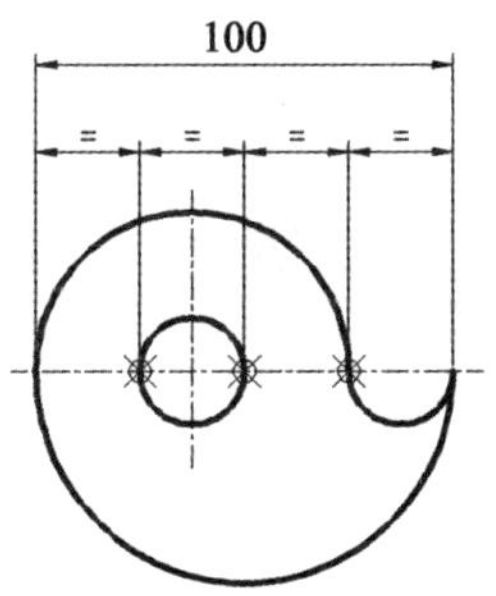


图 2-37　例题 2-26 图形

提示：①首先用直线绘制水平中心点划线，长度为 100，将中心点划线定数等分为 4 份；②利用“两点”方法在指定位置绘制 4 个圆；③修剪多余图线，补全中心点划线，结果如图 2-37 所示。

【例题 2-27】　利用“圆”命令绘图，图形尺寸如图 2-38 所示。

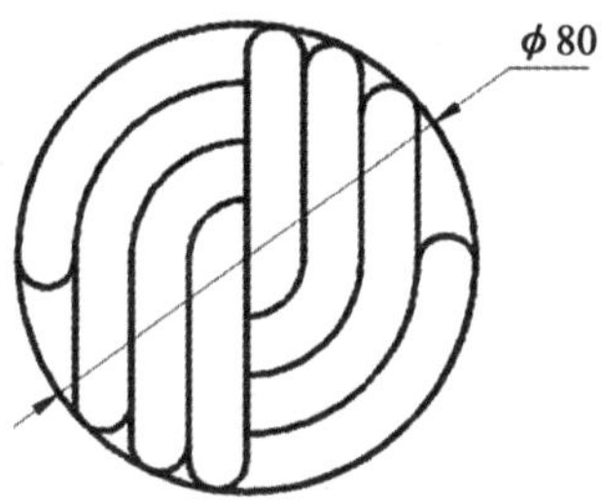


图 2-38　例题 2-27 图形

提示：①绘制外面大圆(ϕ80)，再利用“偏移”命令，偏移距离是 10，向里偏移，如图 2-39(a)所示；②开启“正交”功能，用“直线”命令连接各圆左侧象限点且正交向下，连接到外圆交点，再用直线连接各圆右侧象限点且正交向上，连接到外圆交点，再连接大圆上、下象限点，如图 2-39(b)所示；③以“相切，相切，相切”的方法画出 6 个小圆，以“两点”的方法画出左、右 2 个小圆，如图2-39(c)所示；④修剪多余图线，结果如图 2-39(d)所示。

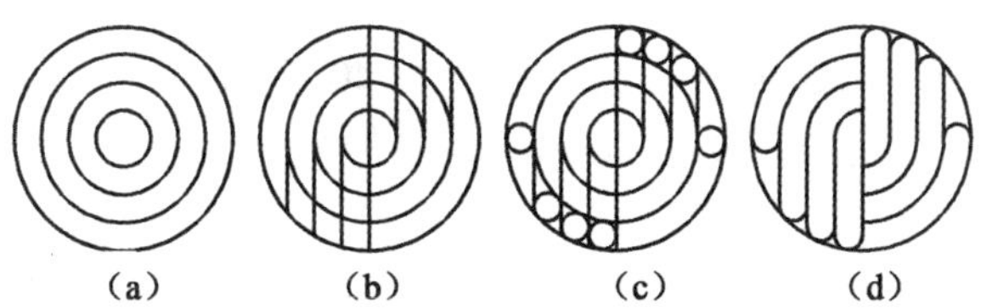


图 2-39　例题 2-27 绘图步骤

## 二、绘制圆弧

圆弧是绘图最常用的图形元素之一。

### (一)“圆弧”命令的启动方法

“圆弧”命令的启动方法有以下 4 种。

(1)菜单栏：选择“绘图”菜单→“圆弧”命令。

(2)功能区：单击“默认”→“绘图”→“圆弧”按钮( )。

(3)工具栏：单击“ ”按钮。

(4)命令行：输入“ART”或“A”。

### (二)命令解析

“圆弧”命令的命令行提示如下：

命令：_arc

指定圆弧的起点或［圆心(C)］：

指定圆弧的第二个点或［圆心(C)/端点(E)］：

指定圆弧的端点(按住 Ctrl 键以切换方向)或［角度(A)/弦长(L)/方向(D)/半径(R)］：

该命令的选项说明如下。

(1)三点：圆弧的起点、端点及圆弧上的任意一点，三点确定圆弧。

(2)起点：圆弧的起始点。

(3)端点：圆弧的终止点。

(4)圆心：圆弧的圆心。

(5)角度：圆弧包含的角度，逆时针方向为正。

(6)长度：圆弧的弦长。因同一弦线在圆上对应 2 个圆弧，当输入弦长数值为正时，绘制小于或等于 180°的圆弧；当输入弦长数值为负时，绘制大于 180°的圆弧。

(7)方向：指定起点圆弧的切向。

(8)半径：圆弧的半径。圆弧按照逆时针方向绘制，当输入半径数值为正时，绘制小于或等于 180°的圆弧；当输入半径数值为负时，绘制大于 180°的圆弧。

### (三)圆弧的绘制方法

AutoCAD 有 11 种绘制圆弧的方法，如图 2-40 所示。用户可以通过图 2-40 中的文字或文字前的简易图标来理解制图方式。

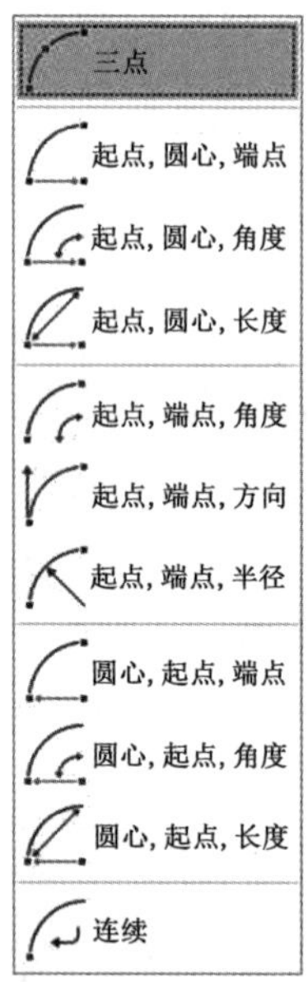


**图 2-40　圆弧的绘制**

用户可以通过菜单栏或功能区直接选择圆弧的制图方式，也可以在命令行输入命令“A”或通过“ ”按钮调出命令，调出命令默认是三点弧的制图方式，可以输入相应参数来选择制图方式。

☞ **知识点精**

绘制圆弧的方法有很多，不易掌握。绘图时，应首先了解已知条件是什么，然后根据已知条件合理选择绘制方法。建议通过菜单栏或功能区直接选择圆弧的绘制方法进行绘图。

【例题 2-28】　合理利用各种“圆弧”命令绘制如图 2-41 所示的图形。

绘制圆弧

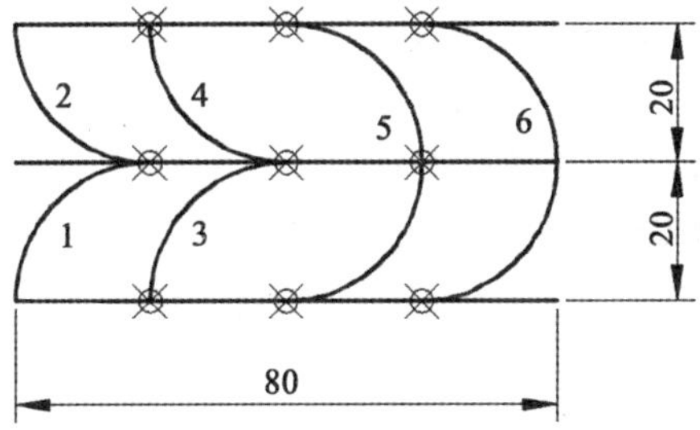


**图 2-41　例题 2-28 图形**

提示：①三段直线分别定数等分 4 份；②绘制 1/4 圆弧 1，2，3，4，和半圆弧 5，6，圆弧的起点、端点、圆心分别分布在直线的端点和各节点处，用户需合理判断。

【例题 2-29】　利用“圆弧”命令绘制，注意选择合理的绘图方法，如图 2-42 所示的图形。

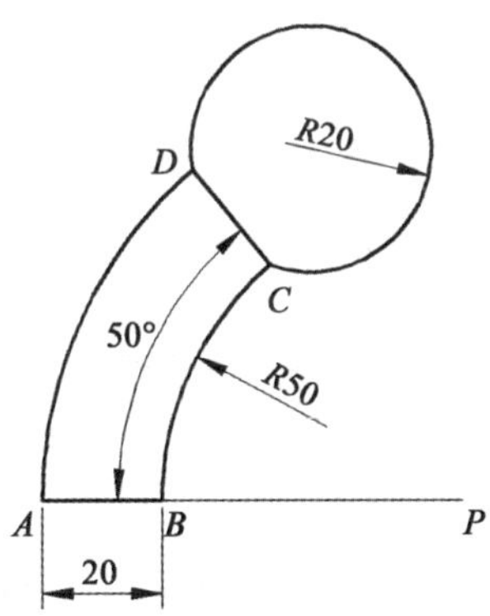


**图 2-42　例题 2-29 图形**

提示：①做辅助线 *BP*，利用“起点，圆心，角度”的方法绘制圆弧 *BC*，*AD*，注意角度是-50°；②利用“起点，端点，半径”的方法绘制圆弧 *CD*，注意半径是-20。

例题 2-29 的操作步骤命令行提示如下：

命令：_line

指定第一个点：

指定下一点或 [ 放弃(U) ]：20　　　　//绘制水平直线 *AB*，长度 20//

指定下一点或［放弃(U)］：50　　　　//利用辅助线 *BP*，做圆弧的圆心，长度 50//
指定下一点或［闭合(C)/放弃(U)］：
命令：_arc
指定圆弧的起点或［圆心(C)］：　　　　//利用“起点，圆心，角度”方法画圆，指定起点 *B*//
指定圆弧的第二个点或［圆心(C)/端点(E)］：_c
指定圆弧的圆心：　　　　//指定圆心 *P*//
指定圆弧的端点(按住 Ctrl 键以切换方向)或［角度(A)/弦长(L)］：_a
指定夹角(按住 Ctrl 键以切换方向)：-50　　　　//输入角度-50°//
命令：_arc
指定圆弧的起点或［圆心(C)］：　　　　//利用“起点，圆心，角度”方法画圆，指定起点 *A*//
指定圆弧的第二个点或［圆心(C)/端点(E)］：_c
指定圆弧的圆心：　　　　//指定圆心 *P*//
指定圆弧的端点(按住 Ctrl 键以切换方向)或［角度(A)/弦长(L)］：_a
指定夹角(按住 Ctrl 键以切换方向)：-50　　　　//输入角度-50°//
命令：_line
指定第一个点：　　　　//连接直线 *CD*//
指定下一点或［放弃(U)］：
指定下一点或［放弃(U)］：*取消*
命令：_arc
指定圆弧的起点或［圆心(C)］：　　　　//利用“起点，端点，半径”方法画圆弧，指定起点 *C*//
指定圆弧的第二个点或［圆心(C)/端点(E)］：_e
指定圆弧的端点：　　　　//指定端点 *D*//
指定圆弧的中心点(按住 Ctrl 键以切换方向)或［角度(A)/方向(D)/半径(R)］：_r
指定圆弧的半径(按住 Ctrl 键以切换方向)：20　　　　//输入半径 20，画出小于 180°圆弧//
命令：_arc
指定圆弧的起点或［圆心(C)］：　　　　//利用“起点，端点，半径”方法画圆弧，指定起点 *C*//
指定圆弧的第二个点或［圆心(C)/端点(E)］：_e
指定圆弧的端点：　　　　//指定端点 *D*//
指定圆弧的中心点(按住 Ctrl 键以切换方向)或［角度(A)/方向(D)/半径(R)］：_r
指定圆弧的半径(按住 Ctrl 键以切换方向)：-20　　　　//输入半径-20，画出大于 180°圆弧//

【例题 2-30】　利用“圆弧”命令绘制如图 2-43 所示的图形。

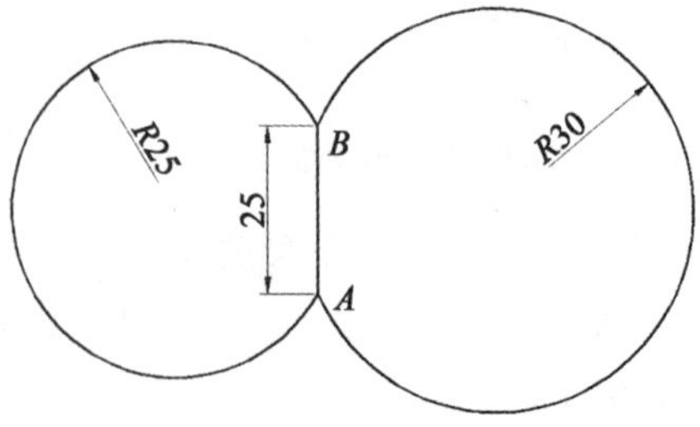


**图 2-43　例题 2-30 图形**

## 三、绘制圆环

“圆环”命令可绘制填充圆环或圆点。圆环可以理解为由带有宽度的圆弧线段组成的闭合多段线。多段线的宽度由指定的内径和外径决定。如果将内径指定为零，那么圆环变为圆点。

### （一）“圆环”命令的启动方法

“圆环”命令的启动方法有以下 3 种。

（1）菜单栏：选择“绘图”菜单→“圆环”命令。

（2）功能区：单击“默认”→“绘图”→“圆环”按钮（◎）。

（3）命令行：输入“DONUT”或“DO”。

### （二）命令解析

“圆环”命令的命令行提示如下：

命令：_donut

指定圆环的内径 <0.5000>：

指定圆环的外径 <1.0000>：

指定圆环的中心点或 <退出>：

### （三）“圆环”的绘制方法

启动“圆环”命令，根据命令行提示，首先设定圆环的内径和外径；然后基于中心点指定圆环的位置，每指定一点就绘制一个圆环；最后按“Enter”键或“Esc”键结束命令。

【例题 2-31】　利用“圆环”命令，绘制圆环和圆点，如图 2-44 所示。

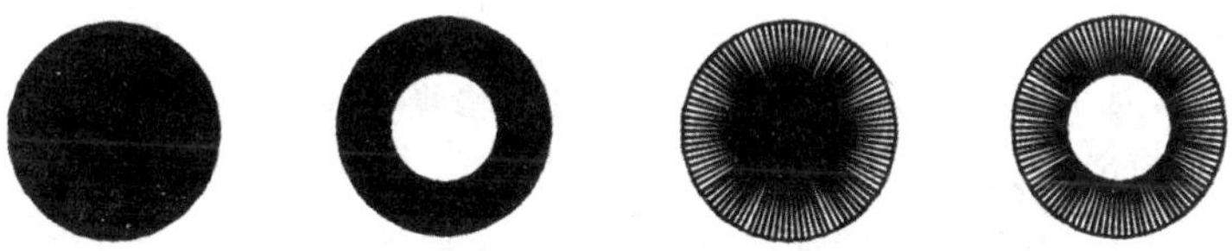

（a）填充状态　　　　（b）不填充状态

**图 2-44　圆环不同的填充效果**

例题 2-31 的操作步骤命令行提示如下：

| | |
|---|---|
| 命令：_donut | //启动“圆环”命令// |
| 指定圆环的内径<0.5000>：5 | //圆环内径输入 5// |
| 指定圆环的外径<1.0000>：10 | //圆环外径输入 10// |
| 指定圆环的中心点或<退出>： | //在绘图区指定中心，绘制圆环// |
| 指定圆环的中心点或<退出>： | //在绘图区指定中心，绘制圆环// |
| 指定圆环的中心点或<退出>：* 取消 * | //不再绘制，按“Esc”键退出// |
| 命令：_donut | |

指定圆环的内径<5.0000>：0　　//圆环内径输入 0，绘制圆点//
指定圆环的外径<10.0000>：　　//默认圆环外径输入 10，直接按“Enter”键//
指定圆环的中心点或<退出>：　　//在绘图区指定中心，绘制圆点//
指定圆环的中心点或<退出>：　　//在绘图区指定中心，绘制圆点//
指定圆环的中心点或<退出>：＊取消＊　　//不再绘制，按“Esc”键退出//

☞ **知识点精**

利用“FILL”命令可以设定圆环是否填充，可以选择开(ON)、关(OFF)。改变填充状态后，需要使用“视图”菜单→“重生成”命令，才能看到不同的填充效果。

## 四、倒圆角

倒圆角可以将 2 个图形对象用一条指定半径的圆弧光滑地连接起来。图形对象可以是直线、圆、圆弧、多段线、样条线、构造线等。

### (一)“圆角”命令的启动方法

“圆角”命令的启动方法有以下 4 种。

(1)菜单栏：选择“修改”菜单→“圆角”命令。

(2)功能区：单击“默认”→“修改”→“圆角”按钮(圆角)。

(3)工具栏：单击“ ”按钮。

(4)命令行：输入“FILLET”或“F”。

### (二)命令解析

“圆角”命令的命令行提示如下：

命令：_fillet
选择第一个对象或[放弃(U)/多段线(P)/半径(R)/修剪(T)/多个(M)]：

该命令的选项说明如下。

(1)多段线(P)：设置为多段线选项后，选择多段线，系统同时对多段线的每一个顶点进行倒圆角。

(2)半径(R)：设置圆角半径。

(3)修剪(T)：设置 2 个源对象是否被裁剪。

(4)多个(M)：可连续绘制多个圆角，直到按“Enter”键或“Esc”键结束命令。

按住“Shift”键选择 2 个圆角对象，可以快速绘制半径为零的圆角，即两条直线直接相交，替代当前的圆角半径。

☞ **知识点精**

绘制圆弧时，可以利用圆、圆弧、圆角 3 种方法完成，对比 3 种方法，然后选择一种最简单、最快捷的方法进行制图，以提高绘图的准确度和速度。

【例题 2-32】　利用“圆角”命令，对图 2-45(a)中的图线进行倒圆角，倒圆角后的效果如图 2-45(b)所示。

圆角

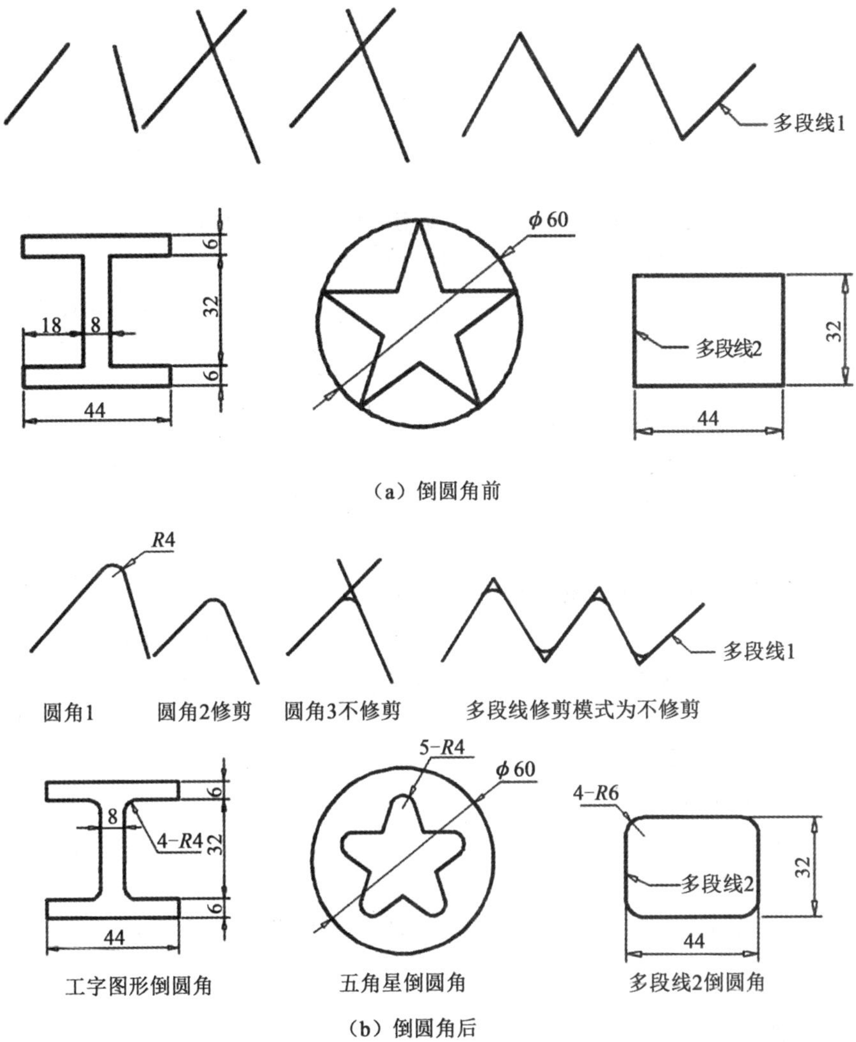


**图 2-45　例题 2-32 图形**

例题 2-32 的操作步骤命令行提示如下：

命令：_fillet　//启动“圆角”命令//

当前设置：模式=修剪，半径=0.0000　//默认修剪模式，默认半径 0//

选择第一个对象或［放弃(U)/多段线(P)/半径(R)/修剪(T)/多个(M)］：r　//设置半径//

指定圆角半径<4.0000>：　//输入半径 4//

选择第一个对象或［放弃(U)/多段线(P)/半径(R)/修剪(T)/多个(M)］：m

//设置多个圆角//

选择第一个对象或［放弃(U)/多段线(P)/半径(R)/修剪(T)/多个(M)］:
//选择圆角 1 的两条边//
选择第二个对象，或按住 Shift 键选择对象以应用角点或［半径(R)］:
选择第一个对象或［放弃(U)/多段线(P)/半径(R)/修剪(T)/多个(M)］:
//选择圆角 2 的两条边//
选择第二个对象，或按住 Shift 键选择对象以应用角点或［半径(R)］:
选择第一个对象或［放弃(U)/多段线(P)/半径(R)/修剪(T)/多个(M)］: t //设置修剪模式//
输入修剪模式选项［修剪(T)/不修剪(N)］<修剪>: n //设置修剪模式为不修剪//
选择第一个对象或［放弃(U)/多段线(P)/半径(R)/修剪(T)/多个(M)］:
//选择圆角 3 的两条边//
选择第二个对象，或按住 Shift 键选择对象以应用角点或［半径(R)］:
选择第一个对象或［放弃(U)/多段线(P)/半径(R)/修剪(T)/多个(M)］: p
//设置多段线选项//
选择二维多段线或［半径(R)］: //选择多段线 1//
4 条直线已被圆角
选择第一个对象或［放弃(U)/多段线(P)/半径(R)/修剪(T)/多个(M)］: t //设置修剪模式//
输入修剪模式选项［修剪(T)/不修剪(N)］<不修剪>: t //设置修剪模式为修剪//
选择第一个对象或［放弃(U)/多段线(P)/半径(R)/修剪(T)/多个(M)］:
//对工字图形、五角星倒圆角//
选择第二个对象，或按住 Shift 键选择对象以应用角点或［半径(R)］:
…… //省略相同操作的提示信息//
选择第一个对象或［放弃(U)/多段线(P)/半径(R)/修剪(T)/多个(M)］: p
//设置多段线选项//
选择二维多段线或［半径(R)］: r //设置半径//
指定圆角半径<4.0000>: 6 //输入半径 6//
选择二维多段线或［半径(R)］: //选择多段线 2//
4 条直线已被圆角
选择第一个对象或［放弃(U)/多段线(P)/半径(R)/修剪(T)/多个(M)］:
//按"Enter"键结束//

## 五、倒角

倒角可以将 2 个图形对象用一条斜线连接起来。图形对象可以是直线、多段线、构造线等。在机械图样中，一般轴类、盘类、孔类工件的一端要设置倒角。工件端面设置倒角，可避免工件表面产生锋利的边缘，使工人在加工、搬运工件过程中不易被划伤，做到安全文明生产。

倒角是一个斜角，用一条斜线绘制。假想斜线与两条直线可以构成一个直角三角形，用户利用直角三角形的两条直角边来绘制倒角。

可以采用以下 2 种方法确定两条直角边的尺寸。

方法一：指定两条直角边的长度，即指定 2 个倒角距离，一般 2 个倒角距离相等。

方法二：指定一条直角边的长度和这条边与斜边的夹角，即指定倒角长度和倒角角度，一般倒角角度为45°。

### （一）“倒角”命令的启动方法

“倒角”命令的启动方法有以下4种。

（1）菜单栏：选择“修改”菜单→“倒角”命令。

（2）功能区：单击“默认”→“修改”→“倒角”按钮（）。

（3）工具栏：单击“”按钮。

（4）命令行：输入“CHAMFER”或“CHA”。

### （二）命令解析

“倒角”命令的命令行提示如下：

命令：_chamfer

选择第一条直线或［放弃（U）/多段线（P）/距离（D）/角度（A）/修剪（T）/方式（E）/多个（M）］

该命令的选项说明如下。

（1）多段线（P）：设置为多段线选项后，选择多段线，系统同时对多段线的每一个顶点进行倒角。

（2）距离（D）：设置2个倒角距离，一般2个倒角距离相等，也可以不相等。AutoCAD默认第二个倒角距离和第一个倒角距离相等，也可以重新设置。

（3）角度（A）：设置第一条直线的倒角长度和倒角角度。

（4）修剪（T）：设置2个源对象是否被裁剪。

（5）多个（M）：可连续绘制多个倒角，直到按“Enter”键或“Esc”键结束命令。

按住“Shift”键选择2个倒角对象，可以快速绘制2个倒角距离为零的倒角，即两条直线直接相交，替代当前倒角的距离。

倒角

【例题2-33】　利用“倒角”命令，对图2-46（a）中的图线进行倒角，倒角后的效果如图2-46（b）所示。

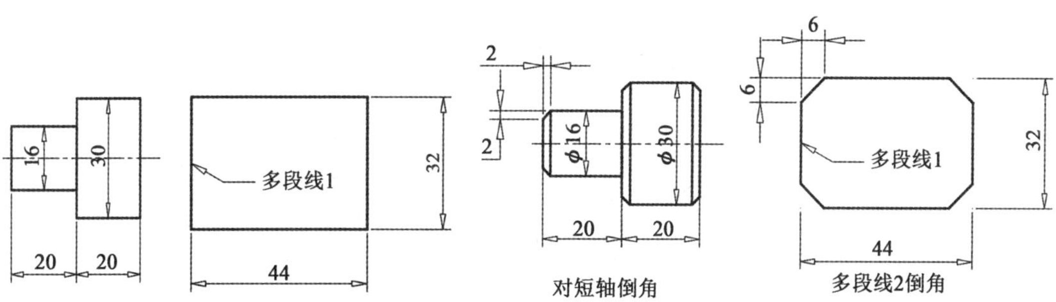


（a）倒角前　（b）倒角后

**图2-46　例题2-33图形**

例题2-33的操作步骤命令行提示如下：

命令：_chamfer　//启动“倒角”命令//

(“修剪”模式) 当前倒角距离 1=0.0000，距离 2=0.0000　//默认模式//

选择第一条直线或［放弃(U)/多段线(P)/距离(D)/角度(A)/修剪(T)/方式(E)/多个(M)］：t

输入修剪模式选项［修剪(T)/不修剪(N)］<修剪>：t　//设置修剪模式为修剪(T)//

选择第一条直线或［放弃(U)/多段线(P)/距离(D)/角度(A)/修剪(T)/方式(E)/多个(M)］：m　//多个(M)//

选择第一条直线或［放弃(U)/多段线(P)/距离(D)/角度(A)/修剪(T)/方式(E)/多个(M)］：d

指定第一个倒角距离 <2.0000>：2　//设置倒角距离为 2//

指定第二个倒角距离 <2.0000>：　//第二个倒角距离默认等于第一个倒角距离，为 2//

选择第一条直线或［放弃(U)/多段线(P)/距离(D)/角度(A)/修剪(T)/方式(E)/多个(M)］：　//分别选择倒角相关直线，对短轴倒角//

选择第二条直线，或按住 Shift 键选择直线以应用角点或［距离(D)/角度(A)/方法(M)］：

……　//省略相同操作的提示信息//

选择第一条直线或［放弃(U)/多段线(P)/距离(D)/角度(A)/修剪(T)/方式(E)/多个(M)］：p　//设置多段线选项//

选择二维多段线或［距离(D)/角度(A)/方法(M)］：d　//按距离(D)设置倒角距离//

指定第一个倒角距离 <2.0000>：6　//设置倒角距离为 6//

指定第二个倒角距离 <6.0000>：　//第二个倒角距离默认等于第一个倒角距离，为 6//

选择二维多段线或［距离(D)/角度(A)/方法(M)］：　//选择多段线 1//

4 条直线已被倒角

选择第一条直线或［放弃(U)/多段线(P)/距离(D)/角度(A)/修剪(T)/方式(E)/多个(M)］：　//按“Enter”键结束//

## 六、巩固提高案例

绘制由直线、圆弧构成的二维图形，巩固提高绘图技巧。

【例题 2-34】　利用“圆”“直线”“偏移”等命令绘制如图 2-47 所示的图形。

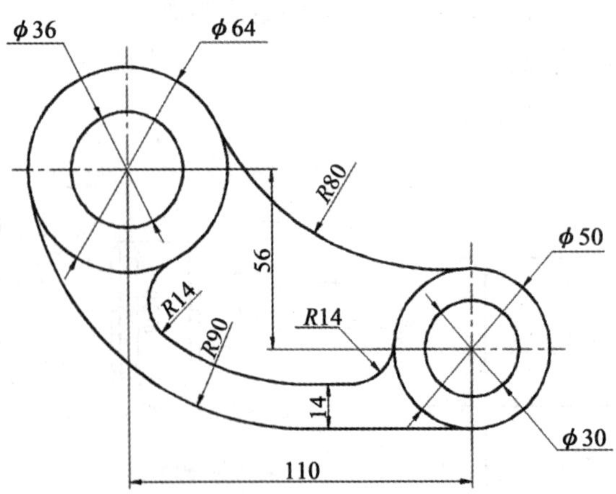


图 2-47　例题 2-34 图形

提示：①利用“圆心，半径”的方法绘制 4 个圆；②绘制最下面与圆相切的直线，利用“相切，相切，半径”的方法绘制 $R80$，$R90$；③把直线和 $R90$ 偏移 14；④利用圆角命令绘制 2 个 $R14$。

【例题 2-35】　利用“直线”“定数等分”“圆”“圆角”等命令绘制如图 2-48 所示的图形。

绘制圆、圆角案例

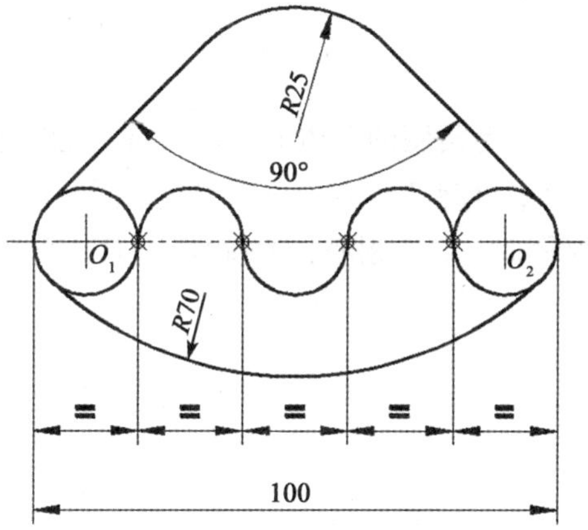


**图 2-48　例题 2-35 图形**

提示：①过 $O_1$ 点绘制 45° 直线，长度 50，过 $O_2$ 点绘制 135° 直线，长度 50；②将两条过圆心的直线向外偏移，偏移距离是半径，直线与圆相切；③利用圆角命令绘制 $R25$。

# 任务三　绘制由矩形、正多边形、椭圆等构成的图形

构成二维图形的主要图形元素，除了直线、圆、圆弧外，还有矩形、正多边形、椭圆。

## 任务情景

前面任务中绘制的图形都是由单独的直线、圆、圆弧等图形元素组成的图形。但在图样中，有很多线型是有一定规律且独立的整体，如矩形、正多边形、椭圆等。对于此类图形，可按照其规律一次绘制成形，使绘图既准确又高效，成图后，也方便修改。

## 任务目标

绘制矩形、正多边形、椭圆。

## 任务要求

(1)绘制正多边形，学生应具有辨别“内接”“外切”的能力。

(2)学生应掌握直接绘制具有一定角度的多边形的能力。

(3)学生应掌握直接绘制具有一定角度的椭圆的能力。

## 任务思考

在图样中，需要绘制有一定角度的多边形或椭圆时，可以直接绘制，但方法较复杂。学生可以先绘制零度的图形，再旋转相应的角度完成绘图。

学生学习 AutoCAD 制图时，要有耐心，多画图，才能总结经验，归纳技能技巧。

## 任务实施

### 一、绘制矩形

矩形是封闭的多段线。绘制矩形时，既可以指定矩形对角线的 2 个端点进行绘制，也可以设置矩形的线宽，还可以绘制圆角矩形和倒角矩形。

#### (一)“矩形”命令的启动方法

“矩形”命令的启动方法有以下 4 种。

(1)菜单栏：选择“绘图”菜单→“矩形”命令。

(2)功能区：单击“默认”→“绘图”→“矩形”按钮(□矩形)。

(3)工具栏：单击“□”按钮。

(4)命令行：输入“RECTANG”或“REC”。

#### (二)命令解析

“矩形”命令的命令行提示如下：

命令：_rectang

指定第一个角点或 [倒角(C)/标高(E)/圆角(F)/厚度(T)/宽度(W)]：

指定另一个角点或 [面积(A)/尺寸(D)/旋转(R)]：

该命令的选项说明如下：

(1)倒角(C)：设置矩形 4 个顶点的倒角大小。

(2)圆角(F)：设置矩形 4 个顶点的倒圆角半径。

(3)宽度(W)：设置矩形边的线宽。

(4)面积(A)：先确定矩形的面积，再输入矩形的长度或宽度绘制矩形。

(5)尺寸(D)：依次输入矩形的长度和宽度绘制矩形。

(6)旋转(R)：设置矩形的旋转角度。

【例题 2-36】　利用各种选项绘制矩形，如图 2-49 所示。

绘制矩形

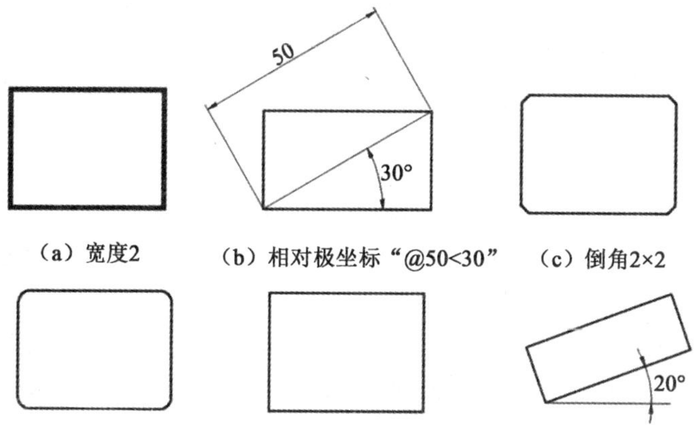


（a）宽度2　（b）相对极坐标“@50<30”　（c）倒角2×2

（d）圆角3　（e）长度40,宽度30　（f）旋转相对坐标

**图 2-49　例题 2-36 图形**

例题 2-36 的操作步骤命令行提示如下：

命令：_rectang　//启动“矩形”命令//

指定第一个角点或［倒角(C)/标高(E)/圆角(F)/厚度(T)/宽度(W)］：w　//指定宽度//

指定矩形的线宽<0.0000>：2　//线宽为 2//

指定第一个角点或［倒角(C)/标高(E)/圆角(F)/厚度(T)/宽度(W)］：　//指定第一个角点//

指定另一个角点或［面积(A)/尺寸(D)/旋转(R)］：@40，30　//相对直角坐标绘制矩形//

命令：_rectang

当前矩形模式：宽度=2.0000

指定第一个角点或［倒角(C)/标高(E)/圆角(F)/厚度(T)/宽度(W)］：w

指定矩形的线宽<2.0000>：0　//取消宽度//

指定第一个角点或［倒角(C)/标高(E)/圆角(F)/厚度(T)/宽度(W)］：　//指定第一个角点//

指定另一个角点或［面积(A)/尺寸(D)/旋转(R)］：@50<30　//相对极坐标绘制矩形//

命令：_rectang

指定第一个角点或［倒角(C)/标高(E)/圆角(F)/厚度(T)/宽度(W)］：c　//设置倒角//

指定矩形的第一个倒角距离<0.0000>：2　//设置倒角距离为 2//

指定矩形的第二个倒角距离<2.0000>：　//第二个倒角距离默认为 2//

指定另一个角点或［面积(A)/尺寸(D)/旋转(R)］：@40，30　//绘制倒角矩形//

命令：_rectang

当前矩形模式：倒角=2.0000×2.0000

指定第一个角点或［倒角(C)/标高(E)/圆角(F)/厚度(T)/宽度(W)］：f　//设置圆角//

指定矩形的圆角半径<2.0000>：3　//圆角为 3//

指定第一个角点或［倒角(C)/标高(E)/圆角(F)/厚度(T)/宽度(W)］：　//指定第一个角点//

指定另一个角点或［面积(A)/尺寸(D)/旋转(R)］：@40，30　//绘制圆角矩形//

命令：_rectang

当前矩形模式：圆角=3.0000

指定第一个角点或［倒角(C)/标高(E)/圆角(F)/厚度(T)/宽度(W)］：f　//取消圆角//

指定矩形的圆角半径<3.0000>：0

指定第一个角点或［倒角(C)/标高(E)/圆角(F)/厚度(T)/宽度(W)］：  //指定第一个角点//

指定另一个角点或［面积(A)/尺寸(D)/旋转(R)］：d  //设置矩形尺寸//

指定矩形的长度<40.0000>：40  //长 40//

指定矩形的宽度<30.0000>：30  //宽 30//

命令：_rectang

指定第一个角点或［倒角(C)/标高(E)/圆角(F)/厚度(T)/宽度(W)］：  //指定第一个角点//

指定另一个角点或［面积(A)/尺寸(D)/旋转(R)］：r  //设置矩形旋转角度//

指定旋转角度或［拾取点(P)］<0>：20  //旋转角度为 20°//

指定另一个角点或［面积(A)/尺寸(D)/旋转(R)］：40  //矩形长 40，按"Tab"键，切换刀宽//

指定另一个角点或［面积(A)/尺寸(D)/旋转(R)］：15  //宽度为 15，结束//

【例题 2-37】 利用"矩形"命令绘制如图 2-50 所示的图形。

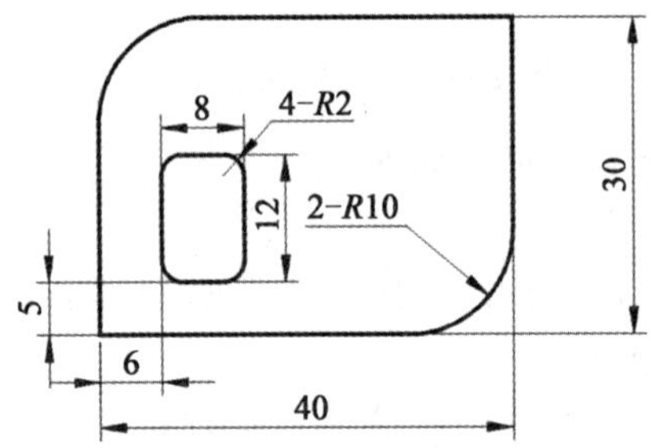


**图 2-50 绘制矩形**

提示：①绘制矩形(40×30)，再倒圆角(2-$R$10)；②绘制圆角矩形，设置圆角为 2，按住"Ctrl/Shift+鼠标右键"，打开临时对象捕捉菜单，利用"捕捉自"输入偏移量"@ 6，5"，确定矩形的第一点，再输入相对坐标"@ 8，12"，确定矩形第二点。

例题 2-37 的操作步骤命令行提示如下：

命令：_rectang  //启动"矩形"命令//

当前矩形模式：宽度=0.3000

指定第一个角点或［倒角(C)/标高(E)/圆角(F)/厚度(T)/宽度(W)］：w  //设置矩形线宽//

指定矩形的线宽<0.3000>：0.3  //线宽为 0.3//

指定第一个角点或［倒角(C)/标高(E)/圆角(F)/厚度(T)/宽度(W)］：

//指定矩形第一个角点//

指定另一个角点或［面积(A)/尺寸(D)/旋转(R)］：@ 40,30  //输入相对坐标，绘制矩形//

命令：_fillet  //启动"圆角"命令//

当前设置：模式=修剪，半径=12.0000  //圆角为当前默认模式//

选择第一个对象或［放弃(U)/多段线(P)/半径(R)/修剪(T)/多个(M)］：r  //设置半径//

指定圆角半径<12.0000>：10  //半径为 10//

选择第一个对象或［放弃(U)/多段线(P)/半径(R)/修剪(T)/多个(M)］:m  //多个(M)//

选择第一个对象或［放弃(U)/多段线(P)/半径(R)/修剪(T)/多个(M)］：  //两处圆角 $R$10//

选择第二个对象，或按住 Shift 键选择对象以应用角点或［半径(R)］：

命令：_rectang　　//启动“矩形”命令//

当前矩形模式：宽度=0.3000

指定第一个角点或［倒角(C)/标高(E)/圆角(F)/厚度(T)/宽度(W)］：f　　//设置圆角半径//

指定矩形的圆角半径<0.0000>：2　　//圆角半径为2//

指定第一个角点或［倒角(C)/标高(E)/圆角(F)/厚度(T)/宽度(W)］：

//矩形第一个角点，按“Shift+右键”，打开临时捕捉菜单，利用“捕捉自”//

指定第一个角点或［倒角(C)/标高(E)/圆角(F)/厚度(T)/宽度(W)］：_from 基点：<偏移>：@6,5

//指定基点，输入偏移量//

指定另一个角点或［面积(A)/尺寸(D)/旋转(R)］：d　　//利用尺寸(D)绘制矩形//

指定矩形的长度<10.0000>：8　　//输入长度8//

指定矩形的宽度<8.0000>：12　　//输入宽度12//

指定另一个角点或［面积(A)/尺寸(D)/旋转(R)］：　　//在合理位置单击鼠标，结束//

## 二、绘制正多边形

正多边形是指由多条相等的边和多个角组成的闭合图形，它是封闭的多段线。绘制正多边形时，既可以利用“内接圆”或“外切圆”的圆心和半径，也可以利用绘制一条边的方法进行绘制。

### (一)“多边形”命令的启动方法

“多边形”命令的启动方法有以下4种。

(1)菜单栏：选择“绘图”菜单→“多边形”命令。

(2)功能区：单击“默认”→“绘图”→“多边形”按钮(多边形)。

(3)工具栏：单击“ ”按钮。

(4)命令行：输入“POLYGON”或“POL”。

### (二)命令解析

“多边形”命令的命令行提示如下：

命令：_polygon 输入侧面数 <5>：

指定正多边形的中心点或［边(E)］：

输入选项［内接于圆(I)/外切于圆(C)］<I>：I

指定圆的半径：

该命令的部分选项说明如下。

(1)边(E)：用绘制某一条边的方式绘制多边形。

(2)中心点：指定多边形的几何中心。

(3)内接于圆(I)：多边形内接于圆。当命令行提示输入半径时，光标十字点在正多边形的顶点。

(4)外切于圆(C)：多边形外切于圆。当命令行提示输入半径时，光标十字点在正多边形边的中点，即切点。

(5)圆的半径：指定内接或外切圆的半径。

【例题2-38】 利用“内接于圆(I)”“外切于圆(C)”“边(E)”3种方法绘制正六边形，如图2-51所示。

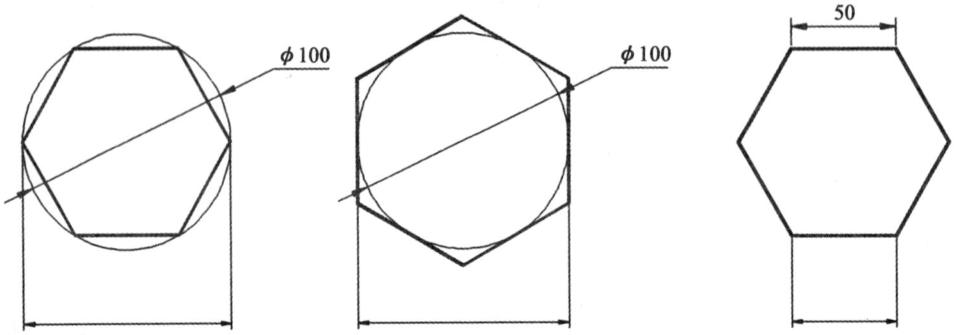


标注由多边形顶点引出是内接于圆，φ50　　标注由边的中点引出是外切于圆，φ50　　边（E），边长50

**图2-51　多边形的3种画法**

例题2-38的操作步骤命令行提示如下：

命令：_polygon 输入侧面数 <6>：　　//启动“多边形”命令，输入边数//
指定正多边形的中心点或［边(E)］：　　//指定多边形中心点//
输入选项［内接于圆(I)/外切于圆(C)］<I>：I　　//内接于圆//
指定圆的半径：50　　//内接圆半径50//
命令：_polygon
输入侧面数<6>：
指定正多边形的中心点或［边(E)］：
输入选项［内接于圆(I)/外切于圆(C)］<I>：c　　//外切于圆//
指定圆的半径：50　　//外切圆半径50//
命令：_polygon
输入侧面数<6>：
指定正多边形的中心点或［边(E)］：e　　//利用边绘制多边形//
指定边的第一个端点：指定边的第二个端点：50

☞ **知识点精**

利用指定中心点的方法绘制多边形时，注意区分“内接于圆(I)”“外切于圆(C)”。如果图中标注由多边形相对顶点引出，应选用“内接于圆”；如果标注由多边形对边中点引出，应选用“外切于圆”。

绘制带有一定角度的多边形时，可在“指定圆的半径：”时，输入“@ R<α”，即指定半径数值和角度。

【例题 2-39】　利用“多边形”“圆”“直线”等命令绘制图 2-52 所示的专用扳手图形。

多边形案例

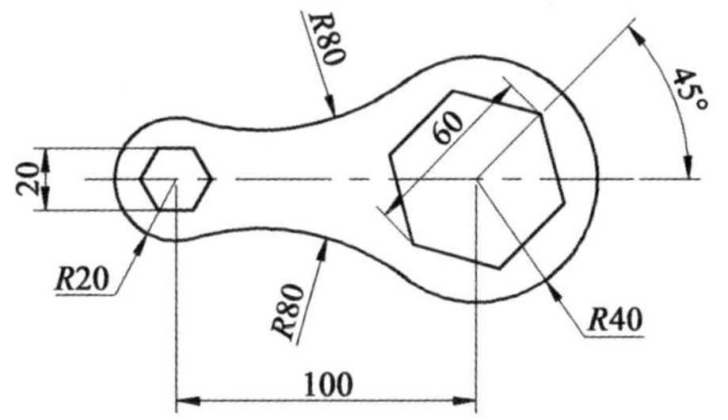


**图 2-52　例题 2-39 图形**

提示：①绘制左右 2 个圆（R20，R40），中心距为 100；②绘制右侧内接于圆的半径是 30、角度是 45°的正多边形，指定圆的半径，即输入“@ 30<45”；③绘制左侧外切圆，半径是 10；④绘制中间两弧，利用“相切，相切，半径”的方法绘制 2 个 R80；⑤修剪，完成制图。

## 三、绘制椭圆

圆主要包含圆心、半径或直径等几何特征，椭圆则主要包含椭圆中心、长轴、短轴等几何特征。

### （一）“椭圆”命令的启动方法

“椭圆”命令的启动方法有以下 4 种。

（1）菜单栏：选择“绘图”菜单→“椭圆”命令。

（2）功能区：单击“默认”→“绘图”→“椭圆”按钮（⊙）。

（3）工具栏：单击“⊙”按钮。

（4）命令行：输入“ELLIPSE”或“EL”。

### （二）命令解析

“椭圆”命令的命令行提示如下：

命令：_ellipse

指定椭圆的轴端点或［圆弧（A）/中心点（C）］：

指定轴的另一个端点：

指定另一条半轴长度或［旋转（R）］：

该命令的选项说明如下。

（1）轴端点/另一个端点：椭圆的长轴或短轴的端点，也可以理解为椭圆的象限点。

（2）圆弧（A）：可将“椭圆”命令转化成“椭圆弧”命令，并绘制一段椭圆弧。

（3）中心点（C）：指定椭圆的中心点。

### (三)绘制椭圆的方法

方法一：指定椭圆第一个轴的两端点和另一半轴的长度绘制椭圆。其中，两端点的距离是第一个轴的整轴长度。

方法二：指定椭圆中心、第一个轴的端点和另一半轴的长度绘制椭圆。以中心的方式绘制椭圆，指定第一个轴的端点，端点坐标是相对于椭圆中心的坐标；如输入长度，也是第一个轴的半轴长度。

☞ **知识点精**

利用以上 2 种方法绘制椭圆时，应注意区分第一个轴是半轴还是整轴。

绘制带有一定角度的椭圆时，在绘制第一个轴时，设置椭圆轴线角度，可输入“@ L<α”，即指定第一个轴整轴或半轴的长度和轴线角度。

【例题 2-40】 利用“椭圆”“圆”命令绘制如图 2-53 所示的图形。

椭圆案例

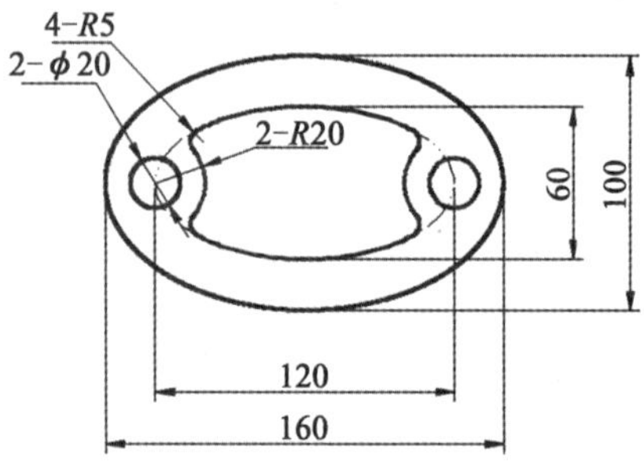


**图 2-53 例题 2-40 图形**

提示：①利用 2 种方法绘制 2 个椭圆；②左右分别画 $\phi20$，$R20$；③修剪；④利用“圆角”命令，倒 4 个 $R5$ 圆角。

例题 2-40 的操作步骤命令行提示如下：

命令：_ellipse //启动“椭圆”命令//

指定椭圆的轴端点或［圆弧(A)/中心点(C)］： //指定轴的第一个端点//

指定轴的另一个端点：160 //水平向右追踪，输入椭圆长轴长度 160//

指定另一条半轴长度或［旋转(R)］：50 //输入短半轴长度 50//

命令：_ellipse

指定椭圆的轴端点或［圆弧(A)/中心点(C)］：c //利用中心点方法绘制椭圆//

指定椭圆的中心点： //捕捉已有的椭圆中心点//

指定轴的端点：60 //指定长半轴长度 60//

指定另一条半轴长度或［旋转(R)］：30 //指定短半轴长度 30//

命令：_circle //绘制 2 个圆(略)//

命令：_trim //修剪命令(略)//

命令：_fillet //倒圆角，4 个 R5//

前设置：模式＝修剪，半径＝5.0000

选择第一个对象或［放弃(U)/多段线(P)/半径(R)/修剪(T)/多个(M)］：m

选择第二个对象，或按住 Shift 键选择对象以应用角点或［半径(R)］：　　//按“Enter”键结束//

## 四、巩固提高案例

【例题 2-41】　利用“直线”“圆”“多边形”“对象捕捉追踪”等命令绘制如图 2-54 所示的图形。

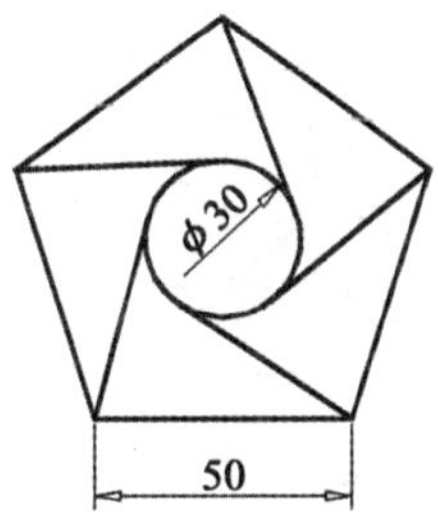


**图 2-54　例题 2-41 图形**

(1)设置绘图环境，创建图层。

(2)打开“极轴追踪”“对象捕捉”“对象捕捉追踪”等功能，设置常用极轴追踪角度是 45°，设置常用对象捕捉方式为端点、中点、交点、垂足、切点等。例题 2-41 增设几何中心，设置用所有极轴角进行捕捉追踪，为制图做好准备工作。

(3)利用“多边形”命令，在轮廓层绘制五边形，利用“边(E)”选项、“水平极轴追踪”，设定边长为 50，完成多边形的绘制。

(4)绘制中心圆，对象捕捉圆心为多边形的几何中心，输入半径 15。

(5)绘制五条直线。每条直线的起点：捕捉五边形的各边交点。每条直线的终点：按住“Ctrl/Shift+鼠标右键”，打开“临时对象捕捉”快捷菜单，选中切点，到圆上捕捉切点。上述操作绘制五遍，完成制图。

矩形、多边形、椭圆案例

【例题 2-42】　利用“圆角”“矩形”“多边形”“椭圆”命令绘制如图 2-55 所示的图形。

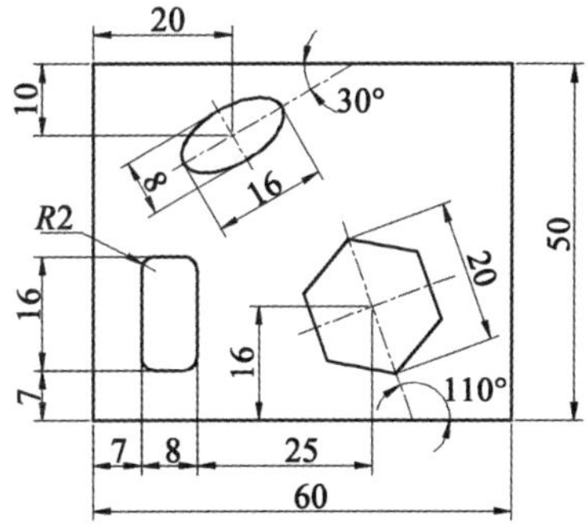


**图 2-55　例题 2-42 图形**

【例题 2-43】 利用“椭圆”“直线”命令绘制如图 2-56 的图形。

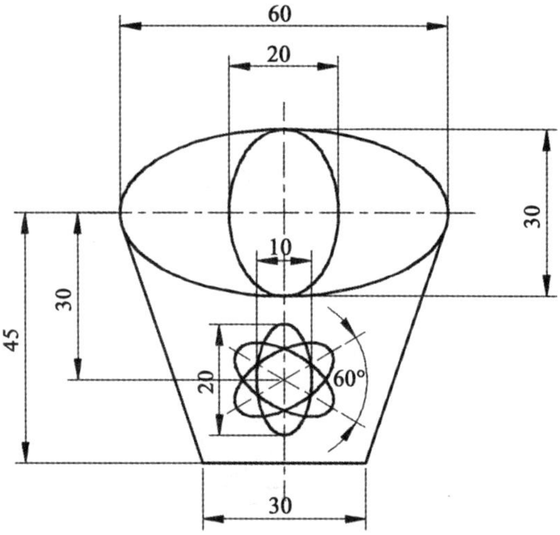


图 2-56 例题 2-43 图形

# 任务四 绘制含有图案填充、渐变色的图形

## 任务情景

在机械图样中，为了展示机械零件的内部结构，常用剖切的方法将零件剖开。绘制剖视图时，剖切平面应用剖面线绘制。下面学习绘制含有图案填充、渐变色的图形，绘制这些图形可用“图案填充”命令完成。

## 任务目标

图案填充的创建和编辑。

## 任务要求

(1)同时剖开多个零件时，学生能够利用不同的剖面线，完成图案填充。

(2)学生能对现有的图案填充进行编辑。

## 任务思考

对于图案填充，不同的材质可以选用不同的图案，同一材质的不同工件可以通过改变图案的角度和比例来区分。对于机械零件图样中的剖面线，一般用“用户定义”的方法绘制，也可以通过改变剖面线的角度和间距区分不同的零件。

## 任务实施

# 一、“图案填充”命令

图案填充必须在一个封闭的区域中进行。封闭区域既可以是一个简单的圆、多边形等，也可以是由复杂图线围成的不规则封闭区域。当图案填充时，首先要指定封闭区域的填充边界。一般有 2 种方法选定图案的边界：一种是在封闭区域内拾取内部点，系统自动搜索闭合的边界，这是最常用、最便捷的方法；另一种是选择边界对象来指定边界。一般情况下，先利用拾取内部点的方式选择边界，如果有不合适的边界，再利用选择边界的方法增加或删除边界。

图案填充时，不同的图案代表不同的材质，AutoCAD 提供了许多标准的图案。如果同时剖开多个零件，可以通过控制图案的比例、间距、角度等参数来区分不同的零件。

## （一）“图案填充”命令的启动方法

“图案填充”命令的启动方法有以下 4 种。

（1）菜单栏：选择“绘图”菜单→“图案填充”命令。

（2）功能区：单击“默认”→“绘图”→“图案填充”按钮（▨）。

（3）工具栏：单击“▨”按钮。

（4）命令行：输入“HATCH”或“H”。

## （二）“图案填充创建”选项卡功能解析

### 1. 图案填充操作方法

执行“图案填充”命令，功能区会弹出“图案填充创建”选项卡，如图 2-57 所示。系统默认提示“拾取内部点或［选择对象（S）/放弃（U）/设置（T）］：”。在该选项卡的“图案”面板内选择图案类型；在“边界”面板内选择填充区域边界；在“特性”面板内修改图案比例和角度等参数。将鼠标光标移动到填充区域上方，系统显示填充效果，点击拾取内部点；根据图案填充效果，更改选项卡内各参数，直至满足要求后，关闭该选项卡。

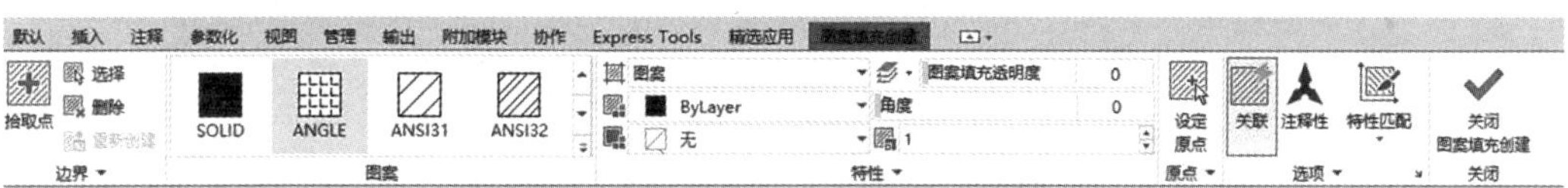


图 2-57　“图案填充创建”选项卡

### 2.“图案填充创建”选项卡功能

在“图案填充创建”选项卡中，有“边界”“图案”“特性”“原点”“选项”“关闭”面板。

（1）“边界”面板。

①拾取点：在封闭的填充区域内拾取一点，系统自动搜索封闭的边界。

②选择：增加选择一些图线作为填充边界，此时增加的图线边界可以不封闭。

③删除：可以删除已选边界。

(2)“图案”面板。

“预定义”选项中有很多标准图案。

(3)“特性”面板。

①图案填充类型：此下拉列表中有图案、渐变色、实体和用户定义。其中，用户定义可以绘制剖面线。

②角度：可设定图案的旋转角度。

③图案的填充比例：可设定填充图案的比例大小或图案的填充间距。

④交叉线：绘制剖面线时，绘制出与原始直线成90°的另一组直线。

“特性”面板还可以设定图案填充颜色、背景色、透明度等。

(4)“原点”面板。

设定原点：控制图案填充生成的起始位置，如设置铺地砖的起始图案位置。

(5)“选项”面板。

①关联：设定图案是否随着边界的变化而变化。

②特性匹配(继承特性)：将已有的图案填充特性复制给新图案填充对象。

③图案填充设置：单击“选项”面板右下角“图案填充设置”，打开“图案填充和渐变色”对话框，如图2-58所示。“图案填充创建”选项卡与“图案填充和渐变色”对话框的各选项界面的设置方法基本相同，可以对各选项参数进行设置。

图2-58 “图案填充和渐变色”对话框

(6)孤岛区。

孤岛显示样式：普通、外部、忽略。

【例题 2-44】 “图案填充”命令练习如图 2-59 所示。

图案填充

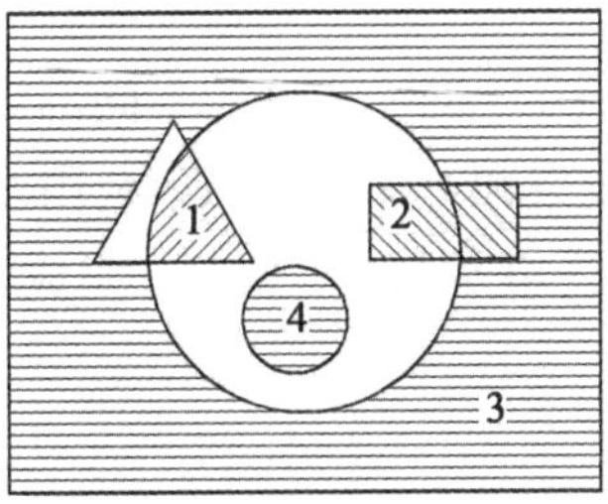


**图 2-59　例题 2-44 图形**

提示：①通过“拾取点”的方法填充区域 1，选择“用户定义”，剖面线间距为 3，角度为 45°；②通过“选择”的方式选择边界(矩形 2)，剖面线间距为 3，角度为 135°；③利用“拾取点”的方法填充区域 3，剖面线间距为 3，角度为 0°，删除边界 4。

### (三)“渐变色”命令

渐变色是指在封闭的填充区域内，2 种颜色逐渐平滑过渡。“渐变色”命令的启动方法、各选项含义与“图案填充”命令的启动方法近似，故此处不过多介绍。

## 二、图案填充的编辑

“图案填充编辑”对话框的打开方法有以下 4 种。

(1)菜单栏：选择“修改”菜单→对象(O)→“图案填充”命令。

(2)功能区：单击“默认”→“修改”→“图案填充”( )。

(3)快捷菜单：选中图案填充对象，点击鼠标右键，选择“图案填充编辑”。

(4)选中图案填充对象，功能区显示“图案填充编辑”选项卡。

通过以上方法，命令行提示“选择图案填充对象”，选择对象后，系统弹出“图案填充编辑”对话框，如图 2-60 所示。

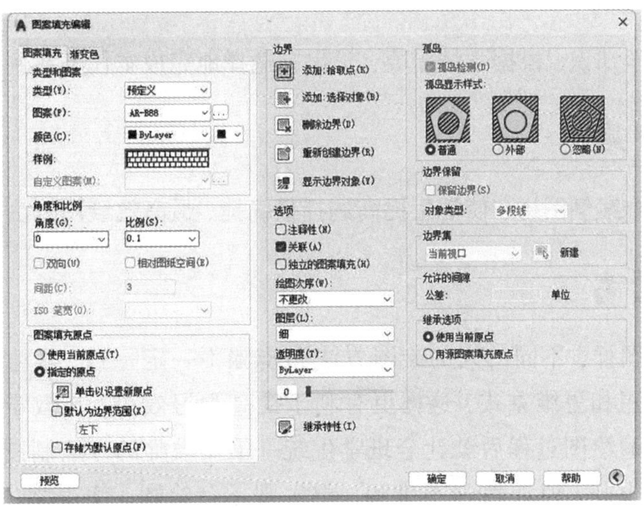


**图 2-60　“图案填充编辑”对话框**

“图案填充编辑”对话框与“图案填充和渐变色”对话框的各选项界面完全相同，可以对各选项参数进行修改。

【例题 2-45】 如图 2-61 所示，同一零件的不同剖切部分的剖面线应该一致，所以应将图 2-61(a)下面的剖面线改成和上面的一致。利用“图案填充编辑”对话框的“图案填充”选项卡中的“特性匹配”或“继承特性”按钮，完成复制图案填充，效果如图 2-61(b)所示。

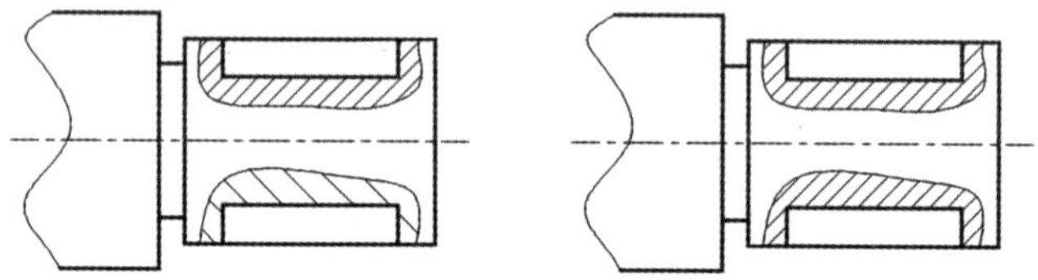

(a) (b)

**图 2-61 例题 2-45 图形**

# 任务五 综合任务进阶案例

## 任务情景

在本项目的前四个任务中，学生学习了绘制直线、圆、圆弧、多边形、椭圆及图案填充的相关知识，学习内容由简单到复杂，学习过程由浅入深。但是一些画图技巧、画图方法，需要学生在画图过程中不断地总结、归纳，以绘制更多的进阶案例，达到扎实掌握这些技巧、方法的目的。

## 任务目标

利用前面所学知识，根据学情需要，学生有选择地完成本任务案例。

## 任务要求

通过绘制多个案例图样，使学生提高选择最简捷、最高效绘图方法的能力。

## 任务思考

绘制同一张图样，不同的人的绘图方法和步骤不一定一致。学生在绘图时，应该有自己独立的思想和思维方式，这样更有利于提高学习效果。在教学过程中，教师切忌只详细讲解一遍绘图过程后就让全班学生统一沿用教师的方法制图。这样做会导致学生表面上画得很好，但若教师不讲解，学生则不会绘图，使得学生过于依赖教师。教师应指导学生以自己的思维方式制图，遇到难点时，让学生自己先寻求解决办法，教师再针对学生遇到的问题进行详细讲解。这样，将来当学生遇到新的图纸、新的难题时，也会从容应对。

AutoCAD 制图是一门技术，只有多做、多画，才能做到熟能生巧。

## 任务实施

【例题 2-46】 利用“直线”“圆”命令绘制如图 2-62 所示的图形。

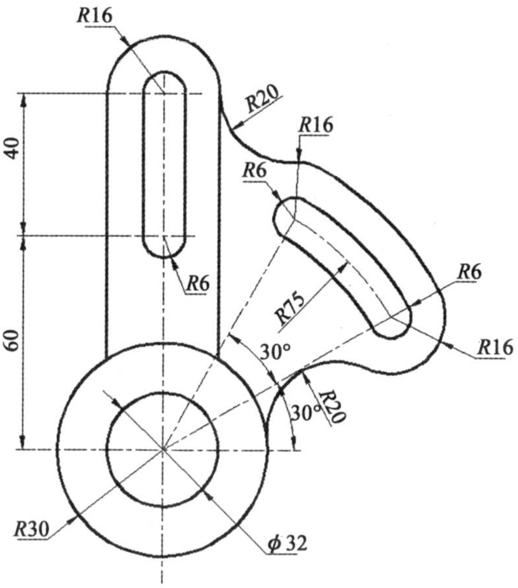


综合进阶案例

图 2-62 例题 2-46 图形

提示：利用相对极坐标，绘制两条 30° 的点划线。

【例题 2-47】 利用“圆”“直线”命令绘制如图 2-63 所示的图形。

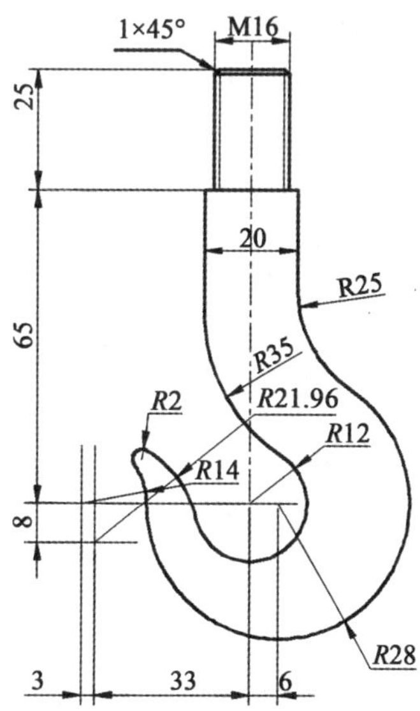


图 2-63 例题 2-47 图形

【例题2-48】 利用“圆”“修剪”“偏移”“打断”等命令，结合“对象捕捉”，绘制如图2-64所示的图形。

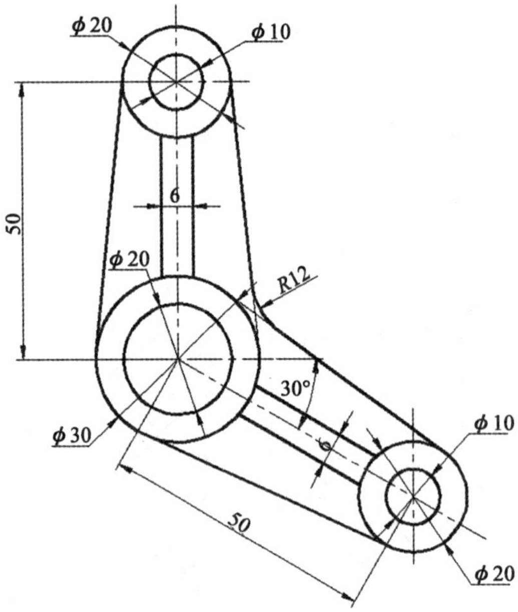


图 2-64 例题 2-48 图形

【例题2-49】 利用“直线”“圆”命令绘制如图2-65所示的图形。

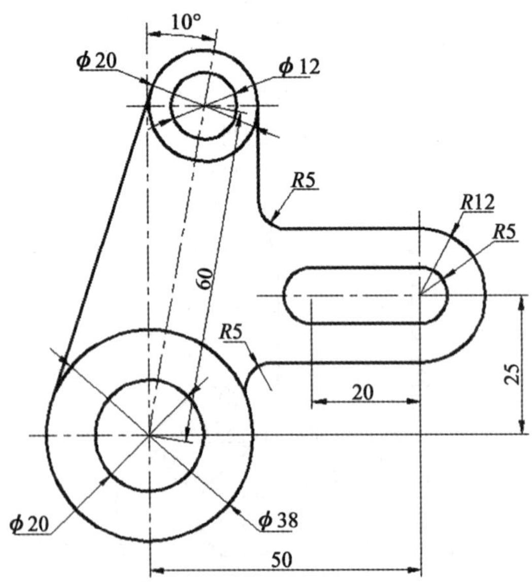


图 2-65 例题 2-49 图形

【例题 2-50】　利用“直线”“圆”“构造线”命令绘制如图 2-66 所示的图形。

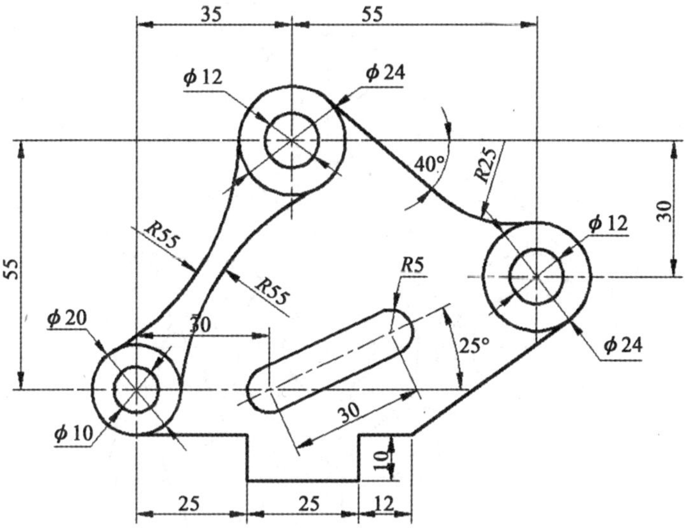


图 2-66　例题 2-50 图形

【例题 2-51】　综合案例，绘制如图 2-67 所示的图形。

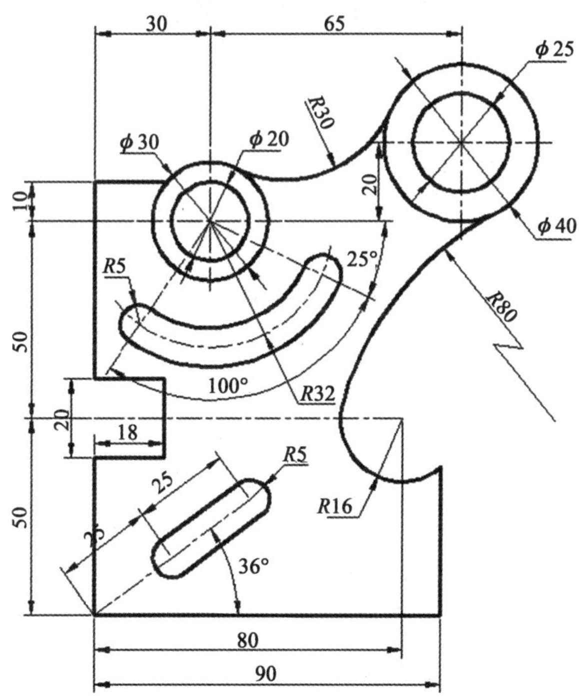


图 2-67　例题 2-51 图形

【例题 2-52】 综合案例，绘制如图 2-68 所示的图形。

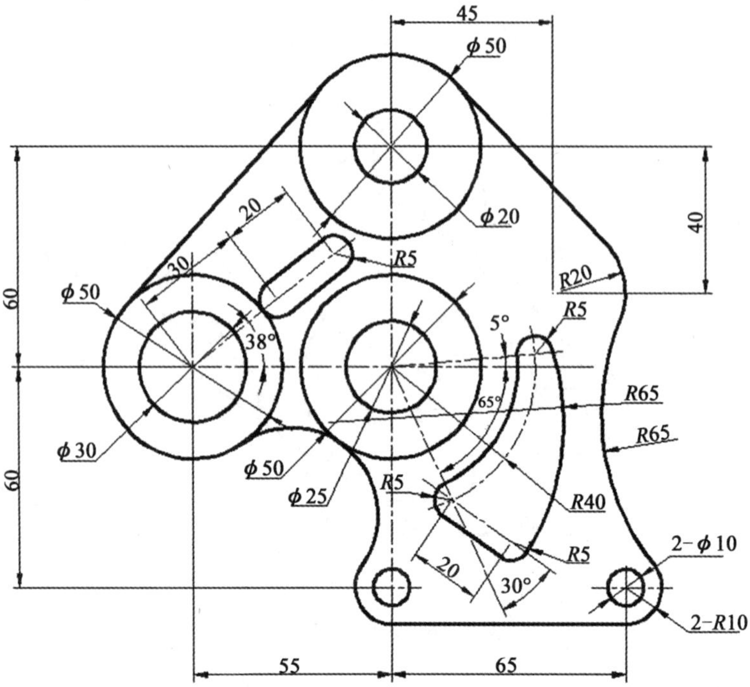


图 2-68 例题 2-52 图形

# 项目三

# 编辑二维图形

AutoCAD 是一款被广泛地应用于工程设计和绘图行业的软件，其编辑命令是 AutoCAD 的核心功能之一。编辑命令可以对图形进行修改、调整及精细化处理，是 AutoCAD 设计和绘图过程中不可或缺的一部分。本项目主要介绍 AutoCAD 二维图形编辑命令的使用方法与技巧，帮助学生更好地掌握 AutoCAD 的编辑功能。

## 知识目标

(1)利用“移动”“复制”命令绘图。

(2)绘制具有对称和均布几何特征的图形。

(3)对已有图形进行旋转、缩放、拉伸操作。

(4)对已有图形进行打断、合并、分解操作。

(5)掌握图线关键点的编辑方式。

(6)编辑图线特性。

## 技能目标

(1)熟练掌握“移动”“复制”命令，在绘图过程中能够快速、准确地移动和复制图形元素。

(2)熟练掌握对称和均布几何特征的绘制方法，能够绘制出具有对称和均布几何特征的图形。

(3)熟练掌握旋转、缩放、拉伸等操作方法，能够对已有图形进行精确的变形操作。

(4)熟练掌握打断、合并、分解等操作方法，能够对已有图形进行精确的分割、合并和打断操作。

(5)熟练掌握图线关键点的编辑方式，能够对图形中的关键点进行精确的编辑。

(6)熟练掌握编辑图线特性的方法，能够对图形的颜色、线型、线宽等特性进行精确的编辑。

## 素质目标

(1)精确性：在绘图操作中，要求精准度高，学生能够准确地移动、绘制、编辑图形元素，避免出现误差。

(2)创造性：在绘图操作中，要求创造力高，学生能够灵活运用移动、复制、旋转、缩放等操作方法，创造出具有美感、独特性的图形设计。

(3)合作性：在绘图操作中，要求合作性强，学生能够积极沟通，协作完成绘图任务，与他人分享和接受反馈，不断提高及完善设计质量。

# 任务一　利用“移动”“复制”命令绘图

AutoCAD 中的“移动”“复制”命令既是编辑命令中最基本的 2 个命令，也是工程设计和绘图中最常用的 2 个命令。这 2 个命令可用于在绘图中移动或复制一组对象，以进行调整或复制。

## 任务情景

在前面的项目中，学生已经学习了如何绘制基本图形，如直线、圆弧、多边形等。本项目开始教学生如何对已有图形进行编辑。

学生在掌握基本绘图技能的基础上，学习“移动”“复制”命令，可以更好地完成各类绘图任务。通过学习如何选择、移动和复制图形元素，学生可以更加高效地完成各类图形的绘制。

## 任务目标

利用“移动”“复制”命令绘图。

## 任务要求

培养学生灵活运用“移动”“复制”命令的能力。

## 任务思考

在绘图过程中，学生观察图片中相似或相同的部分，利用“移动”“复制”命令对已有图形进行编辑，可以在一定程度上减少绘图工作量，并保证绘图的准确性。

## 任务实施

### 一、“移动”命令

“移动”命令可以将一个或多个选择的对象移动到新的位置，可以在绘图过程中进行调整。除了基本的“移动”功能外，AutoCAD 的“移动”命令还可以按照指定的距离或角度移动对象，使其更加精确。

“移动”命令：MOVE 或 MO。

## （一）“移动”命令的启动方法

“移动”命令的启动方法有以下 4 种。

（1）菜单栏：选择“修改”菜单→“移动”命令。

（2）工具栏：单击“”按钮。

（3）命令行：输入“MOVE”或“MO”。

（4）选择要移动的图形对象后，右击快捷菜单，选择“移动”命令。

## （二）命令解析

“移动”命令的命令行提示如下：

命令：_move　找到 1 个

指定基点或［位移（D）］<位移>：

该命令的选项说明如下。

（1）指定基点：指定移动时鼠标拖拽的点，指定基点后，可以使用鼠标确定某方向极轴，并使用键盘输入移动距离或将基点放置于移动的目标位置。

（2）位移（D）：可输入坐标（$X$，$Y$，$Z$），沿坐标方向移动目标图形。

【例题 3-1】　按照图 3-1 将直线向下移动 100。

移动、复制命令

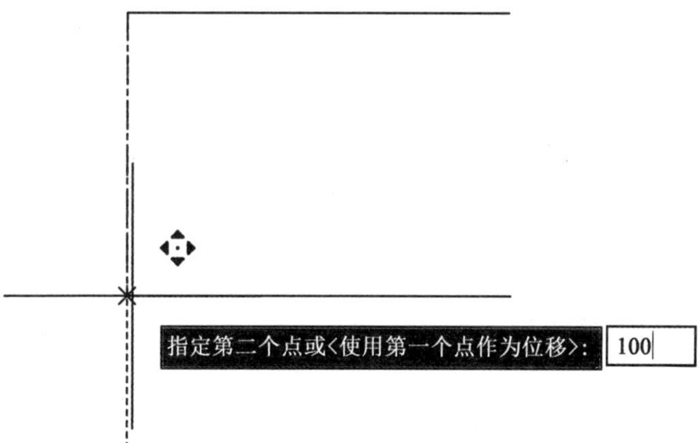


**图 3-1　例题 3-1 图示**

例题 3-1 的操作步骤命令行提示如下：

命令：_move　//启动“移动”命令//

选择对象：找到 1 个　//单击目标对象//

选择对象：　//按“Enter”键，完成对象选择//

指定基点或［位移（D）］<位移>：　//单击，选择直线左端点作为基点//

指定第二个点或 <使用第一个点作为位移>：100　//向下，输入长度 100，按“Enter”键//

☞ 知识点精

使用“移动”命令时，可先选择图形对象，再启动“移动”命令，即省略选择对象并确定的步骤。

指定基点的“移动”命令方法适用于精确移动，如不需要精确移动，可将所需移动的对象选中后，使用鼠标左键点击并按住除关键点外的图形部分，然后拖动进行粗略位置调整。

## 二、“复制”命令

“复制”命令可以将一个或多个选择的对象复制到新的位置，以便在绘图过程中进行复制或补充。

“复制”命令：COPY 或 CO。

### (一)“复制”命令的启动方法

“复制”命令的启动方法有以下 4 种。

(1)菜单栏：选择“修改”菜单→“复制”命令。

(2)工具栏：单击“ ”按钮。

(3)命令行：输入“COPY”或“CO”。

(4)选择要复制的图形对象后，右击快捷菜单，选择“复制”命令。

### (二)命令解析

“复制”命令的命令行提示如下：

命令：_copy

选择对象：找到 1 个

选择对象：

指定基点或［位移(D)/模式(O)］<位移>：

该命令的选项说明如下。

(1)选择对象：选择想要复制的图形对象，按“Enter”键确认。

(2)位移(D)：可输入坐标($X$，$Y$，$Z$)，以复制目标图形。

(3)模式(O)：模式中分为单个(S)、多个(M)2 种，单个模式只能复制一个，多个模式可以复制多个。

【例题 3-2】 将图 3-2 所示的图形向右、向下分别进行复制，距离皆为 100。

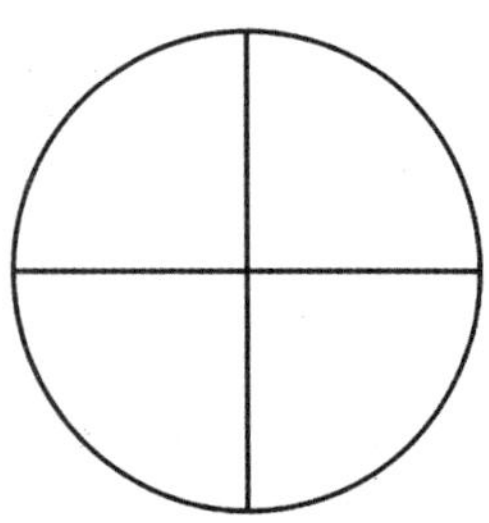

**图 3-2　例题 3-2 图形**

(1)向右复制，如图 3-3 所示。

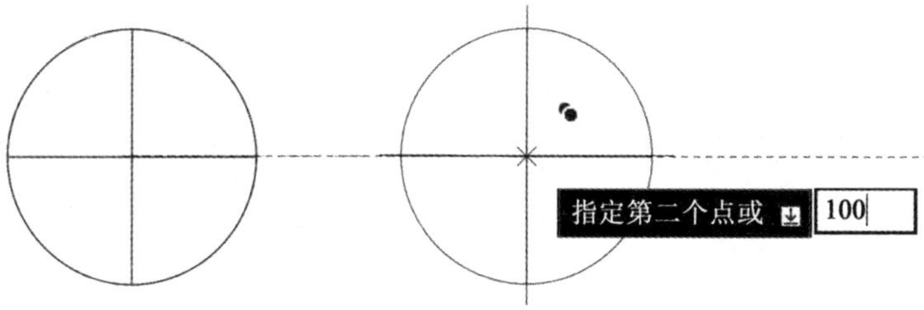


**图 3-3　向右复制**

(2)向下复制，如图 3-4 所示。

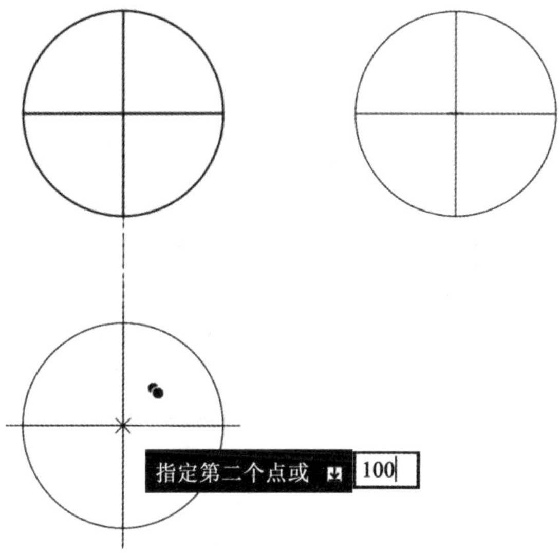


**图 3-4　向下复制**

例题 3-2 的操作步骤命令行提示如下：

命令：_copy　//启动“复制”命令//

选择对象：找到 3 个　//单击目标对象//

选择对象：　//按“Enter”键，完成对象选择//

当前设置：复制模式=多个　//软件默认复制模式为“多个”//

指定基点或［位移(D)/模式(O)］<位移>：　//单击选择直线左端点作为基点//

指定第二个点或［阵列(A)/退出(E)/放弃(U)］<退出>：100

//向右，输入长度 100，按“Enter”键//

指定第二个点或［阵列(A)/退出(E)/放弃(U)］<退出>：100

//向下，输入长度 100，按“Enter”键//

☞ **知识点精**

指定基点的“复制”命令方法适用于精确复制，如不需要精确复制而只是单纯地对目标对象进行整体复制，可在选择目标对象后使用“Ctrl+C”快捷键进行复制，然后使用“Ctrl+V”快捷键进行粘贴。（在文件与文件间进行图形复制时，此方法也可使用。）

## 三、巩固提高案例

【例题 3-3】 使用“直线”“移动”“复制”“修剪”等命令绘制如图 3-5 所示的图形。

使用直线、移动、复制、修剪等命令绘制如图所示图形

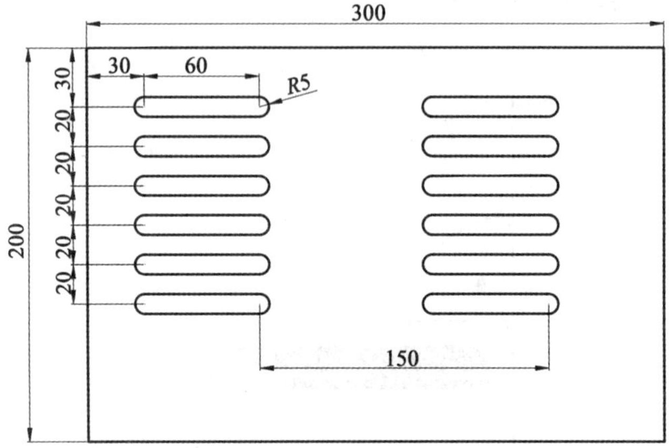


**图 3-5 例题 3-3 图形**

例题 3-3 的操作步骤命令行提示如下：

命令：_rectang

指定第一个角点或［倒角(C)/标高(E)/圆角(F)/厚度(T)/宽度(W)］：

指定另一个角点或［面积(A)/尺寸(D)/旋转(R)］：d

指定矩形的长度 <10.0000>：300

指定矩形的宽度 <10.0000>：200

指定另一个角点或［面积(A)/尺寸(D)/旋转(R)］： //绘制一个长为 300、宽为 200 的矩形//

命令：_line

指定第一个点：

指定下一点或［放弃(U)］：@30,-30

指定下一点或［放弃(U)］： //利用相对直角坐标找到圆心位置//

命令：_circle

指定圆的圆心或［三点(3P)/两点(2P)/切点、切点、半径(T)］：

指定圆的半径或［直径(D)］：5 //画一个半径为 5 的圆//

命令：_copy

选择对象：找到 1 个

选择对象：

当前设置：复制模式 = 多个

指定基点或［位移(D)/模式(O)］<位移>：

指定第二个点或［阵列(A)］<使用第一个点作为位移>：60

指定第二个点或［阵列(A)/退出(E)/放弃(U)］<退出>： //将圆向右复制，距离为 60//

命令：_trim

当前设置：投影 = UCS，边 = 无，模式 = 快速

选择要修剪的对象，或按住 Shift 键选择要延伸的对象或

［剪切边(T)/窗交(C)/模式(O)/投影(P)/删除(R)］： //修剪多余部分//

命令：_copy

选择对象：指定对角点：找到 4 个

选择对象：

当前设置：复制模式 = 多个

指定基点或［位移(D)/模式(O)］<位移>：

指定第二个点或［阵列(A)］<使用第一个点作为位移>：20

指定第二个点或［阵列(A)/退出(E)/放弃(U)］<退出>：40

指定第二个点或［阵列(A)/退出(E)/放弃(U)］<退出>：60

指定第二个点或［阵列(A)/退出(E)/放弃(U)］<退出>：80

指定第二个点或［阵列(A)/退出(E)/放弃(U)］<退出>：100

指定第二个点或［阵列(A)/退出(E)/放弃(U)］<退出>： //将图形按尺寸向下复制 5 个//

命令：_copy

选择对象：指定对角点：找到 24 个

选择对象：

当前设置：复制模式 = 多个

指定基点或［位移(D)/模式(O)］<位移>：

指定第二个点或［阵列(A)］<使用第一个点作为位移>：150

指定第二个点或［阵列(A)/退出(E)/放弃(U)］<退出>：//将整个图形按尺寸向右复制 1 个//

# 任务二 绘制具有对称和均布几何特征的图形

## 任务情景

对已有图形进行“阵列”“镜像”等命令操作，可以得到具有对称和均布几何特征的图形。通过学习“阵列”“镜像”命令，学生可以更加高效地完成各类图形的绘制。在绘制图形过程中，学生还需要注意形状的对称性和均匀性，运用对称和均布几何特征的方法

绘制图形。

## 任务目标

利用“阵列”“镜像”命令绘制具有对称和均布几何特征的图形。

## 任务要求

培养学生灵活运用“阵列”“镜像”命令的能力。

## 任务思考

在绘图过程中，学生先观察图片中对称和均布几何特征的部分，再利用“镜像”“阵列”命令对已有图形进行编辑，这样可以在一定程度上减少绘图工作量，并保证绘图的准确性。

## 任务实施

### 一、“阵列”命令

在 AutoCAD 中，“阵列”命令是非常重要的编辑命令之一，它可以将选择的对象按照指定的规律进行排列，以便快速生成多个相似的对象。“阵列”命令在工程设计和绘图中应用广泛，可以大大提高生产效率。

“阵列”命令：ARRAY(AR)，ARRAYRECT，ARRAYPOLAR，ARRAYPATH，ARRAYCLASSIC。

#### (一)“阵列”命令的启动方法

“阵列”命令的启动方法有以下 3 种。

(1)菜单栏：选择“修改”菜单→“阵列”命令。

(2)工具栏：单击“▦”按钮。

(3)命令行：输入“ARRAY(AR)”、“ARRAYRECT”、“ARRAYPOLAR”或“ARRAYCLASSIC”。

#### (二)“阵列”命令的使用方法

输入“ARRAY”或“AR”启动“阵列”命令后，在命令行或动态输入窗口中选择阵列类型。阵列类型分为矩形阵列(ARRAYRECT)、环形阵列(极轴)(ARRAYPOLAR)和传统阵列(ARRAYCLASSIC)，下面分别介绍每种阵列的使用方法。

1.矩形阵列

选择“矩形阵列”→“选择对象”后，系统进入如图 3-6 所示界面。

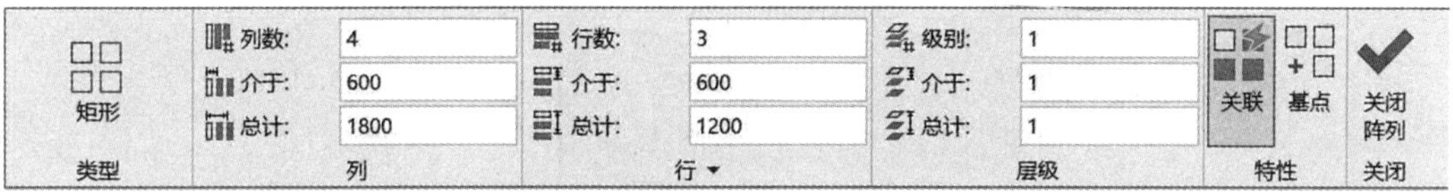


**图 3-6　“矩形阵列”界面**

(1)列：“列数”为列的数量；“介于”为每列之间的距离；“总计”为多列的总计距离。

(2)行：“行数”为行的数量；“介于”为每行之间的距离；“总计”为多行的总计距离。

(3)特性：“关联”用于设置阵列后的图形是否关联为一个整体图形；“基点”用于设置图形阵列的基点。

“介于”与“总计”中，距离大小代表了行与列间的距离；正负代表了阵列方向，以 *X* 轴和 *Y* 轴的正方向(向上与向右)作为阵列的正方向，即距离若为负数，则向反方向阵列。

2.环形阵列

选择“环形阵列(极轴)”→“选择对象”→“指定阵列中心点”后，系统进入如图 3-7 所示界面。

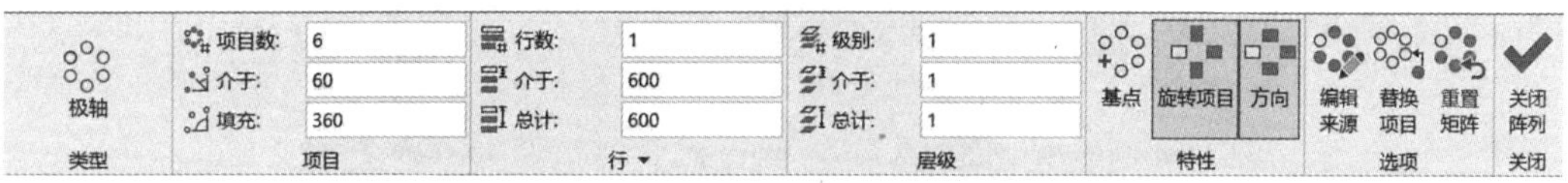


**图 3-7　“环形阵列”界面**

(1)项目：“项目数”为图形阵列个数；“介于”为每组图形与中心点连线的夹角；“填充”为阵列图形夹角的总度数。

(2)行：“行数”为环形阵列向外或向内扩散的行数；“介于”为每行之间的距离；“总计”为多行的总计距离。

(3)特性：“关联”用于设置阵列后的图形是否关联为一个整体图形；“基点”用于设置图形阵列的中心点；“旋转项目”用于设置阵列时是否同时按照角度旋转图形”；“方向”用于设置环形阵列的阵列旋转方向。

3.传统阵列

输入“ARRAYCLASSIC”可打开“传统阵列”对话框，如图 3-8 和图 3-9 所示。

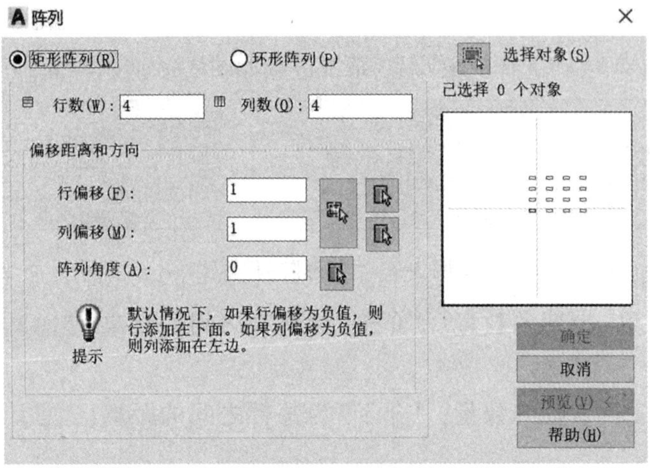


图 3-8 “传统阵列”对话框的“矩形阵列”

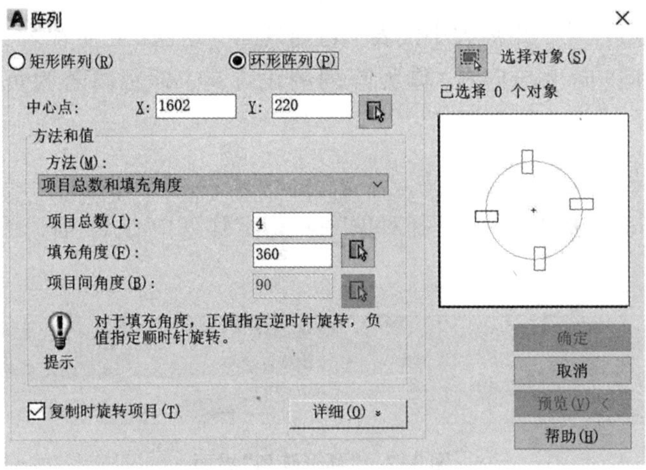


图 3-9 “传统阵列”对话框的“环形阵列”

在“传统阵列”对话框中，可对“矩形阵列”“环形阵列”进行设置，此对话框的使用方法与前面 2 种方法一致。

## 二、“镜像”命令

在 AutoCAD 中，“镜像”命令可以将选择的对象沿指定的轴线进行镜像翻转，以便进行对称性操作。“镜像”命令在工程设计和绘图中应用广泛，可以大大提高生产效率。

“镜像”命令：MIRROR 或 MI。

“镜像”命令的启动方法有以下 3 种。

(1) 菜单栏：选择“修改”菜单→“镜像”命令。

(2) 工具栏：单击“ ”按钮。

(3) 命令行：输入“MIRROR”或“MI”。

【例题 3-4】　将图 3-10 所示的图形做镜像操作。

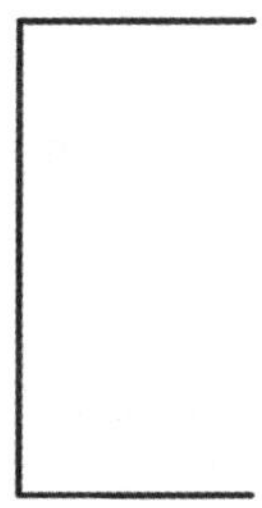

**图 3-10　例题 3-4 图形**

(1)选择镜像线，如图 3-11 所示。

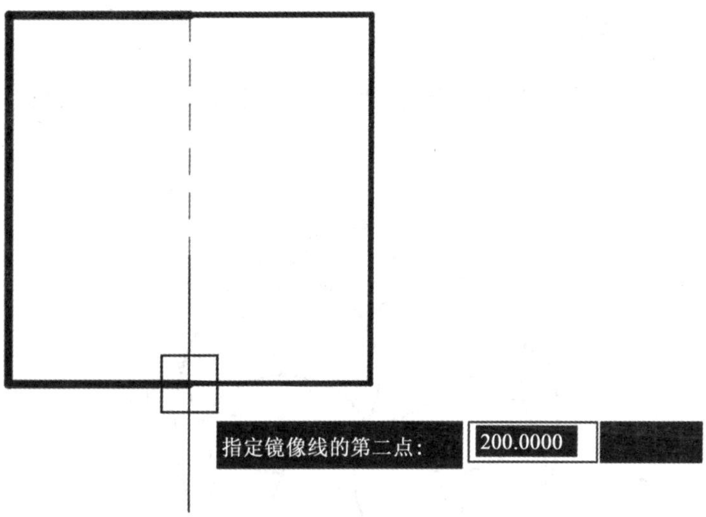


**图 3-11　选择镜像线**

(2)选择是否删除源对象，如图 3-12 所示。

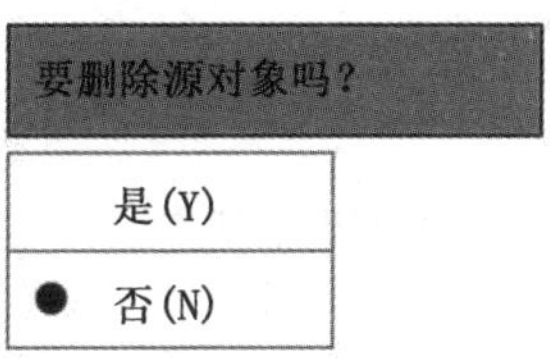


**图 3-12　选择是否删除源对象**

例题 3-4 的操作步骤命令行提示如下：

命令：_mirror　//启动“镜像”命令//

选择对象：找到 3 个　//单击目标对象//

选择对象：　//按“Enter”键，完成对象选择//

指定镜像线的第一点：　　//单击选择镜像线的第一点//
指定镜像线的第二点：　　//单击选择镜像线的第二点//
要删除源对象吗？[是(Y)/否(N)] <否>：n
//输入"y"，选择删除源对象；输入"n"，选择保留源对象//

☞ **知识点精**

(1)使用"镜像"命令时，可将图形对象先行选择，再启动"镜像"命令，即省略掉选择对象并确定的步骤。

(2)镜像线由步骤中鼠标左键点击的两点确定，不需要存在一个真实的直线对象，只需确定两点即可，因为两点即可确定一条直线。

## 三、巩固提高案例

阵列、偏移、修剪巩固提高案例

【例题3-5】 使用"圆""矩形阵列"等命令绘制如图3-13所示的图形。

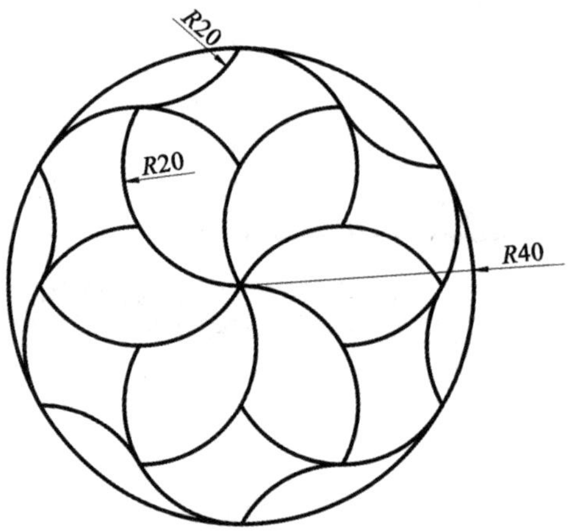


**图3-13　例题3-5图形**

例题3-5的操作步骤命令行提示如下：

命令：_circle
指定圆的圆心或[三点(3P)/两点(2P)/切点、切点、半径(T)]：
指定圆的半径或[直径(D)]：40　　//绘制一个半径为40的圆//
命令：_circle
指定圆的圆心或[三点(3P)/两点(2P)/切点、切点、半径(T)]：20
//找到半径为20的圆的圆心//
指定圆的半径或[直径(D)]：20　　//绘制半径为20的圆//
命令：_arraypolar
选择对象：找到1个
选择对象：

类型 = 极轴　关联 = 是

指定阵列的中心点或 [ 基点(B)/旋转轴(A) ]:

选择夹点以编辑阵列或 [ 关联(AS)/基点(B)/项目(I)/项目间角度(A)/填充角度(F)/行(ROW)/层(L)/旋转项目(ROT)/退出(X) ] <退出>:

//对半径为 20 的圆进行"环形阵列"操作，基点为大圆圆心//

命令: _arc

指定圆弧的起点或 [ 圆心(C) ]:

指定圆弧的第二个点或 [ 圆心(C)/端点(E) ]: _e

指定圆弧的端点:

指定圆弧的中心点(按住 Ctrl 键以切换方向)或 [ 角度(A)/方向(D)/半径(R) ]: _r

指定圆弧的半径(按住 Ctrl 键以切换方向): 20

//使用"起点，端点，半径"的方法画半径为 20 圆弧//

命令: _arraypolar

选择对象: 找到 1 个

选择对象:

类型 = 极轴　关联 = 否

指定阵列的中心点或 [ 基点(B)/旋转轴(A) ]:

选择夹点以编辑阵列或 [ 关联(AS)/基点(B)/项目(I)/项目间角度(A)/填充角度(F)/行(ROW)/层(L)/旋转项目(ROT)/退出(X) ] <退出>:

//对圆弧进行"环形阵列"操作，基点为大圆圆心//

命令: _trim

当前设置: 投影 = UCS，边 = 无，模式 = 快速

选择要修剪的对象，或按住 Shift 键选择要延伸的对象或 [ 剪切边(T)/窗交(C)/模式(O)/投影(P)/删除(R) ]:　　//修剪不需要的图形部分//

【例题 3-6】　使用"圆""环形阵列"等命令绘制如图 3-14 所示的图形。

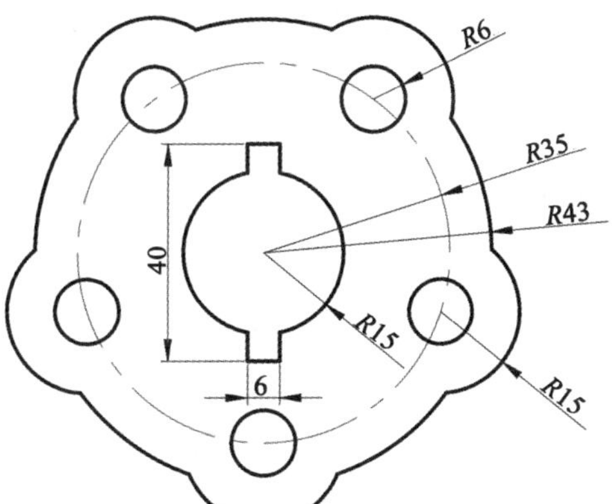


**图 3-14　例题 3-6 图形**

【例题 3-7】 使用“圆”“矩形阵列”“环形阵列”等命令绘制如图 3-15 所示的图形。

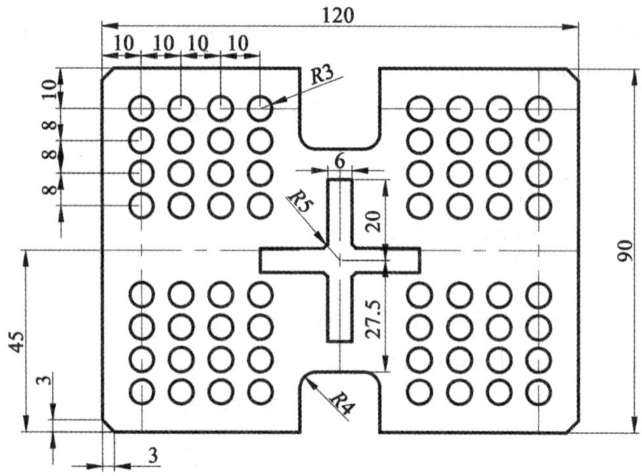


图 3-15 例题 3-7 图形

# 任务三 对已有图形进行旋转、缩放、拉伸操作

## 任务情景

在掌握基本绘图技能的基础上，学生通过学习旋转、缩放、拉伸等操作方法，既可以更好地完成各类绘图任务，又可以更加灵活地进行图形变形和修改，以满足不同的绘图要求。

## 任务目标

(1)熟练运用“旋转”命令对已有图形进行编辑。

(2)熟练运用“缩放”命令对已有图形进行编辑。

(3)熟练运用“拉伸”命令对已有图形进行编辑。

## 任务要求

培养学生灵活运用“旋转”“缩放”“拉伸”命令的能力。

## 任务思考

绘图过程中，学生在绘制图片中特殊角度的部分、比例相同但尺寸不同的部分、需要将已有图形匹配为对应尺寸时，都需要对已有图形进行旋转、缩放、拉伸，这样可以在一定程度上减少绘图工作量，并保证绘图的准确性。

## 任务实施

### 一、“旋转”命令

在 AutoCAD 中，“旋转”命令是非常重要的编辑命令之一，它可以将选择的对象按照指定的角度进行旋转，以便于图形进行方向调整或旋转复制。

“旋转”命令：ROTATE 或 RO。

“旋转”命令的启动方法有以下 4 种。

(1)菜单栏：选择“修改”菜单→“旋转”命令。

(2)工具栏：单击“旋转”按钮。

(3)命令行：输入“ROTATE”或“RO”。

(4)选择要旋转的图形对象后，右击快捷菜单，选择“旋转”命令。

【例题 3-8】　将图 3-16 中的直线绕左端点逆时针旋转 60°。

旋转、缩放案例



图 3-16　例题 3-8 图形

(1)指定旋转基点，如图 3-17 所示。

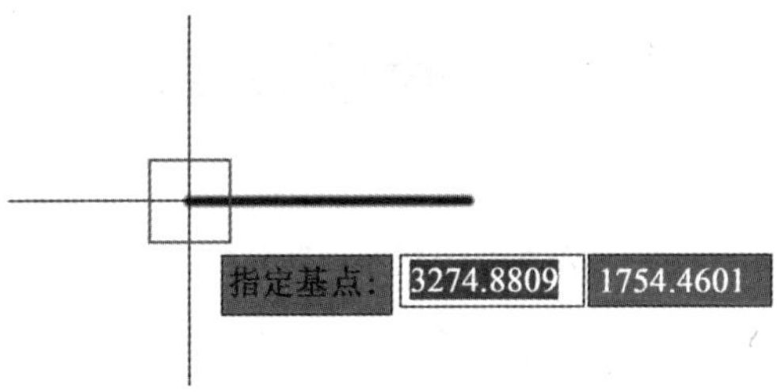


图 3-17　指定旋转基点

(2)输入旋转角度，如图 3-18 所示。

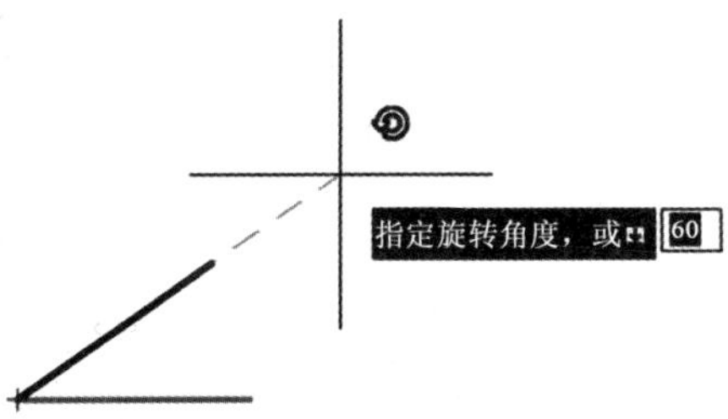


图 3-18　输入旋转角度

例题 3-8 的操作步骤命令行提示如下：

命令：_rotate　　//启动“旋转”命令//

UCS 当前的正角方向：ANGDIR=逆时针　ANGBASE=0　　//系统默认逆时针为角度正方向//

选择对象：找到 1 个　　//单击目标对象//

选择对象：　　//按“Enter”键，完成对象选择//

指定基点：　　//单击选择直线左端点作为基点//

指定旋转角度，或［复制(C)/参照(R)］<0>：60　　//输入角度为 60°，按“Enter”键//

【例题 3-9】　将已有直线旋转为 0°，可使用“参照”功能。

(1)使用“参照”功能，如图 3-19 所示。

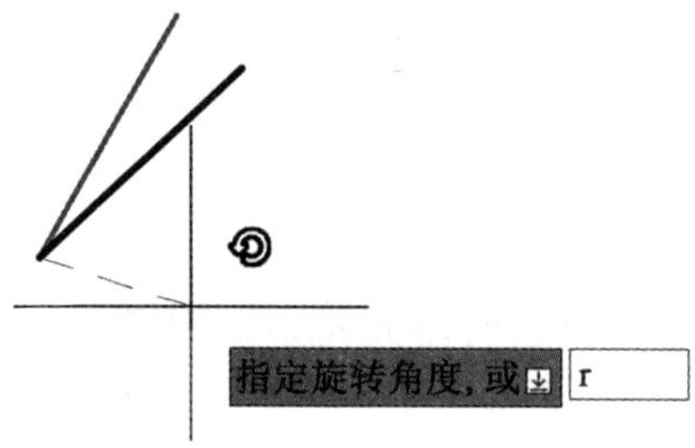


**图 3-19　使用“参照”功能**

(2)指定参照角度，如图 3-20 所示。

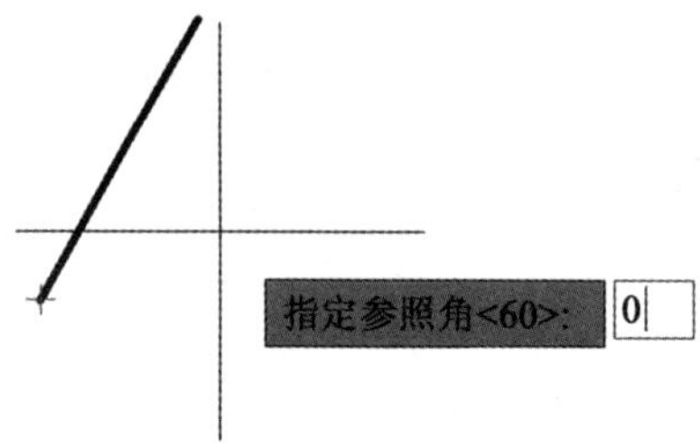


**图 3-20　指定参照角度**

例题 3-9 的操作步骤命令行提示如下：

命令：_rotate　　//启动“旋转”命令//

UCS 当前的正角方向：ANGDIR=逆时针　ANGBASE=0　　//系统默认逆时针为角度正方向//

选择对象：找到 1 个　　//单击目标对象//

选择对象：　　//按“Enter”键，完成对象选择//

指定基点：　　//单击选择直线左端点作为基点//

指定旋转角度，或［复制(C)/参照(R)］<60>：r　　//输入“r”，选择“参照”功能//

指定参照角 <0>：　指定第二点：　　//选择图形中直线的两端点//

指定新角度或［点(P)］<0>：　　//输入“0”，按“Enter”键//

☞ **知识点精**

上述命令行中的“复制(C)”功能可在旋转后保留原图形，并生成一个旋转后的新图形。

## 二、“缩放”命令

在 AutoCAD 中，“缩放”命令可以将选择的对象按照指定的比例进行缩放，以便于用户对图形进行大小调整或比例调整。

“缩放”命令：SCALE 或 SC。

“缩放”命令的启动方法有以下 4 种。

(1)菜单栏：选择“修改”菜单→“缩放”命令。

(2)工具栏：单击“ ”按钮。

(3)命令行：输入“SCALE”或“SC”。

(4)选择要缩放的图形对象后，右击快捷菜单，选择“缩放”命令。

【例题 3-10】　将半径为 100 的圆(如图 3-21 所示)缩放 2 倍，变成半径为 200 的圆。

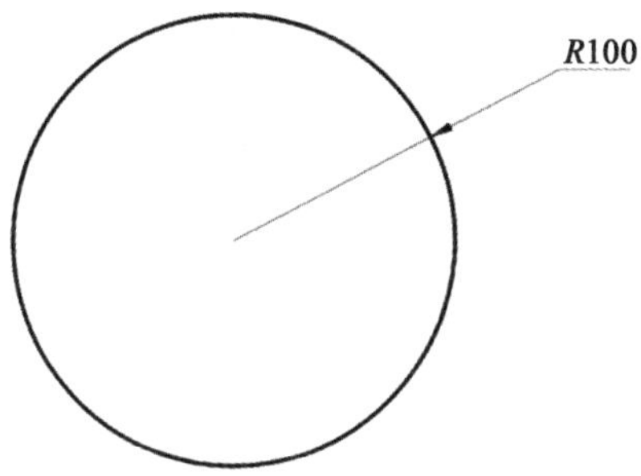


**图 3-21　例题 3-10 图形**

(1)输入比例因子，如图 3-22 所示。

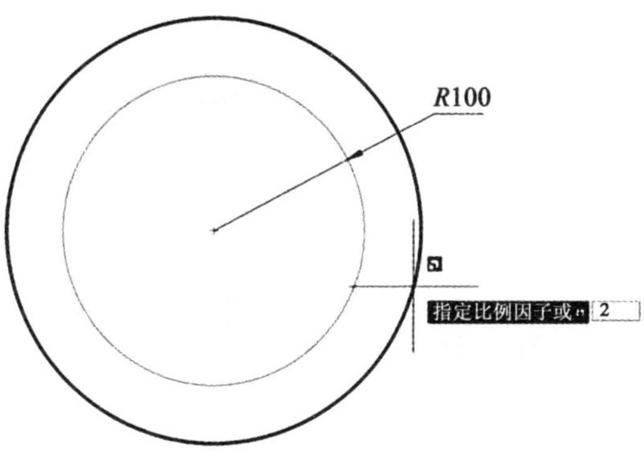


**图 3-22　输入比例因子**

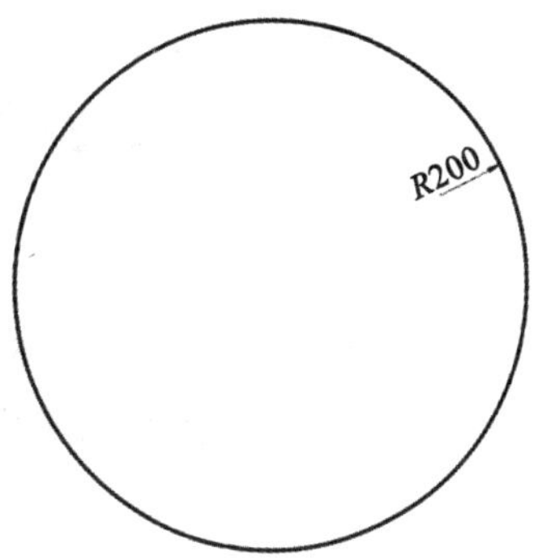


**图 3-23　半径为 200 的圆**

(2)变成半径为 200 的圆，如图 3-23 所示。

例题 3-10 的操作步骤命令行提示如下：

命令：_scale　　//启动“缩放”命令//

选择对象：找到 1 个　　//单击目标对象//

选择对象：　　//按“Enter”键，完成对象选择//

指定基点：　　//单击选择圆心作为基点//

指定比例因子或［复制(C)/参照(R)］：2　　//输入“2”，按“Enter”键//

【例题 3-11】 将半径为 50 的圆缩放为直径等于已有直线(未知长度)的圆，如图 3-24所示。

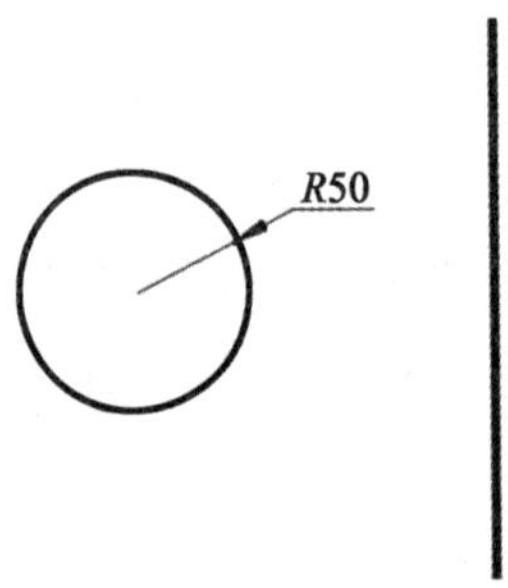


图 3-24　例题 3-11 图形

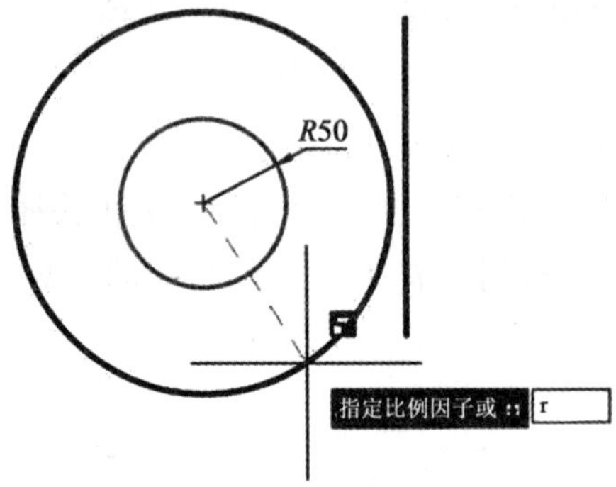


图 3-25　选择“参照”功能

(1)选择“参照”功能，如图 3-25 所示。

(2)指定参照长度，如图 3-26 所示。

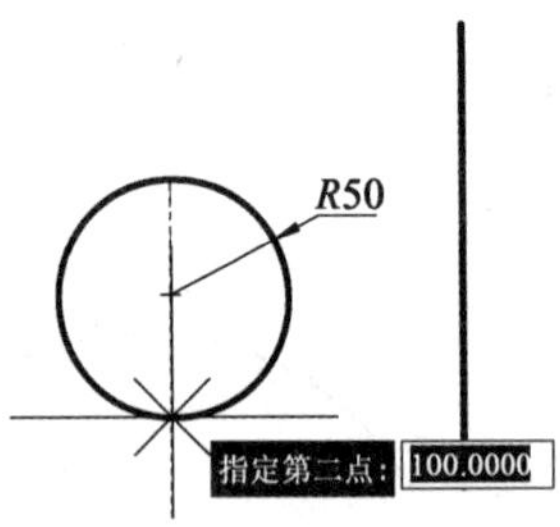


图 3-26　指定参照长度

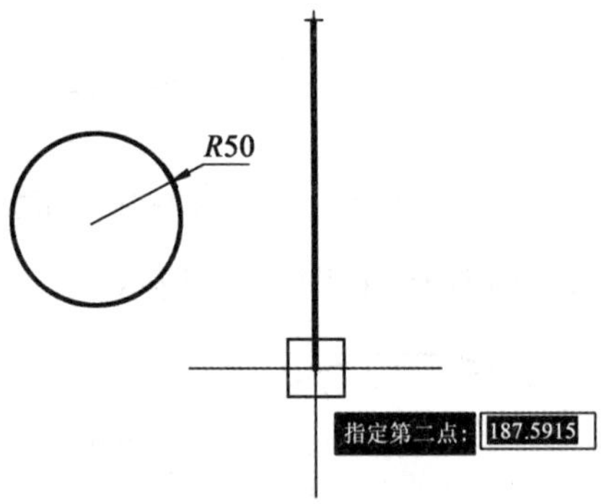


图 3-27　选择新的长度

(3)选择新的长度，如图 3-27 所示。

(4)设置圆的直径与直线长度一致，如图 3-28 所示。

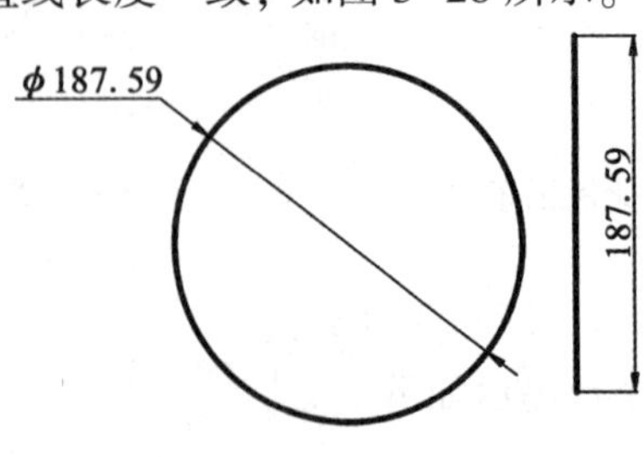


图 3-28　圆直径与直线长度一致

☞ **知识点精**

“参照”功能一般适用于将两个尺寸不匹配的图形中的一个进行缩放，使它们可以配合使用，其在电气图绘制过程中应用较多。

## 三、“拉伸”命令

在 AutoCAD 中，“拉伸”命令可以将选择的对象按照指定的距离或高度进行拉伸，以便于用户对图形进行形状调整或拉伸复制。

“拉伸”命令：STRETCH。

### （一）“拉伸”命令的启动方法

“拉伸”命令的启动方法有以下 3 种。

（1）菜单栏：选择“修改”菜单→“拉伸”命令。

（2）工具栏：单击“　”按钮。

（3）命令行：输入“STRETCH”。

### （二）命令解析

“拉伸”命令的命令行提示如下：

命令：_stretch

以交叉窗口或交叉多边形选择要拉伸的对象…

该命令行中，“以交叉窗口或交叉多边形选择要拉伸的对象…”是指以从左至右的绿色选择窗口选择想要拉伸的端点或定点。以矩形为例，可将拉伸情况分为以下 3 种。

（1）单击选择对象：拉伸时为移动操作，与“MOVE”命令的使用方法一致，如图3-29所示。

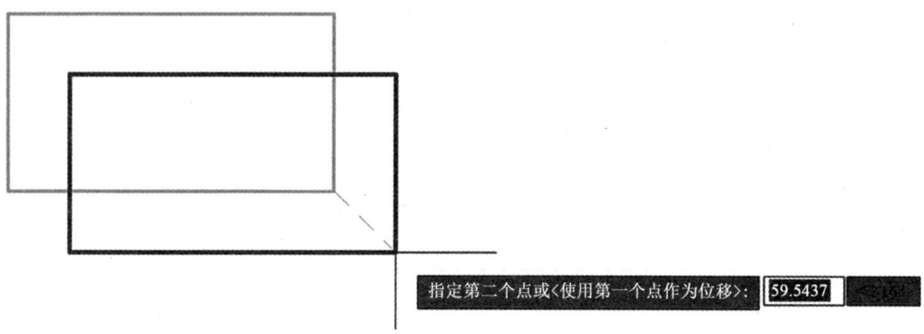


**图 3-29　拉伸时单击选择对象**

（2）框选一个顶点：拉伸时单独拉伸一个顶点，如图 3-30 和图 3-31 所示。

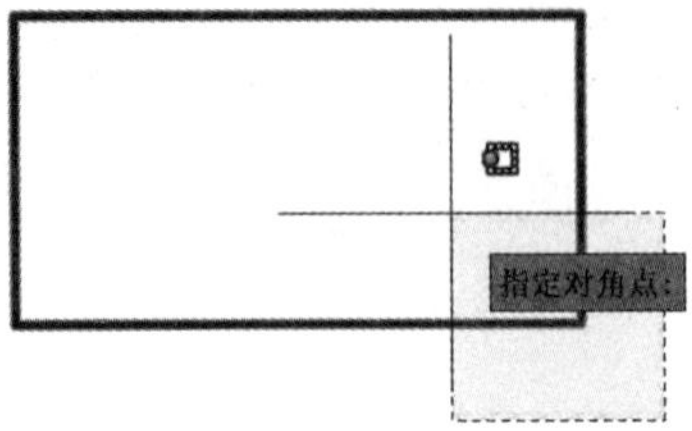


图 3-30　框选一个顶点

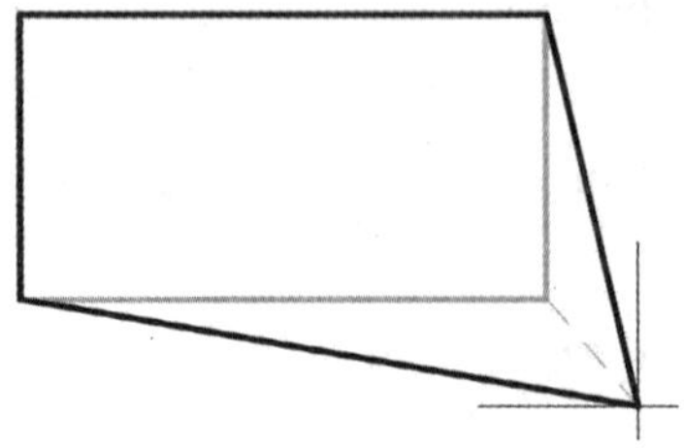

图 3-31　拉伸一个顶点

(3)框选两个顶点：拉伸时同时拉伸两个顶点，如图 3-32 和图 3-33 所示。

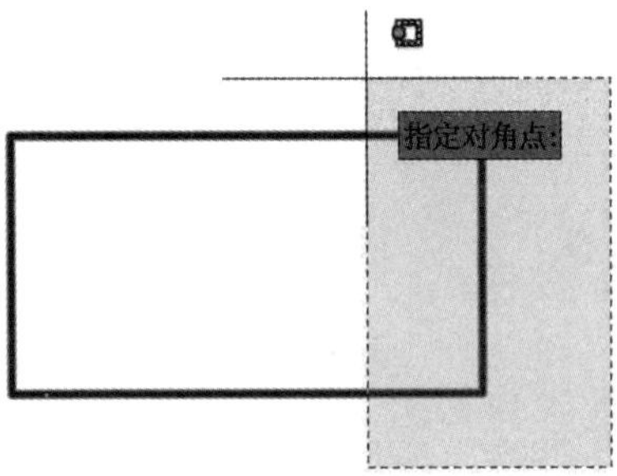


图 3-32　框选两个顶点

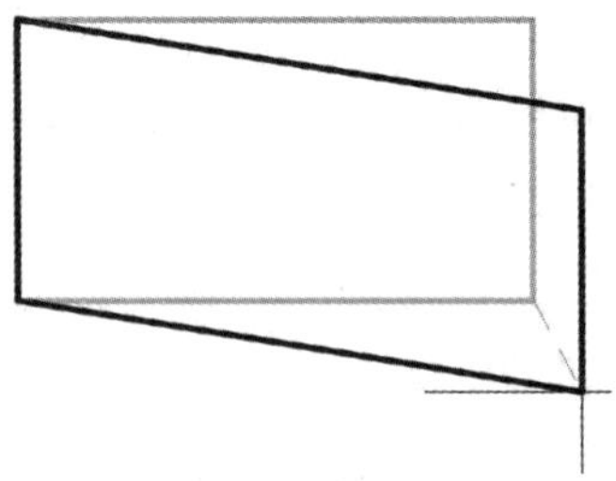

图 3-33　拉伸两个顶点

## 四、巩固提高案例

【例题 3-12】　利用“直线”“圆”“修剪”“拉伸”等命令绘制如图 3-34 所示的图形。

利用直线、圆、修剪、拉伸等命令绘制图形

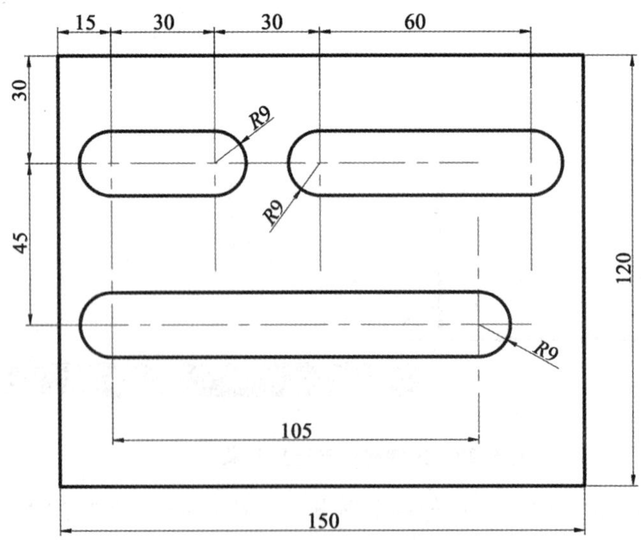


图 3-34　例题 3-12 图形

例题 3-12 的操作步骤命令行提示如下：

命令：_line

指定第一个点：

指定下一点或［放弃(U)］：120

指定下一点或［放弃(U)］：150

指定下一点或［闭合(C)/放弃(U)］：120

指定下一点或［闭合(C)/放弃(U)］：　　//绘制矩形//

命令：_offset

指定偏移距离或［通过(T)/删除(E)/图层(L)］<15.0000>：15

指定要偏移的那一侧上的点，或［退出(E)/多个(M)/放弃(U)］<退出>：30

指定要偏移的那一侧上的点，或［退出(E)/多个(M)/放弃(U)］<退出>：30

//找到第一个图形中 2 个圆的圆心//

命令：_circle

指定圆的圆心或［三点(3P)/两点(2P)/切点、切点、半径(T)］：

指定圆的半径或［直径(D)］<6.0000>：9

命令：_line

指定第一个点：

指定下一点或［放弃(U)］：

命令：_trim

选择要修剪的对象　　//绘制出第一个内部图形//

命令：_copy　找到 7 个

当前设置：复制模式 = 多个

指定基点或［位移(D)/模式(O)］<位移>：

指定第二个点或［阵列(A)］<使用第一个点作为位移>：45　　//将图形向下复制，距离为 45//

指定第二个点或［阵列(A)/退出(E)/放弃(U)］<退出>：60　　//将图形向右复制，距离为 60//

命令：_stretch 以交叉窗口或交叉多边形选择要拉伸的对象...

选择对象：指定对角点：找到 6 个　　//用绿色选择框框选下方图形的右侧部分//

指定基点或［位移(D)］<位移>：　　//单击指定基点//

指定第二个点或 <使用第一个点作为位移>：75　　//向右拉伸，输入拉伸距离 75//

命令：_stretch

拉伸由最后一个窗口选定的对象...找到 6 个　　//用绿色选择框框选右方图形的右侧部分//

指定基点或［位移(D)］<位移>：　　//单击指定基点//

指定第二个点或 <使用第一个点作为位移>：30　　//向右拉伸，输入拉伸距离 30//

【例题 3-13】　利用“直线”“圆”“修剪”“缩放”“旋转”等命令绘制如图 3-35 所示的图形。

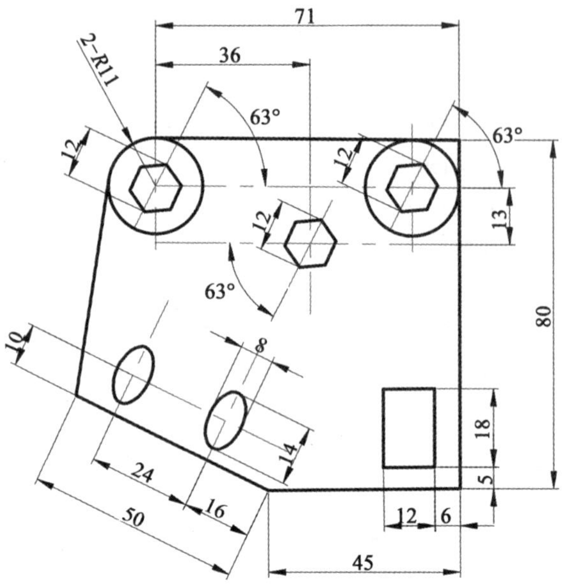


图 3-35　例题 3-13 图形

# 任务四　对已有图形进行打断、合并、分解操作

## 任务情景

在掌握基本绘图技能的基础上，学生通过学习打断、合并、分解等操作方法，既可以更好地完成各类绘图任务，又可以更加灵活地对图形进行变形和修改，以满足不同的绘图要求。

## 任务目标

(1)熟练运用“打断”命令对已有图形进行编辑。

(2)熟练运用“合并”命令对已有图形进行编辑。

(3)熟练运用“分解”命令对已有图形进行编辑。

## 任务要求

培养学生灵活运用“打断”“合并”“分解”命令的能力。

## 任务思考

在绘图过程中，学生应先对要绘制的图形进行观察，将直线打断，或者将块、多边形、矩形等对象分解为基本图形，再进行绘图，这样会使绘图过程变得更加方便、快速，使绘制的图形更加准确。

## 任务实施

## 一、“打断”命令

在 AutoCAD 中，“打断”命令可以将选择的对象在指定位置进行打断，以方便用户对图形进行形状调整或打断、复制等操作。

“打断”命令：BREAK，BREAKATPONIT。

### （一）“打断”命令的启动方法

“打断”命令的启动方法有以下 3 种。

（1）菜单栏：选择“修改”菜单→“打断”命令。

（2）工具栏：单击“ ”/“ ”（打断/打断于点）按钮。

（3）命令行：输入“BREAK”。

### （二）命令解析

1.打断

将图 3-36（a）中的直线执行“打断”命令，打断后效果如图 3-36（b）所示。

利用多边形、分解、镜像命令绘制图形



（a）打断前　　（b）打断后

图 3-36　“打断”命令

“打断”命令的命令行提示如下：

命令：_break　　//启动“打断”命令//

选择对象：　　//单击目标对象//

指定第二个打断点或[第一点（F）]：　　//单击指定第二个打断点//

如需修改第一个打断点，可使用“第一点（F）”功能。

2.打断于点

将图 3-37（a）中的直线执行“打断于点”命令，打断后效果如图 3-37（b）所示。



（a）打断前　　（b）打断后

图 3-37　”打断于点“命令

“打断于点”命令的命令行提示如下：

命令：_breakatpoint　　//启动“打断于点”命令//
选择对象：　　//单击目标对象//
指定打断点：　　//单击指定打断点//

☞ **知识点精**

“打断”与“打断于点”为同一命令中的不同用法，主要区别在于打断后的图形形式。“打断”命令可以在对象上的两个指定点之间创建间隔，从而将一个对象打断为两个对象。如果这些点不在对象上，则会自动投影到该对象上。“打断”命令通常用于为块或文字创建空间。而“打断于点”命令为在一点打断选定的对象，有效对象包括直线、开放的多段线和圆弧，不能在一点打断闭合对象(如圆)。

## 二、“合并”命令

在 AutoCAD 中，“合并”命令可以将选择的对象合并成一个整体，以方便用户对图形进行统一处理或组合操作。

“合并”命令：JOIN。

### (一)“合并”命令的启动方法

“合并”命令的启动方法有以下 3 种。

(1)菜单栏：选择“修改”菜单→“合并”命令。

(2)工具栏：单击“”按钮。

(3)命令行：输入“JOIN”。

### (二)命令解析

将图 3-38(a)中的两条线段执行“合并”命令，合并后效果如图 3-38(b)所示。



(a) 合并前　　(b) 合并后

**图 3-38 “合并”命令**

“合并”命令的命令行提示如下：

命令：_join　　//启动“合并”命令//
选择源对象或要一次合并的多个对象：找到 1 个　　//单击目标对象//
选择要合并的对象：找到 1 个，总计 2 个　　//单击目标对象//
选择要合并的对象：　　//按“Enter”键，完成对象选择//
2 条直线已合并为 1 条直线　　//合并结果//

☞ **知识点精**

(1)“合并”命令只能对同一图层的对象进行合并操作。如果要合并不同图层的对象，需要先将它们移动到同一图层上，再使用“合并”命令进行操作。如果合并的对象有重叠部分，合并后的对象可能会在重叠部分出现不必要的线段，这时需要使用“修剪”命令进行处理。

(2)“合并”命令会将共线或可以按圆弧和椭圆弧合并到一起的对象进行合并，不在此范围内的对象将会被放弃。

(3)如果两个对象可以被合并，中间缺少的部分将会自动生成。

## 三、“分解”命令

“分解”命令用于将复合图形对象分解为其组成的基本图形对象。“分解”命令通常用于将一个复杂的图形对象进行分解，以便于对其进行更细致的编辑和修改。

“分解”命令可以应用于 AutoCAD 中的各种复合图形对象，如多段线、圆弧、椭圆、多边形、图案填充等。以下是一些常见的应用对象。

(1)多段线：可以将一个多段线对象分解为多个线段对象。

(2)多边形：可以将一个多边形对象分解为多个线段和弧线对象。

需要注意的是，“分解”命令会将对象分解为其组成的基本图形对象，这些基本图形对象之间没有任何关联，因此，在对象分解之前需要确认是否保留原始对象的关联性。另外，由于“分解”命令会将对象分解为基本图形对象，因此，在分解后可能会导致图形的精度和平滑度下降，所以需要进行一定的后期编辑和修正。

“分解”命令：EXPLODE。

### (一)“分解”命令的启动方法

“分解”命令的启动方法有以下 3 种。

(1)菜单栏：选择“修改”菜单→“分解”命令。

(2)工具栏：单击“”按钮。

(3)命令行：输入“EXPLODE”。

### (二)命令解析

“分解”命令的命令行提示如下：

命令：_explode　　//启动“分解”命令//

选择对象：找到 1 个　　//单击目标对象//

选择对象：　　//按“Enter”键，完成对象选择//

【例题 3-14】 利用“多边形”“分解”“镜像”命令绘制如图 3-39 所示的图形。

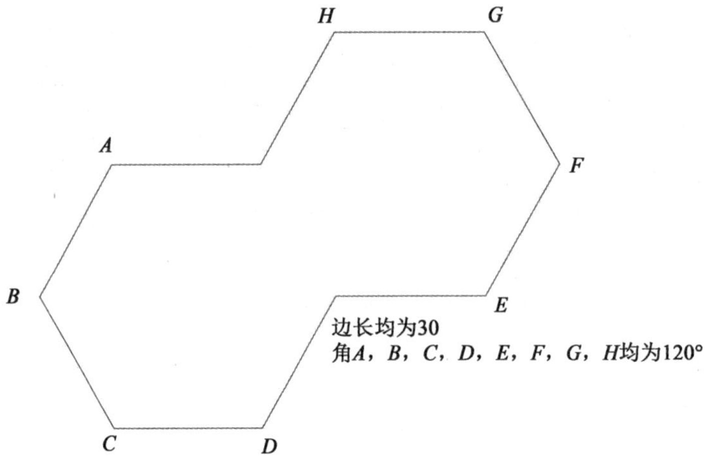


**图 3-39 例题 3-14 图形**

例题 3-14 的操作步骤命令行提示如下：

命令：_polygon 输入侧面数 <4>：6

指定正多边形的中心点或［边(E)］：

输入选项［内接于圆(I)/外切于圆(C)］<I>：I

指定圆的半径：30 //绘制内接于圆的正六边形，半径为 30//

命令：_explode

选择对象：找到 1 个

选择对象： //将正六边形分解//

命令：_erase 找到 1 个 //删除正六边形的一条边//

命令：_mirror

选择对象：指定对角点：找到 5 个

选择对象：指定镜像线的第一点：

指定镜像线的第二点：

要删除源对象吗？［是(Y)/否(N)］<否>：n //对剩余部分执行“镜像”命令//

# 任务五 图线关键点的编辑方式

## 任务情景

AutoCAD 中的图形对象在被选择时，会出现多个关键点。这些关键点被点击而激活为热关键点后，一方面可以当作“缩放”“旋转”“镜像”等命令的基点，另一方面可以被直接编辑用于修改图形参数。

## 任务目标

熟练运用图线关键点的编辑方式对已有图形进行编辑、修改。

## 任务要求

培养学生灵活运用图线关键点的编辑方式的能力。

## 任务思考

在绘图过程中，学生熟练运用图线关键点，可以对画错的图形快速地进行参数修正，避免删除重画的情况；也可以在绘图过程中快速地选择某些编辑命令的基点，以加快绘图过程。

## 任务实施

### 一、关键点编辑方式——右键菜单

关键点编辑方式共包含拉伸、移动、旋转、缩放和镜像 5 种方法。

默认情况下，系统会开启该编辑方式，并在用户选择实体后在其上出现关键点框。在激活关键点编辑状态后，用户可以通过点击鼠标左键方式进入拉伸编辑方式，同时按下“Enter”键，则可以在所有编辑方式之间进行切换；用户也可以通过鼠标右键点击关键点方式弹出快捷菜单（如图 3-40 所示），以选择所需编辑方式。

图 3-40　关键点编辑方式——右键菜单

#### （一）基点（B）和复制（C）

每种编辑方式提供的选项大体相同，其中“基点（B）”和“复制（C）”选项是所有编辑方式共有的。"基点(B)"选项允许用户指定一个点作为编辑过程的基准点。例如，在进入旋转编辑模式并需要指定一个旋转中心点时，就可以使用"基点(B)"选项。默认情况下，选项中的"基点(B)"是选中的关键点。而"复制(C)"选项则允许用户在编辑的同时进行复制操作。

### (二)拉伸(S)

当进入拉伸编辑模式时，如果热关键点是线段的端点，那么对象将被有效地拉伸或缩短。然而，如果热关键点是线段的中点、圆或圆弧的圆心，或者属于块、文字、尺寸数字等实体时，此时的编辑方式只会移动对象，而不会引起对象的拉伸或缩短。

### (三)移动(M)

关键点在移动模式下可以用于编辑单个对象或一组对象。在这种编辑模式下，用户可以使用"复制(C)"选项，在编辑对象的同时进行复制操作。这种编辑模式的使用方式与普通的"MOVE"命令非常相似，但是关键点移动模式能够更精确地控制对象的移动和复制。

### (四)旋转(R)

在使用关键点编辑模式进行旋转操作时，对象会绕着旋转中心旋转。热关键点就是旋转中心，用户也可以指定其他点作为旋转中心。这种编辑方法与"ROTATE"命令相似，但它的优点在于可以一次性将对象旋转并复制到多个方向。在旋转操作中，有时候"旋转(R)"选项非常有用。该选项可以使用户旋转图形实体，并将其与某个新位置对齐。这样可以确保图形实体在旋转后仍然保持正确的位置和方向。

### (五)缩放(L)

关键点编辑方式还提供了缩放对象的功能。当切换到缩放模式时，当前激活的热关键点将成为缩放的基点。用户可以输入比例系数来对实体进行放大或缩小，也可以利用"参照(F)"选项将实体缩放到某一特定尺寸。

### (六)镜像(I)

当进入镜像模式后，系统会直接提示"指定第二点"。默认情况下，热关键点是镜像线的第一个点。在选择第二个点之后，这两点将一起形成镜像线。如果用户需要重新设定镜像线的起点，可以选择"基点(B)"选项。

### (七)放弃(U)

放弃上一操作。

### (八)退出(X)

退出关键点编辑模式。

## 二、关键点编辑方式——直接点击

关键点编辑方式

关键点可以直接被点击以修改对应图形的参数，下面以直线与圆为例进行讲解。

### (一)直线

以一条长度为100的直线为例，将鼠标放于中点处，蓝色的关键点将变为红色，此时单击中点可进行移动操作。将鼠标放于左右2个端点处，将出现如图3-41所示的选项框。

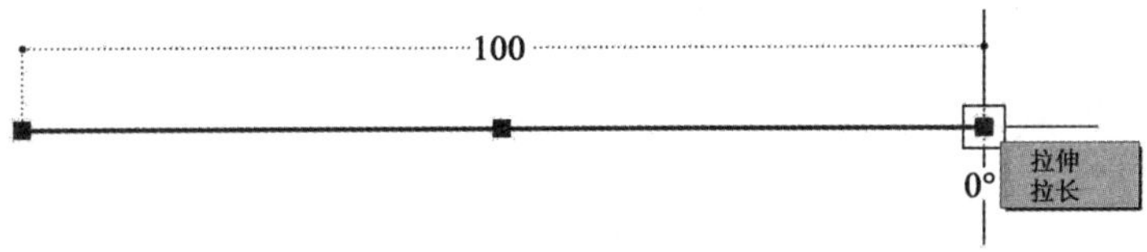


图3-41　直线端点选项

1.拉伸

拉伸即点击后可将端点拉伸至任意位置。

2.拉长

拉长即沿直线本身方向将直线进行拉长或缩短操作，可输入具体数值确定端点位置。

### (二)圆

以一个半径为50的圆为例，将鼠标放于圆心处，蓝色的关键点将变为红色，此时单击圆心可进行移动操作。将鼠标放于上下左右4个象限点处并单击，输入数值可以修改圆的半径，如图3-42所示。

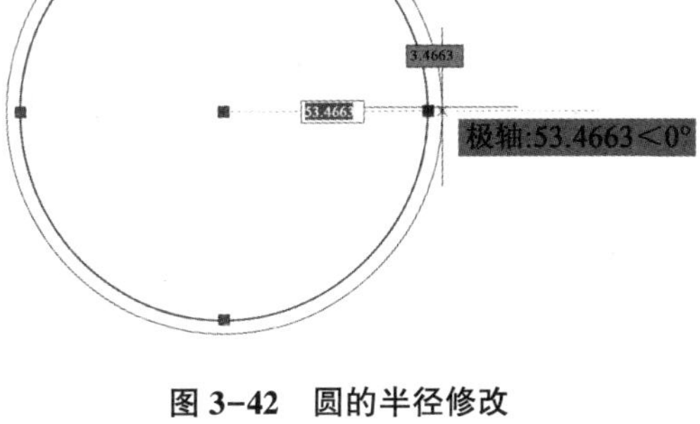


图3-42　圆的半径修改

# 任务六　编辑图线特性

## 任务情景

学生在绘制和编辑图形的过程中，有时需要修改图线的颜色、线型、线宽等特性，这时就需要学习编辑图线特性的操作方法。通过学习如何编辑图线特性，学生可以更加灵活地调整图线的颜色、线型、线宽等特性，以满足不同的绘图要求。

## 任务目标

(1)熟练应用“特性”窗口修改图线的颜色、线型、线宽、图层等特性。

(2)熟练应用“特性匹配”功能。

## 任务要求

培养学生运用“特性”窗口和“特性匹配”功能的能力。

## 任务思考

“特性”窗口中，针对不同图线对象会显示不同的特性，学生可以对“特性”窗口进行观察并自行发现有哪些特性可以进行修改。在绘图过程中，学生会出现将图线对象画错图层、需要将多数图线对象与某个对象进行特性匹配等问题，此时“特性匹配”功能可以很好地解决这些问题。

## 任务实施

### 一、编辑特性

AutoCAD 中的“特性编辑”(properties)功能可以对图线对象的属性(如颜色、线型、线宽、图层等)进行修改，具体的使用方法如下。

首先，选择需要修改属性的图线对象，在 AutoCAD 的菜单栏中选择“修改”→“特性”命令(如图 3-43 所示)，或者在右键菜单中找到“特性”图标并单击(如图 3-44 所示)。

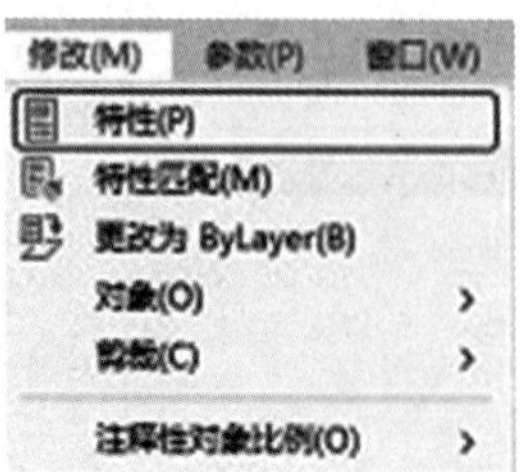


图 3-43　选择“修改”→“特性”命令

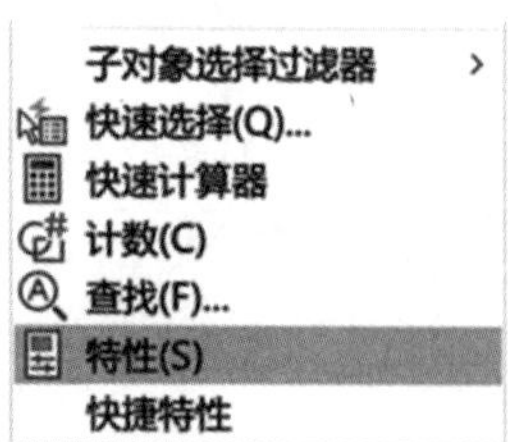


图 3-44　右键菜单→“特性”图标

其次，在弹出的“特性”窗口（如图 3-45 所示）中，可以修改图线对象的颜色、线型、线宽、图层等属性。修改完成后，单击“确定”按钮即可保存修改。

**图 3-45　“特性”窗口**

需要注意的是，“特性编辑”功能可以同时修改多个图线对象的属性。例如，可以选择多个线段对象，然后通过“特性编辑”功能将它们的颜色、线型等属性进行批量修改。

另外，“特性”窗口也可以通过“Ctrl+1”快捷键打开。在打开“特性”窗口后，可以使用“Tab”键来切换不同的属性项，使用“空格”键来切换属性值，使用“Enter”键来确认修改。

## 二、特性匹配

AutoCAD 中的“特性匹配”（match properties）功能可以将一个图线对象的属性应用到另一个图线对象上，以达到属性一致的效果。其具体的使用方法如下。

首先，选择具有需要应用属性的图线对象，可在 AutoCAD 的菜单栏中选择“修改”→“特性匹配”命令（如图 3-46 所示），或者在修改工具栏上找到“特性匹配”图标（如图 3-47所示）并单击，或者使用“Ctrl+Shift+M”快捷键。

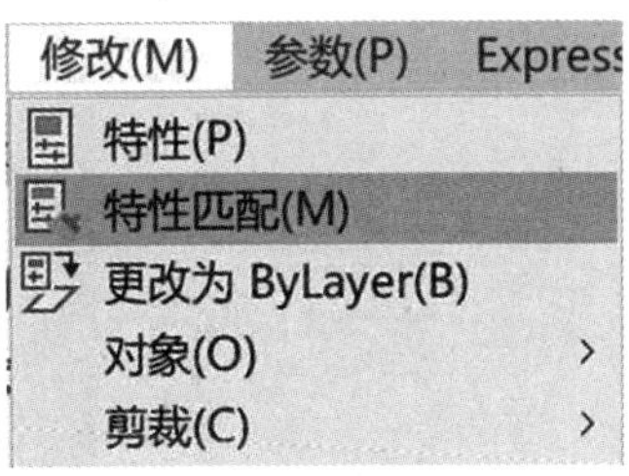


**图 3-46　选择“修改”→“特性匹配”命令**

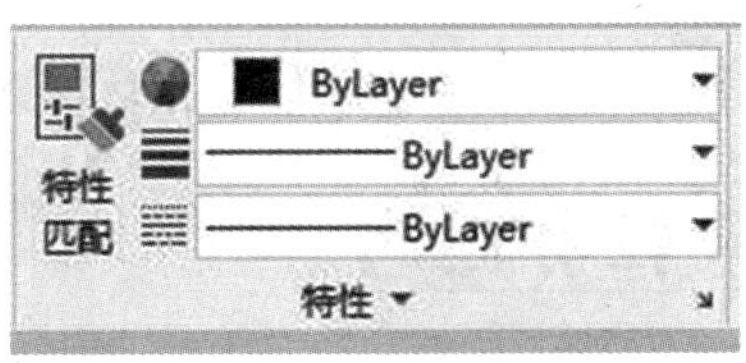


**图 3-47　“特性匹配”图标**

其次，进入特性匹配模式后，点击需要与源对象进行匹配的图形，即可将图线的特性修改为源对象的特性；也可以使用“设置(S)”功能进入“特性设置”对话框，如图 3-48 所示。

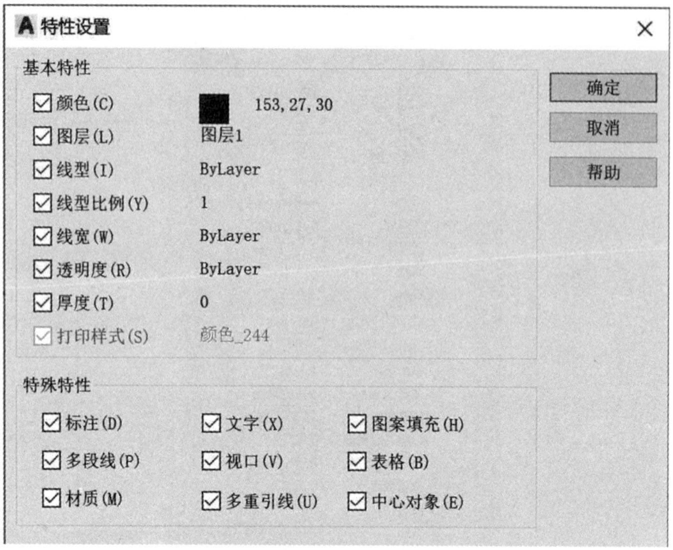


**图 3-48 “特性设置”对话框**

需要注意的是，“特性匹配”功能可以同时应用多个属性，如颜色、线型、线宽、图层等。在应用属性时，用户可以根据自身需要选择应用的属性项。

# 任务七 综合任务进阶案例

## 任务情景

学生通过前面的学习，已经掌握了绘图命令及编辑命令等操作方法。本任务将给出多个综合案例，让学生对之前的知识加以巩固。

## 任务目标

学生根据学情需要，有选择地完成本任务中的案例。

## 任务要求

通过绘制多个案例图样，学生具有选择最简捷、最高效绘图方法的能力。

## 任务思考

绘制同一幅图形时，不同的人可能采用不同的绘图方法和步骤。学生在绘图时，应该具备独立的思维方式和思考能力，这样更有利于提高学习效果。在教学过程中，教师切勿只详细讲解一遍绘图过程后就让学生一味地模仿教师的方法，从而导致全班学生统一制图。这样虽然看起来学生画得很好，但是实际上学生并没有真正掌握绘图技能，反而过分依赖教师。教师应该指导学生使用自己的思维方式制图，遇到难题时，学生应先尝试自己解决，再向教师请教。教师可以根据学生遇到的问题进行详细讲解，这样，当面对新的图纸和难题时，学生也能够从容应对。

AutoCAD 制图是一门技术，只有通过多次实践才能够熟练掌握。

## 任务实施

【例题 3-15】 绘制如图 3-49 所示的图形。

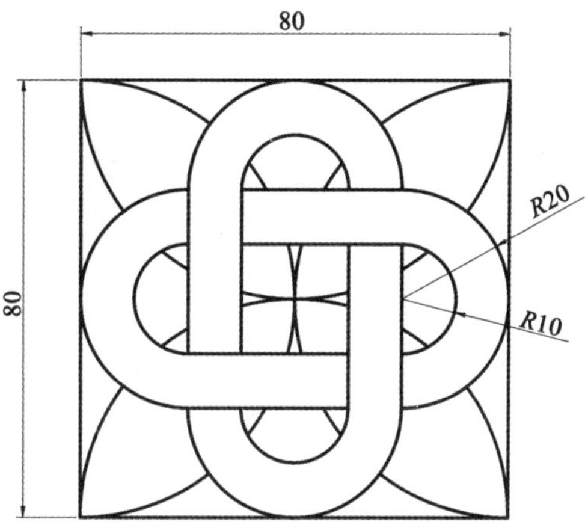


图 3-49　例题 3-15 图形

提示：用"环形阵列"命令。

【例题 3-16】 绘制如图 3-50 所示的图形。

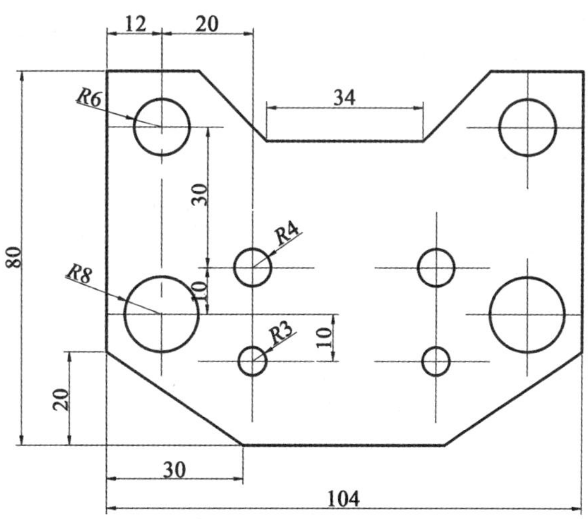


图 3-50　例题 3-16 图形

提示：用"复制""镜像""缩放""关键点"命令编辑。

【例题 3-17】 绘制如图 3-51 所示的图形。

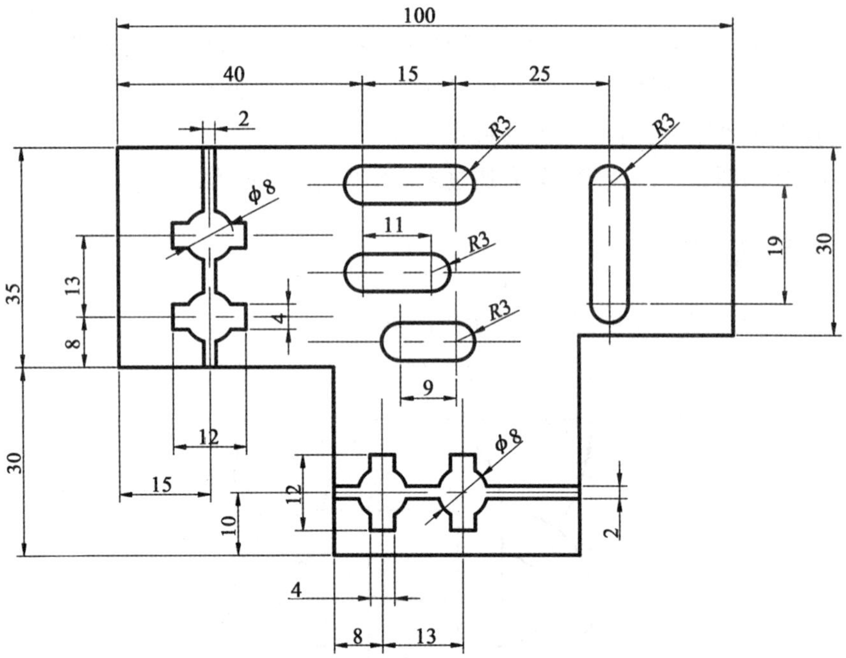


**图 3-51 例题 3-17 图形**

提示：用“复制”“旋转”“拉伸”命令。

【例题 3-18】 绘制如图 3-52 所示的图形。

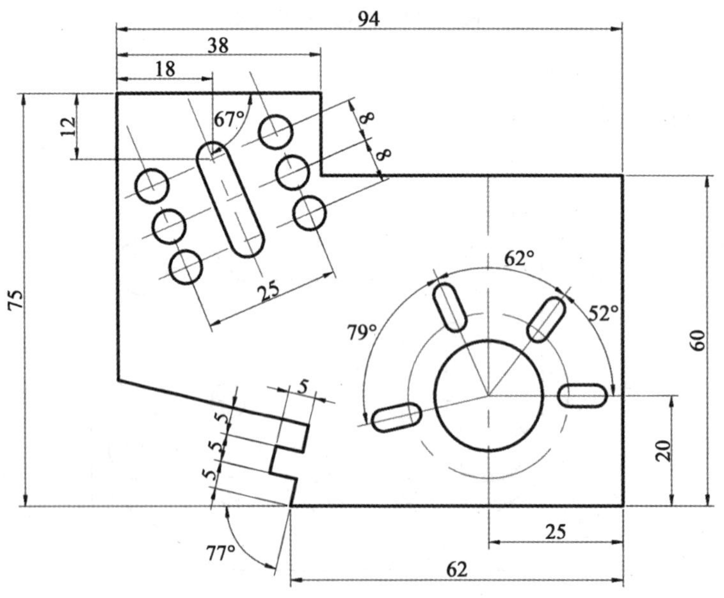


**图 3-52 例题 3-18 图形**

提示：用“矩形阵列”“旋转”命令，旋转时使用“复制”功能。

【例题 3-19】　绘制如图 3-53 所示的图形。

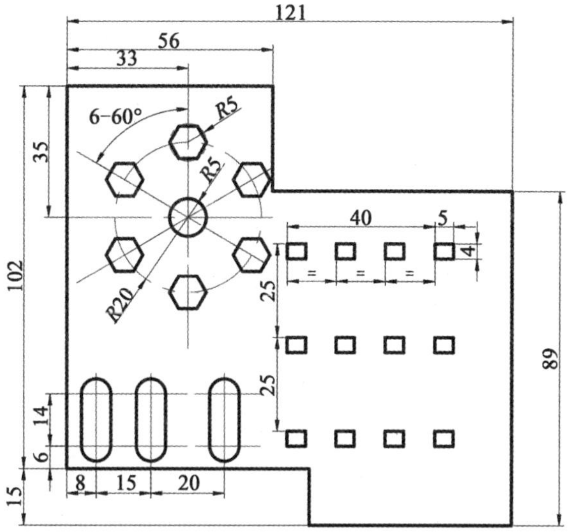


**图 3-53　例题 3-19 图形**

提示：用“环形阵列”“矩形阵列”“复制”命令。

【例题 3-20】　绘制如图 3-54 所示的图形。

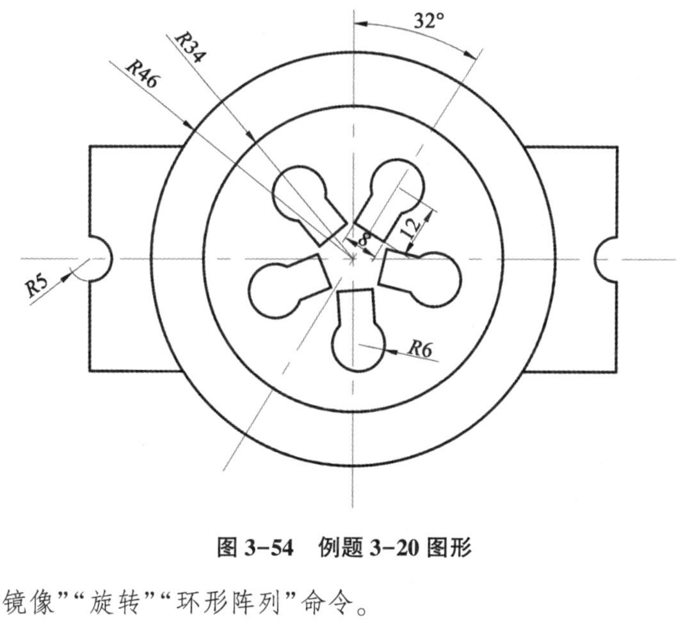


**图 3-54　例题 3-20 图形**

提示：用“镜像”“旋转”“环形阵列”命令。

# 项目四

## 绘制复杂二维图形

前面的项目已经讲解了基本的绘图和编辑命令，运用这些命令学生可以绘制简单的二维图形。本项目将讲述一些复杂的绘图命令，如“多段线”“多线”“面域”等命令，还将介绍绘制复杂二维图形的一些画图技巧，使学生的 AutoCAD 制图水平有所提高。

### 知识目标

(1)多段线的绘制和编辑。

(2)设置多线样式。

(3)多线的绘制和编辑。

(4)样条曲线的绘制。

(5)创建面域，进行布尔运算。

(6)查询距离、半径、角度、面积、周长、坐标。

### 技能目标

(1)熟练利用“多段线”命令绘制直线或圆弧类箭头。

(2)熟练利用“多段线”命令绘制直线或圆弧，以及不规则封闭曲线。

(3)熟练掌握多线样式的设置方法。

(4)熟练掌握创建多线和编辑多线的方法。

(5)能够给封闭的不规则图形创建面域。

(6)熟练完成面域的布尔运算。

(7)熟练运用查询功能，查询不规则图形的面积、周长。

### 素质目标

(1)学生在绘图时，应该有自己独立的思想和思维方式，注重科学思维方法的训练。

(2)学生在绘图时，灵活选用各种绘图方法，具体绘图技巧还需要在绘图过程中进行总结提炼。

(3)学生在绘图时，要做到认真仔细，养成精确绘图的好习惯。多画图才能总结经验，归纳技能技巧。

(4)在学习工作中，学生要有“精益求精，勇于创新”的精神，这样才能练就一身“好手艺”，成为大国工匠。

# 任务一　多段线

## 任务情景

前面项目中已经介绍了大部分绘图命令和修改命令。本任务主要介绍一种复杂的绘图命令——“多段线”命令。多段线是由几段直线和圆弧组成的连续图线，是一个独立的图形对象，前面学的矩形、多边形就具有多段线的属性。

## 任务目标

多段线的绘制和编辑。

## 任务要求

(1)熟练利用“多段线”命令，控制宽度，以及绘制直线或圆弧类箭头。

(2)熟练利用“多段线”命令，绘制直线或圆弧，以及不规则封闭曲线。

## 任务思考

“多段线”命令的使用是学习中的难点。“多段线”命令既可以绘制直线，也可以绘制圆弧，且直线和圆弧可以灵活切换。绘制圆弧的方法较多，不易掌握。绘制圆弧时，应根据已知条件，合理输入选项参数，然后进行绘制。具体绘图技巧还需要在绘图过程中进行总结提炼。

## 任务实施

### 一、多段线的绘制

#### (一)“多段线”命令的启动方法

“多段线”命令的启动方法有以下 4 种。

(1)菜单栏：选择“绘图”菜单→“多段线”命令。

(2)功能区：单击“默认”→“绘图”→“多段线”()按钮。

(3)工具栏：单击“”按钮。

(4)命令行：输入“PLINE”或“PL”。

## (二)命令解析

“多段线”命令的命令行提示如下：

命令：_pline

指定起点：

指定下一个点或［圆弧(A)/半宽(H)/长度(L)/放弃(U)/宽度(W)］：

指定下一点或［圆弧(A)/闭合(C)/半宽(H)/长度(L)/放弃(U)/宽度(W)］：a

［角度(A)/圆心(CE)/闭合(CL)/方向(D)/半宽(H)/直线(L)/半径(R)/第二个点(S)/放弃(U)/宽度(W)］：

该命令的选项参数说明如下。

(1)圆弧(A)：多段线由绘制直线转换成绘制圆弧，可以设置圆弧的一系列参数，具体如下。

①角度(A)：设定圆弧的角度，逆时针方向为正，顺时针方向为负。

②圆心(CE)：设定圆弧的圆心。

③闭合(CL)：多段线首尾相连，构成封闭图形。

④方向(D)：设定圆弧的切向。

⑤直线(L)：由绘制圆弧转换为绘制直线。

⑥半径(R)：设定圆弧半径。

⑦第二个点(S)：设定圆弧的第二点。

(2)半宽(H)/ 宽度(W)：设定多段线的线宽，半宽/整宽。

(3)长度(L)：设定直线的长度，方向是前一段直线的方向或前一段圆弧的切向。

(4)放弃(U)：放弃最后绘制的一段多段线。

【例题 4-1】　利用“多段线”命令绘制如图 4-1 所示的图形。

绘制多段线

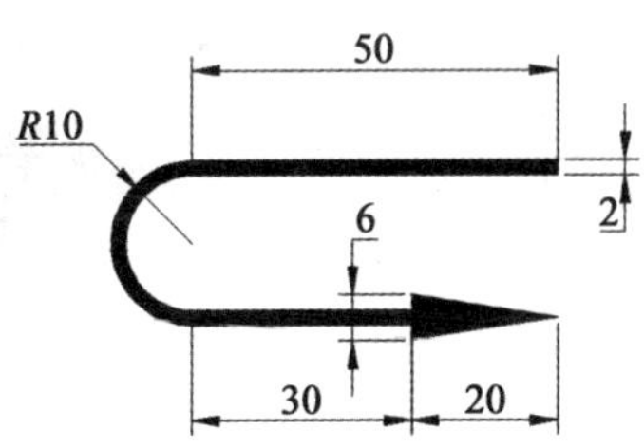


**图 4-1　例题 4-1 图形**

提示：控制线宽绘制箭头。

例题 4-1 的操作步骤命令行提示如下：

命令：_pline　//调用“多段线”命令//

指定起点：

当前线宽为 1.0000

指定下一个点或［圆弧(A)/半宽(H)/长度(L)/放弃(U)/宽度(W)］：w　//设定线宽//

指定起点宽度<1.0000>：2　//起点线宽为 2//

指定端点宽度<2.0000>： //端点线宽默认与起点线宽等宽//

指定下一个点或［圆弧(A)/半宽(H)/长度(L)/放弃(U)/宽度(W)］：50 //直线长度为50//

指定下一点或［圆弧(A)/闭合(C)/半宽(H)/长度(L)/放弃(U)/宽度(W)］：a

//转换为绘制圆弧//

指定圆弧的端点(按住 Ctrl 键以切换方向)或

［角度(A)/圆心(CE)/闭合(CL)/方向(D)/半宽(H)/直线(L)/半径(R)/第二个点(S)/放弃(U)/宽度(W)］：a //设定圆弧角度//

指定夹角：180 //输入圆弧角度//

指定圆弧的端点(按住 Ctrl 键以切换方向)或［圆心(CE)/半径(R)］：20

//向下追踪，距离为20//

指定圆弧的端点(按住 Ctrl 键以切换方向)或

［角度(A)/圆心(CE)/闭合(CL)/方向(D)/半宽(H)/直线(L)/半径(R)/第二个点(S)/放弃(U)/宽度(W)］：l //转换为绘制直线//

指定下一点或［圆弧(A)/闭合(C)/半宽(H)/长度(L)/放弃(U)/宽度(W)］：30

//直线长度为30//

指定下一点或［圆弧(A)/闭合(C)/半宽(H)/长度(L)/放弃(U)/宽度(W)］：w

//设定宽度绘制箭头//

指定起点宽度<2.0000>：6 //起点线宽为6//

指定端点宽度<6.0000>：0 //端点线宽为0//

指定下一点或［圆弧(A)/闭合(C)/半宽(H)/长度(L)/放弃(U)/宽度(W)］：20

//箭头长度为20//

指定下一点或［圆弧(A)/闭合(C)/半宽(H)/长度(L)/放弃(U)/宽度(W)］：

//按"Enter"键结束//

【例题4-2】 利用"多段线"命令绘制如图4-2所示的图形。

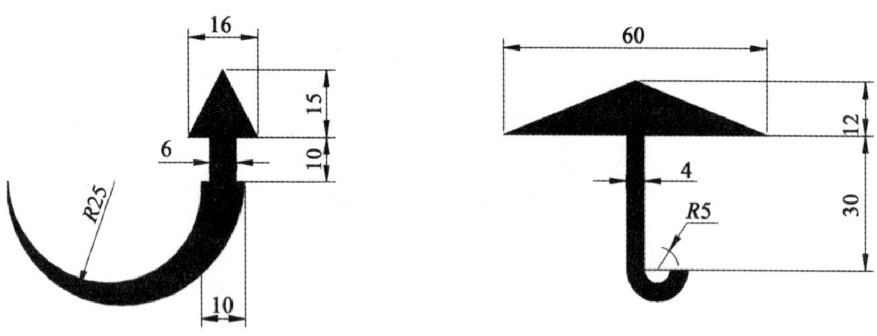


(a) (b)

图4-2 例题4-2图形

【例题4-3】 合理利用"多段线"命令，绘制如图4-3所示的圆弧。

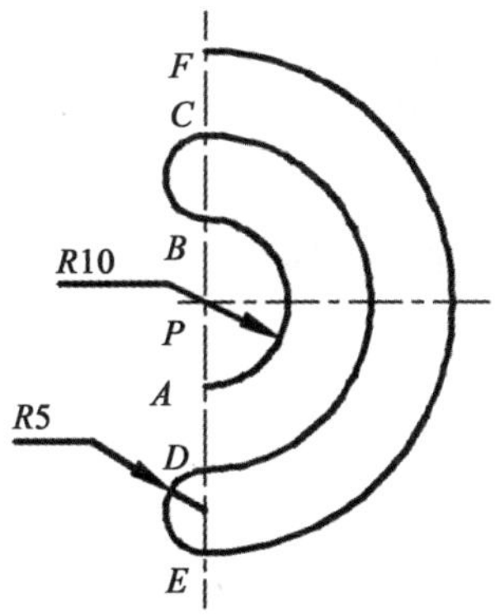


**图 4-3　例题 4-3 图形**

提示：①利用"多段线"命令，利用"起点，圆心，角度"的方式绘制圆弧 *AB*；②打开正交模式，控制好圆弧绘制方向，输入直径，即可完成其余圆弧的绘制。

例题 4-3 的操作步骤命令行提示如下：

命令：_pline　　//启动"多段线"命令//

指定起点：　　//指定多段线起点 *A*//

当前线宽为 0.0000

指定下一个点或［圆弧(A)/半宽(H)/长度(L)/放弃(U)/宽度(W)］：a

//绘制圆弧(A)，输入"a"//

指定圆弧的端点(按住 Ctrl 键以切换方向)或

［角度(A)/圆心(CE)/方向(D)/半宽(H)/直线(L)/半径(R)/第二个点(S)/放弃(U)/宽度(W)］：ce　　//利用圆心(CE)，输入"ce"//

指定圆弧的圆心：<正交 开> 10　　//打开正交模式，方向向上，输入半径 10，指定圆心 *P*//

指定圆弧的端点(按住 Ctrl 键以切换方向)或［角度(A)/长度(L)］：a

//利用角度(A)，输入"a"//

指定夹角(按住 Ctrl 键以切换方向)：180　　//角度是 180°，绘制圆弧 *AB*//

指定圆弧的端点(按住 Ctrl 键以切换方向)或

［角度(A)/圆心(CE)/闭合(CL)/方向(D)/半宽(H)/直线(L)/半径(R)/第二个点(S)/放弃(U)/宽度(W)］：10　　//方向向上，输入直径 10，绘制圆弧 *BC*//

指定圆弧的端点(按住 Ctrl 键以切换方向)或

［角度(A)/圆心(CE)/闭合(CL)/方向(D)/半宽(H)/直线(L)/半径(R)/第二个点(S)/放弃(U)/宽度(W)］：40　　//方向向下，输入直径 40，绘制圆弧 *CD*//

指定圆弧的端点(按住 Ctrl 键以切换方向)或

［角度(A)/圆心(CE)/闭合(CL)/方向(D)/半宽(H)/直线(L)/半径(R)/第二个点(S)/放弃(U)/宽度(W)］：10　　//方向向下，输入直径 10，绘制圆弧 *DE*//

指定圆弧的端点(按住 Ctrl 键以切换方向)或

［角度(A)/圆心(CE)/闭合(CL)/方向(D)/半宽(H)/直线(L)/半径(R)/第二个点(S)/放弃(U)/宽度(W)］：60　　//方向向上，输入直径 60，绘制圆弧 *EF*//

指定圆弧的端点(按住 Ctrl 键以切换方向)或

［角度(A)/圆心(CE)/闭合(CL)/方向(D)/半宽(H)/直线(L)/半径(R)/第二个点(S)/放弃

(U)/宽度(W)]：<正交 关> *取消*　　　　//按“Esc”键退出//

## 二、“多段线编辑”命令

### (一)“多段线编辑”命令的启动方法

“多线段编辑”命令的启动方法有以下 3 种。

(1)菜单栏：选择“修改”菜单→“对象”→“多段线编辑”命令。

(2)功能区：单击“默认”→“修改”→“多段线编辑”按钮(多段线(P))。

(3)命令行：输入“PEDIT”。

### (二)命令解析

“多段线编辑”命令的命令行提示如下：

命令：_pedit

选择多段线或[多条(M)]：

输入选项[打开(O)/合并(J)/宽度(W)/编辑顶点(E)/拟合(F)/样条曲线(S)/非曲线化(D)/线型生成(L)/反转(R)/放弃(U)]：

该命令部分选项参数说明如下。

(1)宽度(W)：可修改多段线的宽度。

(2)合并(J)：将首尾相连的直线或圆弧合并成多段线。

执行“多段线编辑”命令，提示选择多段线，但如果选定对象是直线、圆弧，将显示以下提示：

选定的对象不是多段线

是否将其转换为多段线？<Y>

系统默认输入“y”，也可先输入“y”或“n”，再按“Enter”键。若要完成合并，先输入“y”，按“Enter”键，则所选对象转化成一段多段线；再输入“j”(合并)，按“Enter”键，选择连续的直线或圆弧后，按“Enter”键即可完成合并。

【例题 4-4】 利用“多段线编辑”命令，将图 4-4 所示的直线、圆弧合并成多段线。

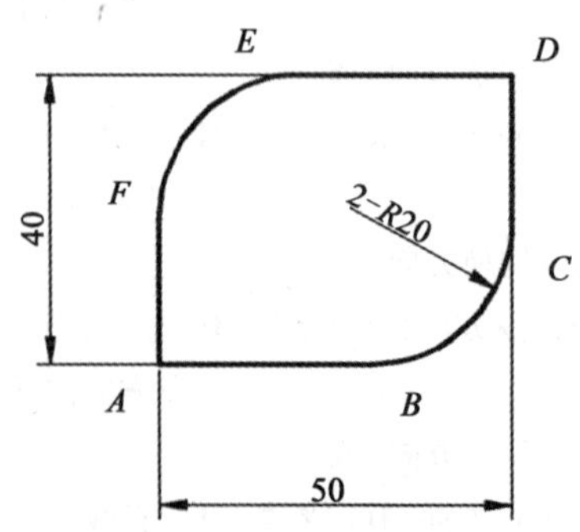


图 4-4　例题 4-4 图形

例题 4-4 的操作步骤命令行提示如下：

命令：_pedit　　　　//调用“多段线编辑”命令//

选择多段线或［多条(M)］：　　//选择直线 *AB*//

选定的对象不是多段线

是否将其转换为多段线？<Y>y　　//输入“y”将直线转化成多段线//

输入选项［闭合(C)/合并(J)/宽度(W)/编辑顶点(E)/拟合(F)/样条曲线(S)/非曲线化(D)/线型生成(L)/反转(R)/放弃(U)］：j　　//合并(J)//

选择对象：找到 1 个

选择对象：找到 1 个，总计 2 个

选择对象：找到 1 个，总计 3 个

选择对象：找到 1 个，总计 4 个

选择对象：找到 1 个，总计 5 个

选择对象：找到 1 个，总计 6 个

选择对象：　　//选择了 6 个对象，按“Enter”键完成合并//

多段线已增加 5 条线段

输入选项［打开(O)/合并(J)/宽度(W)/编辑顶点(E)/拟合(F)/样条曲线(S)/非曲线化(D)/线型生成(L)/反转(R)/放弃(U)］：*取消*　　//按“Esc”键退出//

## 三、巩固提高案例

【例题 4-5】　利用“多段线”命令绘制如图 4-9 所示的图形。

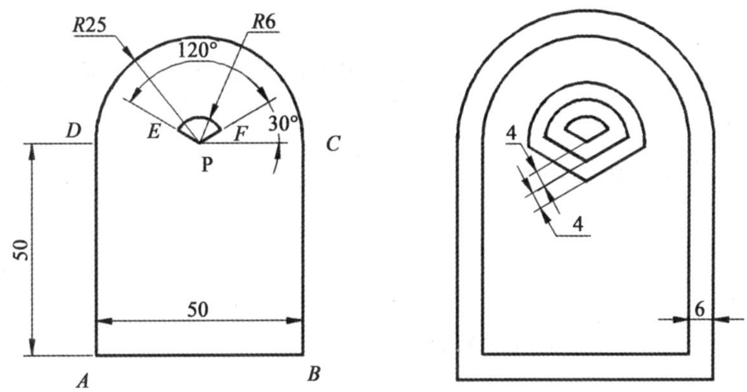


(a)　　(b)

**图 4-5　例题 4-5 图形**

提示：①先绘制图 4-5(a)中的多段线 *ABCD*，再绘制多段线 *PEF*；②利用“偏移”命令绘制图 4-5(b)。

# 任务二　多线

## 任务情景

本任务主要介绍复杂的绘图命令——“多线”命令。该命令可用于绘制建筑墙体、公路线路、管道线路等。

## 任务目标

(1)设置多线样式。

(2)多线的绘制和编辑。

## 任务要求

(1)熟练掌握多线样式的设置方法。

(2)熟练掌握创建多线和编辑多线的方法。

## 任务思考

绘制建筑墙体时，可以设置多线样式，多线是最方便、快捷的绘制方法，还可以对墙体进行编辑。

## 任务实施

### 一、多线的绘制

利用“多线”命令可以绘制由多条平行线组成的对象。“多线”命令一般用于绘制建筑墙体、公路线路、管道线路等图形。

#### (一)“多线”命令的启动方法

“多线”命令的启动方法有以下 2 种。

(1)菜单栏：选择“绘图”菜单→“多线”命令( 多线(U) )。

(2)命令行：输入“MLINE”或“ML”。

#### (二)命令解析

“多线”命令的命令行提示如下：

命令：_mline

当前设置：对正=无，比例=2.00，样式=3

指定起点或[对正(J)/比例(S)/样式(ST)]：

指定下一点：

指定下一点或[放弃(U)]：

指定下一点或[闭合(C)/放弃(U)]：

该命令的选项参数说明如下。

(1)对正(J)：设定多线的基准对正类型，对正类型有上(T)、无(Z)、下(B)。

①上(T)：光标对正点在多线的上方端点处。

②无(Z)：光标对正点在多线的中心线端点处，其偏移量为0，多线中各线条的偏移量在多线样式中设置。

③下(B)：光标对正点在多线的下方端点处。

(2)比例(S)：指定多线宽度相对于原始定义宽度的比例因子。

(3)样式(ST)：可以选择多线样式。

【例题 4-6】　利用“多线”命令绘制如图 4-6 所示的图形。

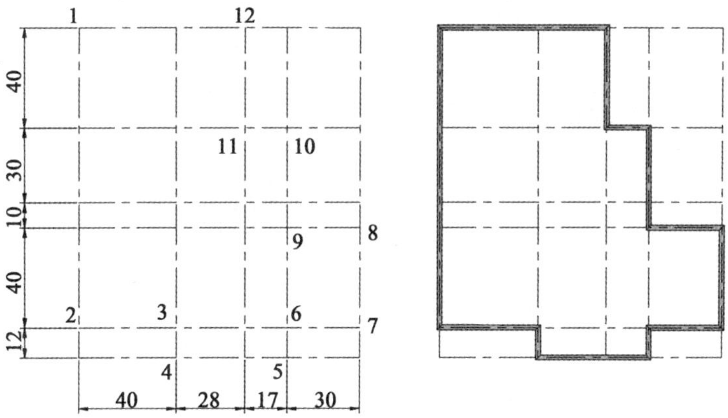


(a)　　　　(b)

**图 4-6　例题 4-6 图形**

提示：利用“多线”命令，通过“对象捕捉”依次绘制多线，绘制完 12 个点后，输入“c”闭合。

## 二、多线的样式

多线的外观显示样式可以在多线样式中设定，可以设定多线中线条数量、每条线的特性、每条线间的偏移量、端点封口设置及填充颜色等。

### (一)“多线样式”命令的启动方法

“多线样式”命令的启动方法有以下 2 种。

(1)菜单栏：选择“绘图”菜单→“多线样式”命令(

)。

(2)命令行：输入“MLSTYLE”。

### (二)设置多线样式的操作步骤

1.启动命令

启动“多线样式”命令，系统弹出“多线样式”对话框，如图 4-7 所示。

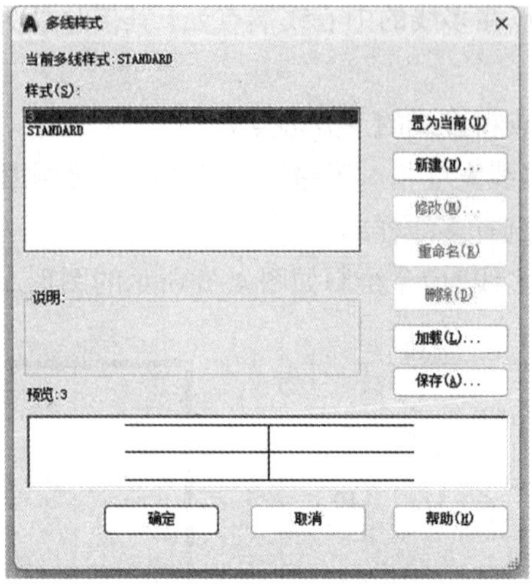

图 4-7 “多线样式”对话框

“多线样式”对话框中各选项含义如下。

(1)当前多线样式：显示当前样式名称，系统默认样式为“STANDARD”。

(2)样式(S)：多线样式列表。

(3)预览：显示当前样式的名称和图案。

(4)置为当前：在样式列表中选择一种样式置为当前，用于后续创建多线。

(5)修改：可以修改选定的多线样式。注意：正在使用的多线样式不能修改。

(6)重命名：可以修改多线样式的名称。注意：正在使用的多线样式不能进行重命名。

(7)删除：可以删除多线样式。注意：不能删除正在使用的样式或当前样式。

2.新建多线样式

新建多线样式，弹出“创建新的多线样式”对话框，如图 4-8 所示。

在“创建新的多线样式”对话框中，可以设置新样式名称和基础样式，一般基础样式是“STANDARD”。单击“继续”按钮，弹出“新建多线样式”对话框，如图 4-9 所示。

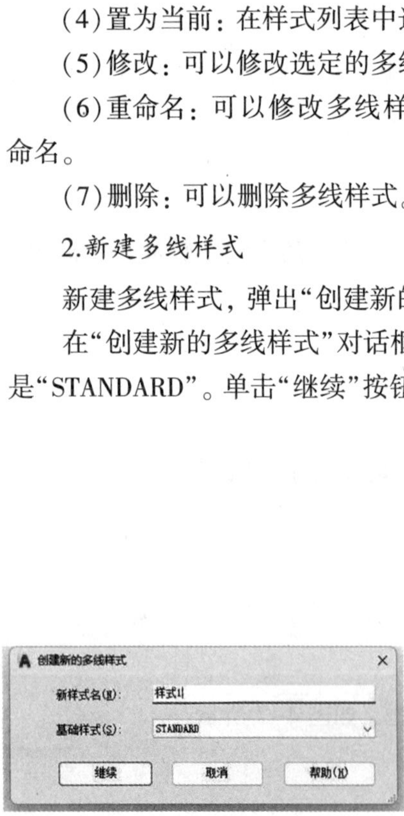

图 4-8 “创建新的多线样式”对话框

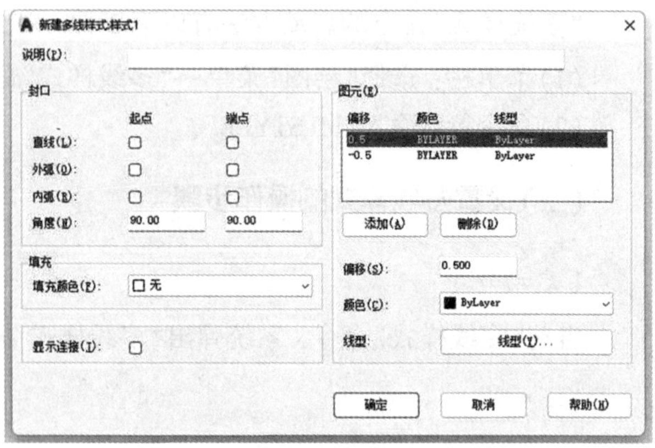

图 4-9 “新建多线样式”对话框

“新建多线样式”对话框中各选项名称含义如下。

(1)封口：多线的起点和终点用不同的形状来控制封口，可分别选定相应复选框进行设置，封口方式有“直线”“外弧”“内弧”，“角度”用于设定封口角度。

设置完后，可在预览处查看图案是否满足要求。

(2)图元：可添加或删除线条，在列表中选择线条后，可修改线条的偏移量、颜色和线型。

(3)填充：可设置多线的填充颜色。

(4)显示连接：选择该复选框，在多线的拐角处显示连接线。

## 三、多线的编辑

绘制完多线后，有时需要对多线进行编辑。比如，两条相交的多线需要改变其相交形式(如十字相交变 T 形相交)时，可以在多线上进行“添加顶点”或“删除顶点”操作，也可以对多线线条进行切断或接合。

### (一)“多线编辑”命令的启动方法

“多线编辑”命令的启动方法有以下 2 种。

(1)菜单栏：选择“修改”菜单→“对象”→“多线编辑”命令( 

)。

(2)命令行：输入“MLEDIT”。

### (二)编辑多线的操作步骤

启动“多线编辑”命令，系统弹出“多线编辑工具”对话框，如图 4-10 所示。该对话框中的简易图形，形象地说明了各类编辑功能。用户可以选择相应的编辑工具进行编辑。

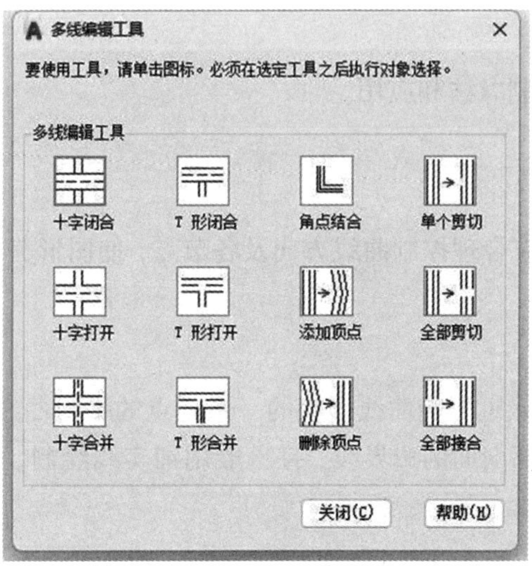


图 4-10　“多线编辑工具”对话框

【例题 4-7】 利用“多线编辑”命令将图 4-11(a)修改成图 4-11(b)。

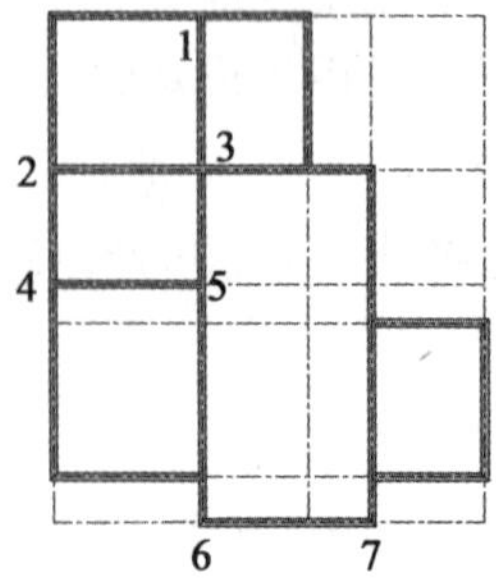


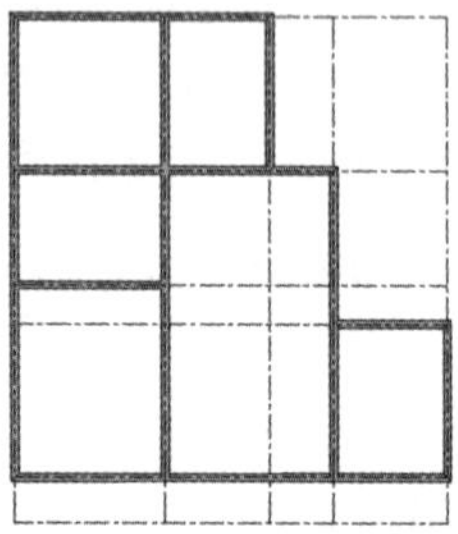


图 4-11 例题 4-7 图形

提示：①利用“T 形闭合”多线编辑工具，编辑 1，2，4，5 点；②利用“十字闭合”多线编辑工具，编辑 3 点；③利用“删除顶点”多线编辑工具，删除 6，7 点。

# 任务三 样条曲线

## 任务情景

样条曲线的绘制方法简单，虽然应用情况不多，但是不可或缺的绘图方法。

## 任务目标

样条曲线的绘制。

## 任务要求

了解样条曲线的绘制方法和应用。

## 任务思考

绘制样条曲线时，应合理控制曲线方向及各节点，使图形美观。

## 任务实施

样条曲线是经过或接近影响曲线形状的一系列点的平滑曲线，俗称波浪线。在机械图样中，可用于绘制局部剖面的边界线，且一般用细实线绘制。样条曲线有拟合点和控制点 2 种绘制方法。

### 一、“样条曲线”命令的启动方法

“样条曲线”命令的启动方法有以下 4 种。

(1)菜单栏：选择“绘图”菜单→“样条曲线”命令( )

(2)功能区：单击“默认”→“绘图”→“样条曲线”按钮( )

(3)工具栏：单击“ ”按钮。

(4)命令行：输入“SPLINE”。

## 二、命令解析

“样条曲线”命令的命令行提示如下：

命令：_spline

当前设置：方式=控制点　　阶数=3

指定第一个点或［方式(M)/阶数(D)/对象(O)］：_m

输入样条曲线创建方式［拟合(F)/控制点(CV)］<控制点>：_fit

当前设置：方式=拟合　节点=弦

指定第一个点或［方式(M)/节点(K)/对象(O)］：

输入下一个点或［起点切向(T)/公差(L)］：

输入下一个点或［端点相切(T)/公差(L)/放弃(U)］：

输入下一个点或［端点相切(T)/公差(L)/放弃(U)/闭合(C)］：

该命令的部分选项说明如下。

(1)方式(M)：选择绘制方式，有拟合点(F)和控制点(CV)2 种。

(2)起点切向(T)：设定起点处的切线方向。

(3)端点相切(T)：设定终点处的切线方向。

(4)公差(L)：设定拟合时的公差大小。

(5)闭合(C)：样条曲线首尾相连，并在连接处相切，以构成封闭样条曲线。

“样条曲线”命令的应用如图 4-12 所示。

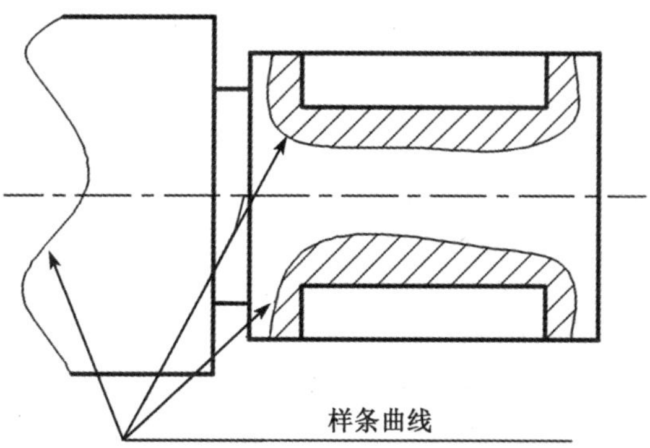


**图 4-12　样条曲线的应用**

# 任务四　面域

## 任务情景

在封闭的二维图形中，可以创建面域。面域是一个平面的实体，可为后续三维建模打基础。

## 任务目标

(1)创建面域。

(2)面域的布尔运算。

## 任务要求

(1)在封闭的不规则图形中创建面域。

(2)熟练完成面域的布尔运算。

## 任务思考

创建面域，为三维建模打基础。学生绘图时，要做到认真仔细，养成精确绘图的好习惯。在创建面域时，重叠及多余的图线都可能使面域创建失败。

## 任务实施

由直线、多段线、圆、圆弧及样条曲线等围成的二维封闭图形，可以创建面域。面域是一个实体，具有面积、周长、形心等几何特性。面域可以进行“并”“交”“差”等布尔运算，以生成新的图形。

### 一、创建面域

#### (一)“面域”命令的启动方法

“面域”命令的启动方法有以下 4 种。

(1)菜单栏：选择“绘图”菜单→“面域”命令（面域(N)）。

(2)功能区：单击“默认”→“绘图”→“面域”按钮（面域(N)）。

(3)工具栏：单击“”按钮。

(4)命令行：输入“REGION”或“REG”。

#### (二)命令解析

“面域”命令的命令行提示如下：

命令：_region

选择对象：(选择完对象，按 Enter 键)

【例题 4-8】　将图 4-13 所示的图形创建面域。

面域

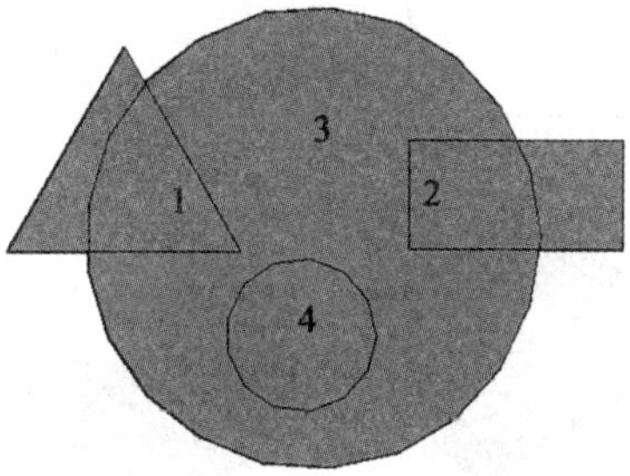


**图 4-13　例题 4-8 图形**

提示：创建面域时，如果创建的面域不显示效果，那么可在“视图”菜单中，选择“视觉样式”→“概念”。

## 二、面域的运算

布尔运算是数学中逻辑运算的一种。布尔运算包括并集、差集、交集，具体操作方法如下。

(1)并集运算是将所有参与运算的面域合并为新的面域。

(2)差集运算是从一个面域中减去一个或多个面域，形成一个新的面域。

(3)交集运算是求出相交面域的公共部分。

### (一)“布尔运算”命令的启动方法

“布尔运算”命令的启动方法有以下 2 种。

(1)菜单栏：选择“修改”菜单→“实体编辑”→“并集”或“差集”或“交集”命令。

(2)工具栏：单击“ ”“ ”“ ”按钮之一。

### (二)命令解析

“布尔运算”命令的命令行提示如下：

命令：_union

选择对象：

命令：_subtract　选择要从中减去的实体、曲面和面域...

选择对象：

选择要减去的实体、曲面和面域...

选择对象：

命令：_intersect

选择对象：

【例题 4-9】　将原图创建面域，并进行并集、差集、交集运算，如图 4-14 所示。

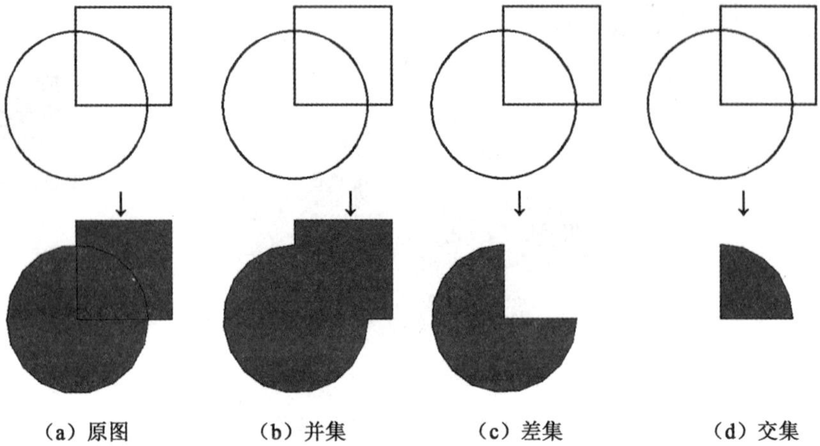


**图 4-14 例题 4-9 图形**

例题 4-9 的操作步骤命令行提示如下：

命令：_region //调用“面域”命令//
窗交(C) 套索 按空格键可循环浏览选项找到 8 个 //利用窗交(C)选择 8 个对象//
选择对象：
已提取 8 个环。
已创建 8 个面域。 //将图 4-14 中的 8 个图形，创建 8 个面域//
命令：_union //调用“并集”命令//
选择对象：找到 1 个
选择对象：找到 1 个，总计 2 个 //选择 2 个对象，创建并集//
选择对象：
命令：_subtract 选择要从中减去的实体、曲面和面域… //调用“差集”命令//
选择对象：找到 1 个 //选择要从中减去的面域，按“Enter”键确定//
选择对象：
选择要减去的实体、曲面和面域…
选择对象：找到 1 个 //选择要减去的面域，按“Enter”键确定//
选择对象：
命令：_intersect //调用“交集”命令//
选择对象：找到 1 个
选择对象：找到 1 个，总计 2 个 //选择 2 个对象，创建交集//
选择对象：

# 任务五 查询类命令

## 任务情景

AutoCAD 拥有非常方便的查询功能，可查询距离、半径、角度、面积、周长、坐标等，且可以查验、校对图形。

## 任务目标

(1)查询距离、半径、角度、面积、周长。

(2)查询坐标。

## 任务要求

能熟练运用“查询”功能，对图形的面积、周长进行查询。

## 任务思考

AutoCAD 制图时，经常用标注查询，可以查询距离、半径、角度等信息。“查询”功能还可以查询不规则图形的面积、周长、坐标等信息。

## 任务实施

### 一、查询距离、半径、角度、面积、周长

#### (一)“查询”命令的启动方法

“查询”命令的启动方法有以下 4 种。

(1)菜单栏：选择“工具”菜单→“查询”→“”命令。

(2)功能区：单击“默认”→“实用工具”→“查询”命令。

(3)工具栏：单击“”按钮。

(4)命令行：输入“MEASUREGEOM”或“MEA”。

“查询”菜单如图 4-15 所示。

图 4-15　“查询”菜单

#### (二)命令解析

“查询”命令的命令行提示如下：

命令：_measuregeom

输入一个选项[距离(D)/半径(R)/角度(A)/面积(AR)/体积(V)/快速(Q)/模式(M)/退出(X)] <距离>:

【例题 4-10】　查询图 4-16 中直线 *AC* 的距离、圆的半径、直线 *AB* 和 *AC* 的夹角、三角形 *AEF* 的面积和周长、圆的面积和周长。

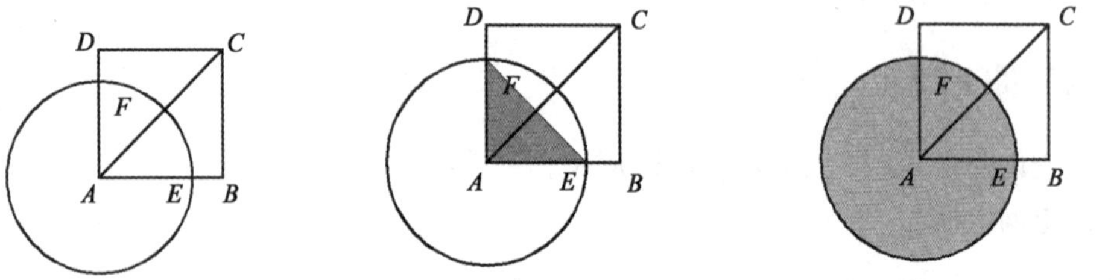


（a）查询距离　　（b）查询三角形*AEF*的面积和周长　　（c）查询圆的面积和周长

**图 4-16　例题 4-10 图形**

例题 4-10 的操作步骤命令行提示如下：

命令：_measuregeom　　//调用“查询”命令//

输入一个选项[距离(D)/半径(R)/角度(A)/面积(AR)/体积(V)/快速(Q)/模式(M)/退出(X)] <距离>：_distance

指定第一点：

指定第二个点或［多个点(M)］：　　//查询直线 *AC* 的距离//

距离=56.5685，XY 平面中的倾角=45，*XY* 平面的夹角=0

X 增量=40.0000，Y 增量=40.0000，Z 增量=0.0000

输入一个选项[距离(D)/半径(R)/角度(A)/面积(AR)/体积(V)/快速(Q)/模式(M)/退出(X)] <距离>：r　　//查询圆的半径//

选择圆弧或圆：

半径=30.0000

直径=60.0000

输入一个选项[距离(D)/半径(R)/角度(A)/面积(AR)/体积(V)/快速(Q)/模式(M)/退出(X)] <半径>：a　　//查询 *AB* 与 *AC* 夹角//

选择圆弧、圆、直线或<指定顶点>：

选择第二条直线：

角度=45°

输入一个选项[距离(D)/半径(R)/角度(A)/面积(AR)/体积(V)/快速(Q)/模式(M)/退出(X)] <角度>：ar　　//查询三角形 *AEF* 的面积//

指定第一个角点或［对象(O)/增加面积(A)/减少面积(S)/退出(X)］<对象(O)>：

指定下一个点或［圆弧(A)/长度(L)/放弃(U)］：

指定下一个点或［圆弧(A)/长度(L)/放弃(U)］：

指定下一个点或［圆弧(A)/长度(L)/放弃(U)/总计(T)］<总计>：

区域=450.0000，周长=102.4264

输入一个选项[距离(D)/半径(R)/角度(A)/面积(AR)/体积(V)/快速(Q)/模式(M)/退出(X)] <距离>：ar

指定第一个角点或［对象(O)/增加面积(A)/减少面积(S)/退出(X)］<对象(O)>：o

选择对象：　　//查询圆的面积//

区域=2827.4334，圆周长=188.4956

## 二、查询坐标

创建 UCS 坐标系，在指定的 UCS 坐标系中查询点坐标。

### (一)“点坐标”命令的启动方法

“点坐标”命令的启动方法有以下 4 种。

(1)菜单栏：选择“工具”菜单→“查询”→“点坐标”命令。

(2)功能区：单击“默认”→“实用工具”→“点坐标”按钮。

(3)工具栏：单击“ ”按钮。

(4)命令行：输入“ID”。

### (二)命令解析

“点坐标”命令的命令行提示如下：

命令：'_id 指定点：

【例题 4-11】　查询图 4-17 中 $B$，$C$，$D$ 点的坐标。

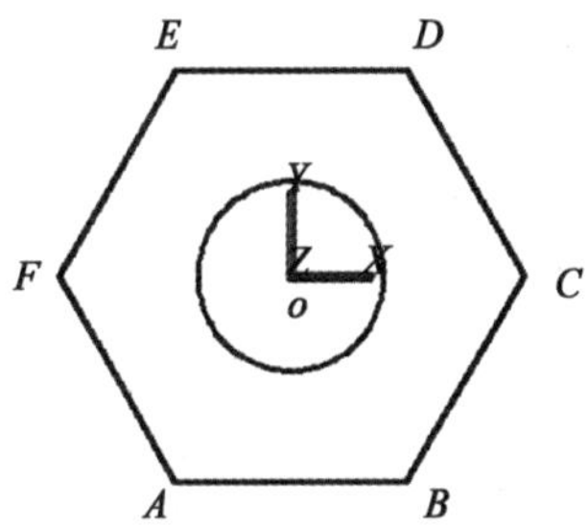


**图 4-17　例题 4-11 图形**

例题 4-11 的操作步骤命令行提示如下：

命令：_ucs　//调用“UCS”命令//

当前 UCS 名称：＊没有名称＊

指定 UCS 的原点或 [面(F)/命名(NA)/对象(OB)/上一个(P)/视图(V)/世界(W)/X/Y/Z/Z 轴(ZA)] <世界>：　//设置圆心为原点//

指定 X 轴上的点或 <接受>：　//设置在圆右侧象限点上//

指定 XY 平面上的点或 <接受>：

命令：'_id 指定点：X＝25.0000　Y＝-43.3013　Z＝0.0000　//$B$ 点坐标//

命令：'_id 指定点：X＝50.0000　Y＝0.0000　Z＝0.0000　//$C$ 点坐标//

命令：'_id 指定点：X＝25.0000　Y＝43.3013　Z＝0.0000　//$D$ 点坐标//

# 项目五

# 文字与表格

在 AutoCAD 制图过程中，常利用文字与表格对图纸信息进行注释。合理的文字和表格说明，不仅能让图样很好地表达设计者的思想，而且会使图样显得清晰整洁。

本项目主要介绍文字样式、单行文字标注、多行文字标注、表格样式、创建表格等基本操作技巧。

### 知识目标

(1)创建文字样式，修改已有的文字样式。

(2)利用单行文字、多行文字对图纸进行文字说明和标识。

(3)编辑单行文字、多行文字。

(4)创建表格样式，修改已有的表格样式。

(5)创建表格。

### 技能目标

(1)培养学生灵活运用单行文字和多行文字的能力。

(2)使学生掌握创建表格的方法。

### 素质目标

(1)在文本标注及创建表格过程中，严格执行制图标准，严格遵守制图人员的职业道德，培养学生具有吃苦耐劳、爱岗敬业的工作态度和职业责任感。

(2)学生在文本标注时，应注意养成自主学习、统筹协调、信息收集整合提炼等职业素养。

## 任务一　文本标注

“文字样式”命令用于创建、修改或指定文字样式，在 AutoCAD 中，有两类文本：一类是单行文字；另一类是多行文字。一般情况下，简短的文字，常采用单行文字，如对个别尺寸标注说明；而文本较多且带有段落格式的文字，常采用多行文字，如工艺流程、技术条件等。

## 任务情景

在前面，学生已经学习了用 AutoCAD 软件绘制简单的二维图形。完成绘图后，应对图纸进行文字说明，标注与图形有关的信息。

## 任务目标

利用单行文字和多行文字对图纸进行文本标注。

## 任务要求

(1)掌握单行文字和多行文字的文本标注方法。

(2)掌握文本标注的编辑方法。

## 任务思考

在 AutoCAD 中，单行文字是一个独立的对象，对其进行书写、移动、对正时，都很方便灵活。多行文字一般用于书写一段文字，可以设置文字格式和段落格式。多行文字常用于插入特殊符号，也可用于标注尺寸，此时数字前后应加前缀、后缀。

## 任务实施

### 一、文字样式

文字样式和单行文字

在默认情况下，AutoCAD 生成的文字样式默认为“Standard”，用户可以根据需要创建新的文字样式。

#### (一)“文字样式”命令的启动方法

“文字样式”命令的启动方法有以下 3 种。

(1)菜单栏：选择“格式”菜单→“文字样式”命令。

(2)功能区：单击“默认”→“注释”→“A”按钮。

(3)命令行：输入“STYLE”或“ST”。

#### (二)设置文字样式的操作步骤

(1)启动“文字样式”命令后，系统将弹出“文字样式”对话框，如图 5-1 所示。

(2)“文字样式”对话框中包括“样式”“字体”“大小”“效果”等选项组。

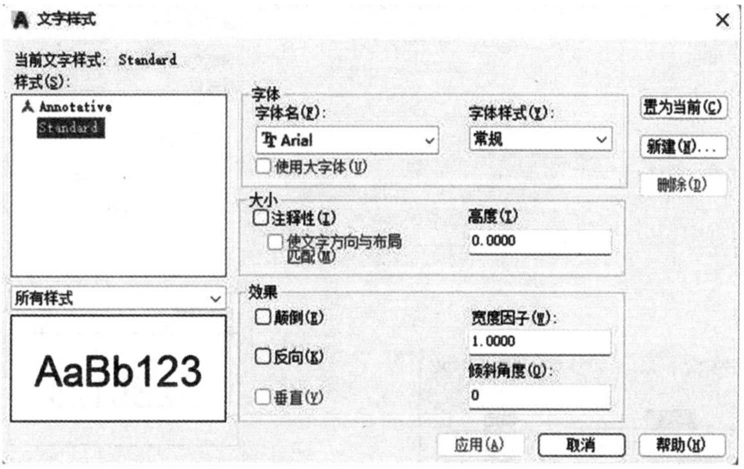


图 5-1　“文字样式”对话框

①“字体”选项组。

❖“字体名”下拉列表：包含所有的字体。

❖“字体样式”下拉列表：包含常规、粗体或斜体等选项。

②“大小”选项组。

❖高度：输入字体的高度。如果用户在该文本框中指定了文本高度，则当使用“DTEXT”(单行文字)命令时，系统将不再提示“指定高度”。

☞ **知识点精**

文字样式中，一般不设置字体高度。在写单行文字时，根据需要设置字体高度。如果设置了字体高度，则在写单行文字时，不能修改文字高度。

③“效果”选项组。

❖颠倒：勾选该复选项，文字将上下颠倒。该复选项只针对单行文字。

❖反向：勾选该复选项，文字将首尾反向显示。该复选项只针对单行文字。

❖垂直：勾选该复选项，文字将沿竖直方向排列。

❖宽度因子：默认的宽度因子为 1。如果小于 1，文本将变窄；否则，文本将变宽。

❖倾斜角度：该文本框用于指定文本的倾斜角度，角度值为正时向右倾斜，角度为负时向左倾斜。

④常用按钮选项组。

❖“新建”按钮：单击此按钮，可以创建新的文字样式。单击“新建”按钮，系统会打开如图 5-2 所示的“新建文字样式”对话框。在该对话框中，可以输入新建的文字样式名称，还可以从“样式”列表框中选中要改名的文字样式并右击，然后选择图 5-3 所示的“文字样式”快捷菜单中的“重命名”命令，进行重命名。

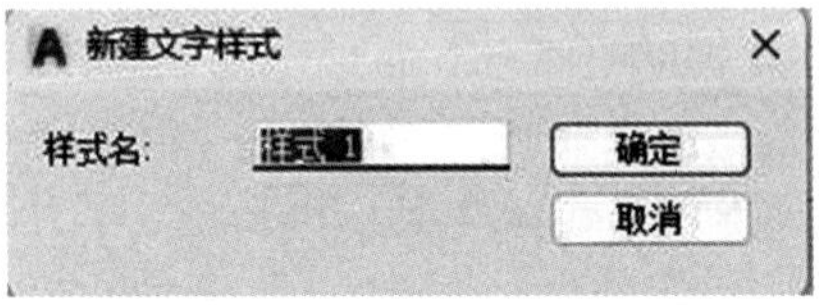


图 5-2 “新建文字样式”对话框

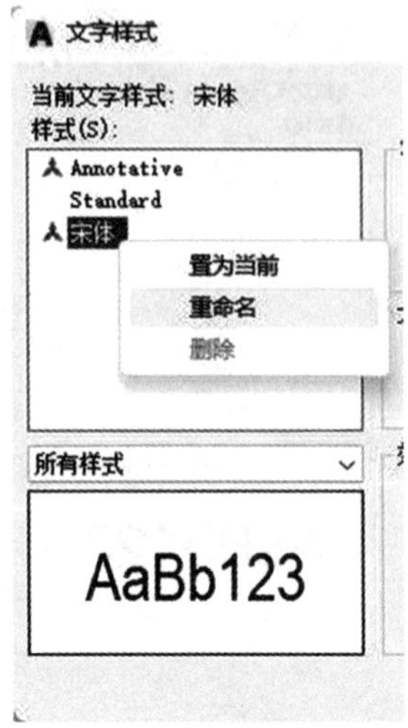


图 5-3 “文字样式”快捷菜单

❖“置为当前”按钮：将在“样式”列表框中选定的文字样式设为当前样式。

❖“删除”按钮：在“样式”列表框中选择一个样式，然后单击“删除”按钮，则删除此样式。正在使用的样式和当前样式不能被删除。

❖“应用”按钮：用于确认对文字样式的设置。当创建新的文字样式或对已有文字样式的特征进行修改后，都需要单击“应用”按钮，然后系统才会确认所做的改动。

【例题 5-1】 设定文本样式，样式名为“样式 1”，要求文字字体为宋体、高度为 6、倾斜 30°斜体书写。

例题 5-1 操作步骤提示如下：

单击“新建”按钮，弹出如图 5-2 所示的对话框，对文字样式进行重命名，单击“确定”按钮。

在“文字样式”对话框中，字体选择宋体、高度输入 6、倾斜角度输入 30，如图 5-4 所示，然后单击“置为当前”按钮，最后单击“应用”按钮。

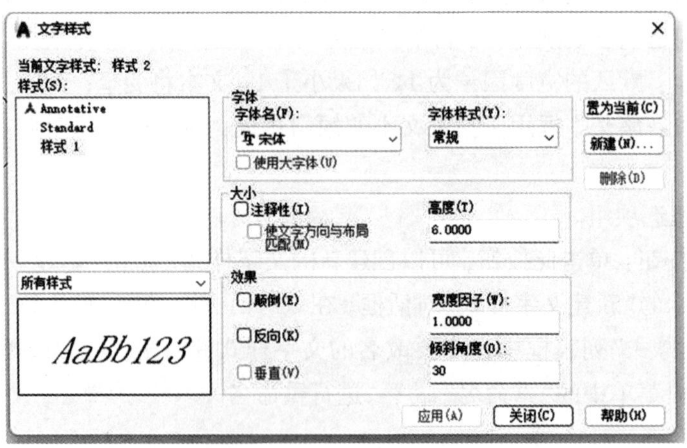


图 5-4 例题 5-1 对话框

## 二、单行文本标注

在制图过程中，文本需要传递设计者的信息，有的需要复杂的文字说明，有的需要简短的文字说明。当文字标注不长的情况下，可以利用单行文字“TEXT”命令创建单行文本。

### （一）“单行文字”命令的启动方法

“单行文字”命令的启动方法有以下 4 种。

（1）菜单栏：选择“绘图”菜单→“文字”→“单行文字”按钮。

（2）功能区：单击“默认”→“绘图”→“文字”→“单行文字”按钮。

（3）工具栏：单击“单行文字”按钮（A）。

（4）命令行：输入“DTEXT”或“DT”。

### （二）命令解析

“单行文字”命令的命令行提示如下：

命令：DT

TEXT

当前文字样式：“样式 1”　文字高度：　4.0000　注释性：　否　对正：　中间

指定文字的起点或[对正(J)/样式(S)]：j

输入选项 [左(L)/居中(C)/右(R)/对齐(A)/中间(M)/布满(F)/左上(TL)/中上(TC)/右上(TR)/左中(ML)/正中(MC)/右中(MR)/左下(BL)/中下(BC)/右下(BR)]：m

指定文字的起点：

指定高度 <4.0000>：6

指定文字的旋转角度 <0>：0

该命令的选项说明如下。

（1）指定文字的起点：在绘图区域指定一点即文本的起始点。

（2）对正(J)：确定文本的对齐方式，对齐方式决定文本的哪部分与所选插入点对齐。对齐方式如图 5-5 和图 5-6 所示。

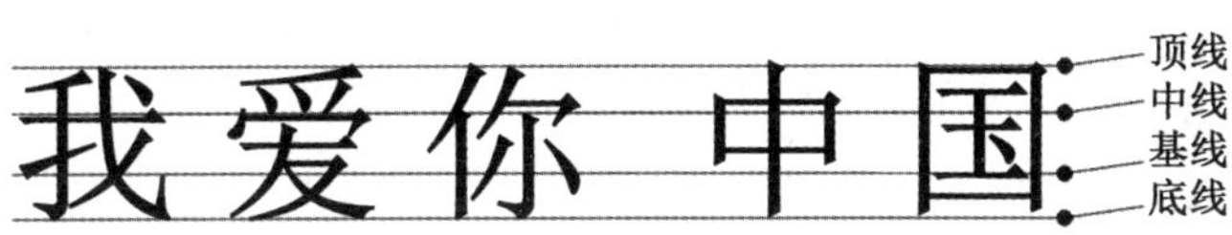


**图 5-5　文本行的底线、基线、中线、顶线示意图**

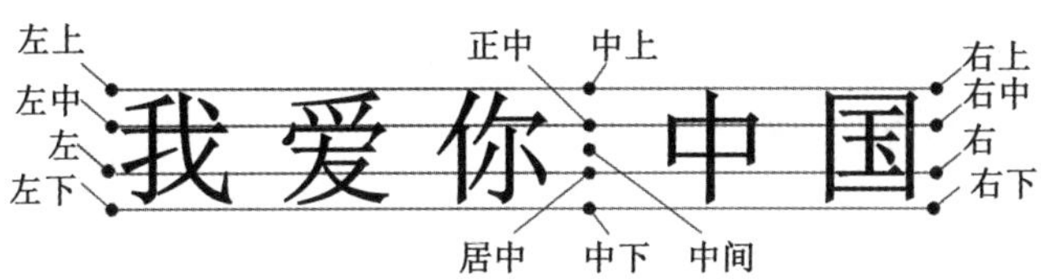


**图 5-6　文本的对齐方式**

(3)指定高度<>：设定文字高度，高度就是文字大小。

(4)指定文字的旋转角度 <>：设置文字旋转角度。

【例题5-2】 选择“样式1”文本样式，要求宋体、高度6、倾斜30°斜体，书写文字“我爱你中国，我爱你春天蓬勃的秧苗，我爱你秋日金黄的硕果。”。

例题5-2的操作步骤命令行提示如下：

命令：DT　　//调用“单行文字”命令//

TEXT

当前文字样式：“样式1”　文字高度：6.0000　注释性：否　对正：左

指定文字的起点 或［对正(J)/样式(S)］：j　　//设置对正方式//

输入选项［左(L)/居中(C)/右(R)/对齐(A)/中间(M)/布满(F)/左上(TL)/中上(TC)/右上(TR)/左中(ML)/正中(MC)/右中(MR)/左下(BL)/中下(BC)/右下(BR)］：C

//对正方式为居中(C)//

指定文字的中心点：

指定高度<6.0000>：6　　//输入文字高度6//

指定文字的旋转角度<0>：0 指定文字的旋转角度 <0>：按Enter或空格键，文字不旋转

录入文字“我爱你中国，我爱你春天蓬勃的秧苗，我爱你秋日金黄的硕果。”后，点击鼠标左键结束。文字效果如图5-7所示。

***我爱你中国，我爱你春天蓬勃的秧苗，我爱你秋日金黄的硕果。***

**图5-7　文字效果**

## 三、多行文本标注

绘制完图样后，需要添加复杂、较长的文本标注时，可以用“多行文字”命令创建多行文本。多行文字可由任意数目的文字行组成，所有的文字构成一个单独的实体。

### (一)“多行文字”命令的启动方法

“多行文字”命令的启动方法有以下4种。

(1)菜单栏：选择“绘图”菜单→“文字”→“多行文字”命令。

(2)功能区：单击“默认”→“绘图”→“文字”→“多行文字”按钮。

(3)工具栏：单击“多行文字”按钮(A)。

(4)命令行：输入“MTEXT”或“T”。

### (二)命令解析

1.“多行文字”命令的命令行

“多行文字”命令的命令行操作提示如下：

命令：_mtext

当前文字样式：“宋体”　文字高度：5　注释性：是

指定第一角点：

指定对角点或［高度(H)/对正(J)/行距(L)/旋转(R)/样式(S)/宽度(W)/栏(C)］:

2.“文字编辑器”选项卡和文本输入框

启动“多行文字”命令，并建立文本输入框后，系统弹出“文字编辑器”选项卡，如图5-8所示。

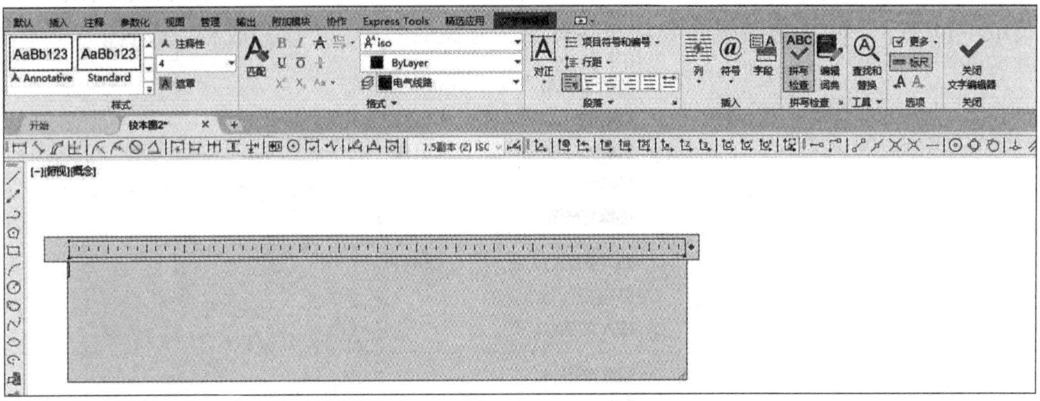

图 5-8　“文字编辑器”选项卡和文本输入框

“文字编辑器”选项卡包括“样式”“格式”“段落”“插入”“关闭”等面板。

(1)“样式”面板：选择多行文字的文字样式。可以设置字体高度和遮罩(遮罩为文字设置背景)。

(2)“格式”面板：主要设置多行文字的字体格式，如字体、颜色、图层、加粗、倾斜等，还包括堆叠、上标、下标。

①堆叠：利用此命令可使层叠的文字堆叠起来。这对创建分数及公差形式的文字很有用。

②上标：选定文字转为上标。

③下标：选定文字转为下标。

(3)“段落”面板：可设置文字的段落格式，包括项目符号和编号、对齐方式、行距、对正等。

(4)“插入”→“面板”→“符号”按钮(@ 符号)：“符号”按钮的下拉列表中包含很多特殊符号，常用符号举例如下。

①度数：在光标定位处插入特殊字符“%%d”，表示度数符号“°”。

②正/负：在光标定位处插入特殊字符“%%p”，表示加减符号“±”

③直径：在光标定位处插入特殊字符“%%c”，表示直径符号“$\phi$”。

④几乎相等：在光标定位处插入符号“≈”。

⑤下标 2：在光标定位处插入下标“2”。

⑥平方：在光标定位处插入上标“2”。

⑦立方：在光标定位处插入上标“3”。

一些特殊符号不在下拉列表中，可在“其他”选项中查找。

(5)“关闭”面板：单击“关闭”面板上的“关闭文字编辑器 关闭”按钮，即可退出多行文字的编辑。

文本输入框包括标尺和快捷菜单。

(1)标尺：既可设置首行文字及段落文字的缩进，还可设置制表位。

(2)快捷菜单：在文本输入框中点击鼠标右键，弹出如图 5-9 所示的快捷菜单。该菜单中包含了一些标准编辑命令和与多行文字有关的命令，可以完成相应设置。

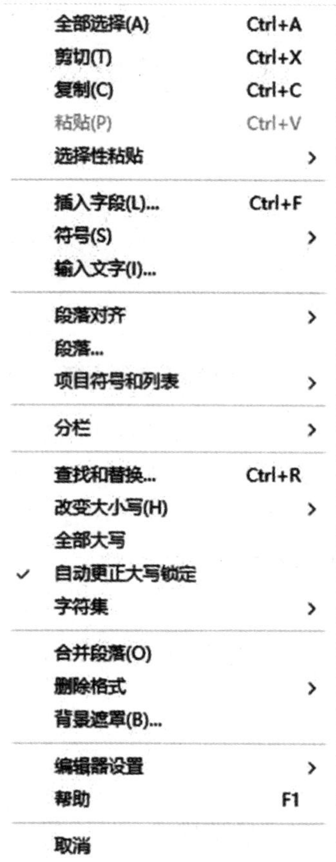


**图 5-9　快捷菜单**

☞ **知识点精**　AutoCAD 中，文字输入特殊符号(如“%%c”)需要将输入法切换成英文状态。

【例题 5-3】　用“多行文字”命令书写如图 5-10 所示的多行文字。

多行文字

我爱你中国

圆的面积公式$S=\pi R^2$

圆柱直径$\phi 20$

球的体积公式$V=\frac{4}{3}\pi R^3$

**图 5-10　例题 5-3 文字**

提示：①面积公式中平方用上标；②直径插入“$\phi$”或输入“%%c”；③体积公式中“$\frac{4}{3}$”用“堆叠”命令。

## 四、文本编辑

文本编辑主要针对已写好的文本内容，或者其他属性格式的修改。

### （一）“文本编辑”命令的启动方法

“文本编辑”命令的启动方法有以下 2 种。

（1）菜单栏：选择“修改”菜单→“对象”→“文字”→“编辑”命令。

（2）命令行：输入“DDEDIT”或“ED”。

### （二）命令解析

“文本编辑”命令的命令行提示与操作如下：

命令：_ddedit

textedit

当前设置：编辑模式 = Multiple

利用“文本编辑”命令编辑单行文字或多行文字时，对于单行文字，系统显示文本编辑框；对于多行文字，系统打开“文字编辑器”选项卡，可以修改文字内容。

☞ **知识点精**

鼠标左键双击文本，也可以进行文本编辑。

# 任务二　表格

表格是在行和列中包含数据的复合对象。可以通过空的表格或表格样式创建空的表格对象。

### 任务情景

在前面项目中，学生已经学习了用 AutoCAD 绘制简单的二维图形。绘图完成后，学生可以通过表格的绘制来制作标题栏，表示与图形有关的信息。

### 任务目标

利用表格制作图纸的标题栏。

## 任务要求

(1)掌握表格样式的设置方法。

(2)掌握创建表格的方法。

## 任务思考

AutoCAD 中的表格，可以用“直线”命令绘制，或者用“表格”命令绘制，或者先利用 Excel 表格编辑，再复制到 AutoCAD 界面。如需修改表格，双击表格即可进行修改。

## 任务实施

在 AutoCAD 制图中，“表格”功能主要用于统计图纸中的相关数据。

# 一、表格样式

AutoCAD 中的表格都有与其对应的表格样式。表格样式为控制表格基本形状及间距的一组设置。AutoCAD 中默认的表格样式名为“Standard”。

### (一)“表格样式”命令的启动方法

“表格样式”命令的启动方法有以下 3 种。

(1)菜单栏：选择“格式”菜单→“表格样式”命令。

(2)功能区：单击“常用标签”→“注释扩展”→“ ”按钮。

(3)命令行：输入“TABLESTYLE”。

### (二)设置表格样式的方法

启动“表格样式”命令后，系统将弹出“表格样式”对话框，如图 5-11 所示。

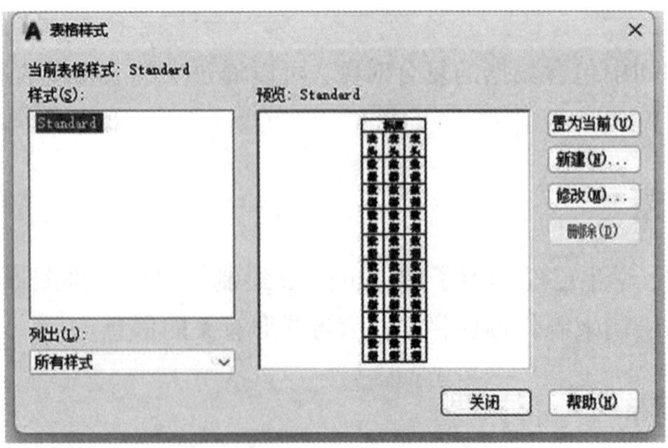


**图 5-11 “表格样式”对话框**

“表格样式”对话框中按钮的说明如下。

(1)“修改”按钮：对已有的表格样式进行修改。

(2)“新建”按钮：单击此按钮，弹出“创建新的表格样式”对话框(如图 5-12 所示)。在“新样式名”文本框里输入样式名后，单击“继续”按钮，会弹出“新建表格样式”对话框(如图 5-13 所示)，可以设定新的表格样式。

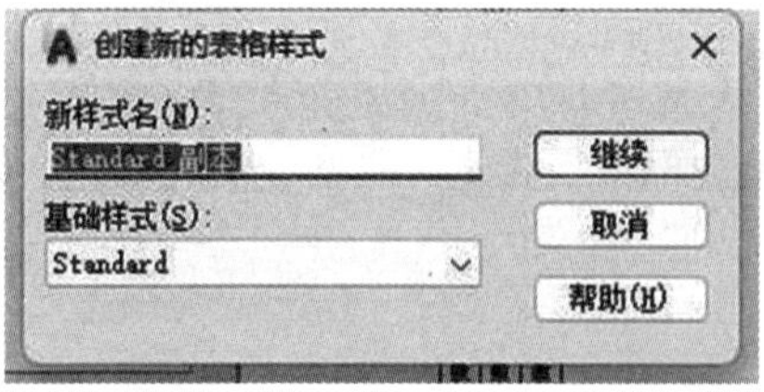


图 5-12　“创建新的表格样式”对话框

图 5-13　“新建表格样式”对话框

在“新建表格样式”对话框的“单元样式”下拉列表中有 3 个重要选项，即“表头”“标题”“数据”，如图 5-14 所示。“表头”控制表格中的列标题，“标题”控制表格中的总标题，“数据”控制表格中的数据。

“常规”选项卡：设置“数据”与“标题”的上下位置关系，如图 5-15 所示。

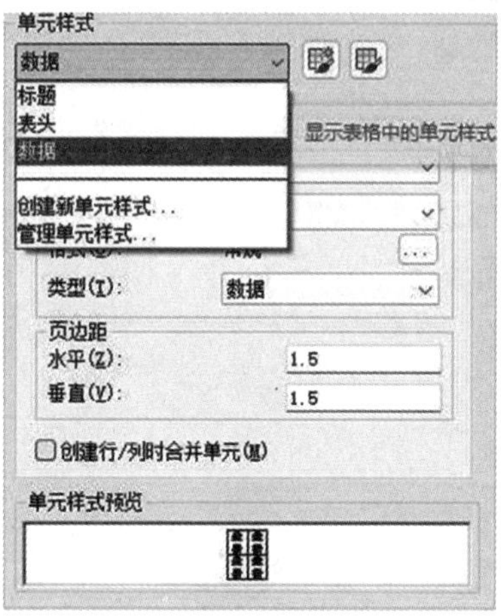


图 5-14　“单元样式”下拉列表

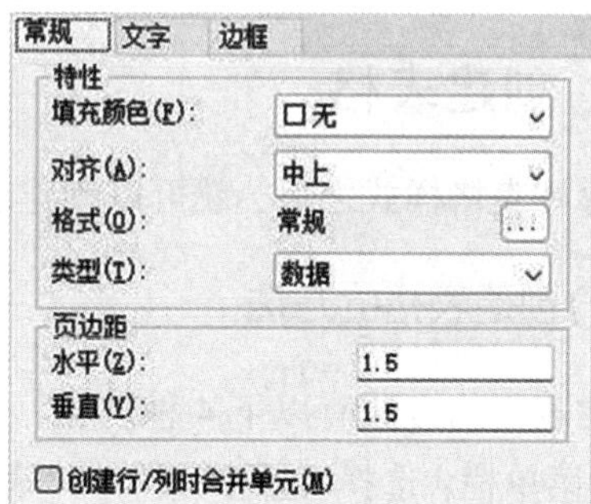


图 5-15　“常规”选项卡

“文字”选项卡：用于设置文字属性，包括文字高度、文字颜色、文字角度相应格式参数的设定，如图 5-16 所示。

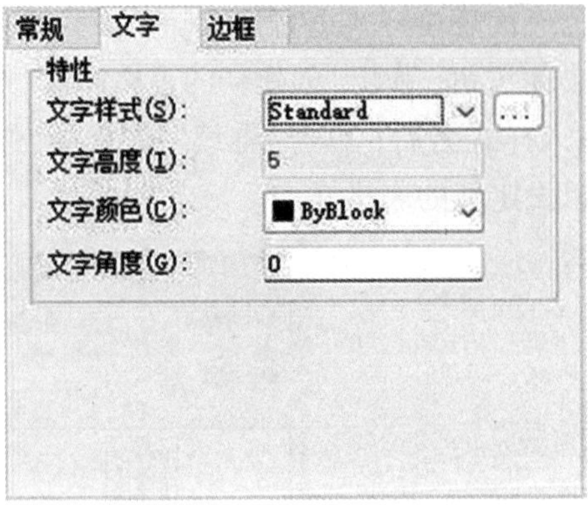


**图 5-16 “文字”选项卡**

“边框”选项卡：设定表格的边框属性，包括有无边框线、线宽、线型、线的颜色，如图 5-17 所示。

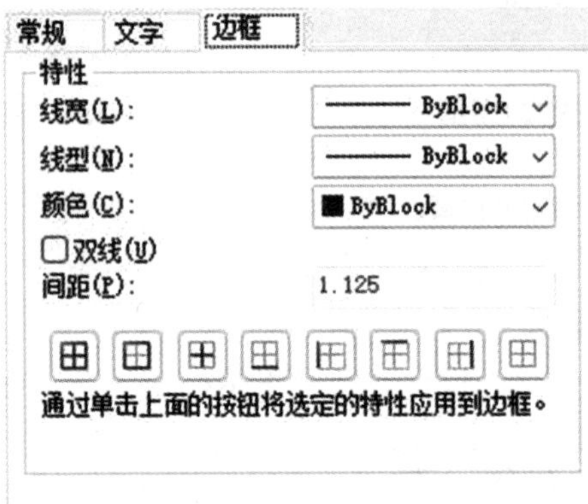


**图 5-17 “边框”选项卡**

## 二、创建表格

设置好表格样式之后，就可以创建表格。

### (一)创建表格的方法

创建表格的方法有以下 4 种。

(1)菜单栏：选择“绘图”菜单→“表格”命令。

(2)功能区：单击“常用标签”→“注释”→“”按钮。

(3)工具栏：单击“”按钮。

(4)命令行：输入“TABLE”。

### (二)创建表格操作步骤

启动“表格”命令，会弹出“插入表格”对话框，如图 5-18 所示。

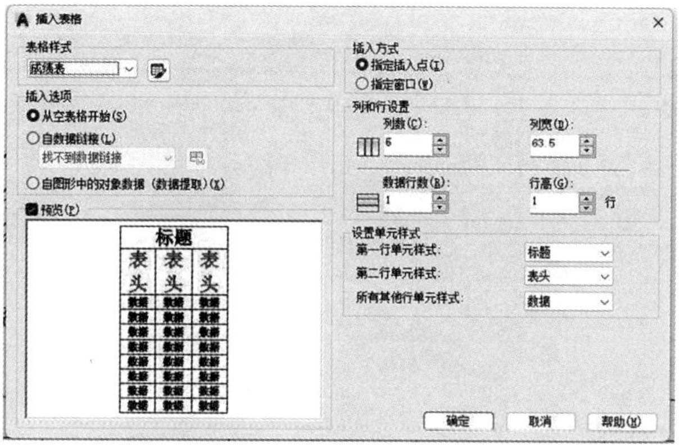


图 5-18　“插入表格”对话框

下面介绍“插入表格”对话框中的“插入方式”选项组及“列和行设置”选项组。

(1)“插入方式”选项组说明如下。

①“指定插入点”单选钮：用于设定表格左上角的位置。

②“指定窗口”单选钮：设定表格的大小和位置。

(2)“列和行设置”选项组：用于设定列和行的数目及列宽与行高。

在“插入表格”对话框中进行相应设定后，单击“确定”按钮，即可创建如图 5-19 所示的表格。

图 5-19　创建表格

【例题 5-4】　创建“标题栏”表格，如图 5-20 所示。

<table>
<tr><td colspan="3" rowspan="2">图名</td><td>比例</td><td>数量</td><td>材料</td><td>图号</td></tr>
<tr><td></td><td></td><td></td><td></td></tr>
<tr><td>制图</td><td></td><td></td><td colspan="4" rowspan="3">学校</td></tr>
<tr><td>设计</td><td></td><td></td></tr>
<tr><td>审阅</td><td></td><td></td></tr>
</table>

图 5-20　例题 5-4 表格

提示：①插入表格；②调整列宽，合并单元格；③输入文字。

☞ **知识点精**

在 AutoCAD 中创建表格，可以先利用 Excel 表格编辑，再复制到 AutoCAD 用户界面。如需修改表格，双击表格即可进行修改。

# 项目六

# 尺寸标注

在制图中，尺寸标注可以清楚地表达形体的形状和各部分的相互关系，能明确形体的实际大小和各部分的相对位置。

本项目主要介绍尺寸样式、线性标注、对齐标注、基线标注、连续标注、快速标注、半径标注、直径标注、弧长标注、角度标注、折弯标注等基本操作知识。

## 知识目标

(1)尺寸标注样式的设置与修改。

(2)对图形进行线性标注、对齐标注、基线标注、连续标注、快速标注。

(3)对图形进行半径标注、直径标注、弧长标注、角度标注、折弯标注。

## 技能目标

(1)灵活运用标注样式的新建与修改方法。

(2)能够正确、合理、美观、清晰地标注图样。

(3)掌握在机械图样中标注公差的方法。

## 素质目标

(1)学生能按照图纸要求绘图，具备规范正确标注出图纸尺寸的职业素养。

(2)学习工作中，学生要有专注严谨、精益求精的工匠精神。

## 任务一　标注样式

在 AutoCAD 图样中，所有尺寸与尺寸样式关联，通过修改尺寸样式，就能调整尺寸标注的外观。标注样式用于控制标注的外观。用户可以创建标注样式，以快速指定标注的格式，并确保标注符合标准。

## 任务情景

在前面，学生已经学习了用 AutoCAD 绘制简单的二维图形。完成绘图后，应对图纸进行尺寸标注。在标注之前首先要设定标注样式，控制标注的外观。

## 任务目标

创建新的尺寸标注样式，修改已有的尺寸样式。

## 任务要求

掌握尺寸标注样式的设置方法。

## 任务思考

在 AutoCAD 标注样式的设置中，最关键、最常用的是全局比例设置。在绘图过程中，应根据图形尺寸大小合理设置标注样式的全局比例。例如，尺寸较大的图采用的全局比例也较大；尺寸较小的图可以新建标注样式，对应全局比例设置也较小。这样设置，会使大图、小图的标注更加清晰、合理。

## 任务实施

### 一、新建尺寸标注样式

尺寸标注以块的形式存储在图形中，包括尺寸线、尺寸线两端的起止符号、标注文字、尺寸界线等。

标注样式

在 AutoCAD 中，系统使用默认名称为“ISO-25”的样式。在标注尺寸之前，用户通常要创建尺寸样式，且用户可以设定多种不同的标注样式并命名。

#### (一)“标注样式”命令的启动方法

“标注样式”命令的启动方法有以下 4 种。

(1)菜单栏：选择“格式”菜单→“标注样式”命令。

(2)功能区：单击“默认”→“注释扩展”→“ ”按钮。

(3)工具栏：单击“ ”按钮。

(4)命令行：输入“DIMSTYLE”或“D”。

#### (二)创建尺寸标注样式方法

启动“标注样式”命令后，系统将弹出“标注样式管理器”对话框，如图 6-1 所示。

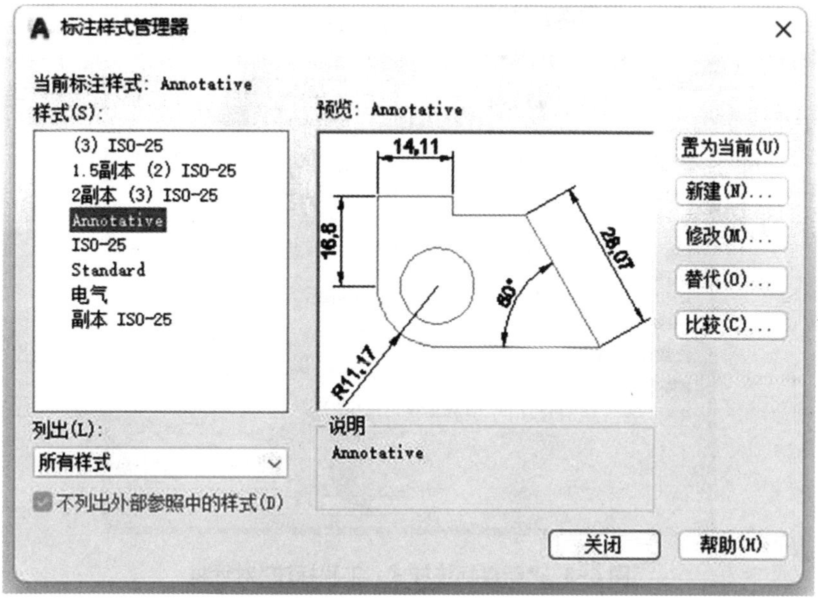


图 6-1　“标注样式管理器”对话框

通过“标注样式管理器”对话框，可以方便地创建新的标注样式，修改已有的样式。该对话框中的常用按钮选项说明如下。

（1）“置为当前”按钮：把样式列表框中选择的样式设置为当前标注样式。

（2）“新建”按钮：单击此按钮，系统打开“创建新标注样式”对话框，如图 6-2 所示。通过该对话框，可以创建一个新的尺寸标注样式。

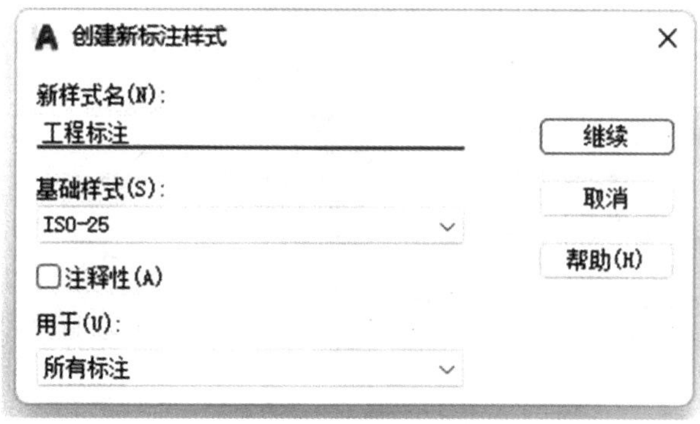


图 6-2　“创建新标注样式”对话框

在“创建新标注样式”对话框中，输入新样式名“工程标注”，单击“继续”按钮，则打开“新建标注样式：工程标注”对话框，如图 6-3 所示。该对话框中有 7 个选项卡，在每个选项卡里可以进行相应设置。

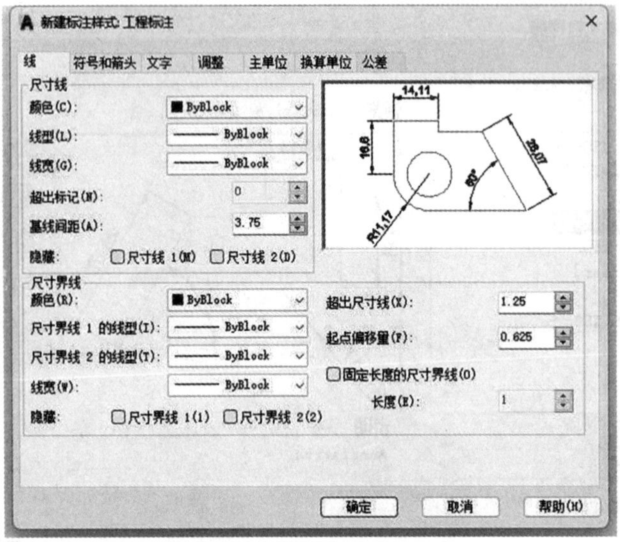


**图 6-3 “新建标注样式：工程标注”对话框**

单击“新建标注样式：工程标注”对话框中的“确定”按钮，得到一个新的尺寸样式，并单击“标注样式管理器”对话框中的“置为当前”按钮，让新的样式成为当前样式。

(3)“修改”按钮：可以修改已有的标注样式。

## 二、修改尺寸标注样式

在“标注样式管理器”对话框中，点击“修改”按钮，会弹出“修改标注样式”对话框，如图 6-4 所示。该对话框中包括“线”“符号和箭头”“文字”“调整”“主单位”“换算单位”“公差”选项卡，在各选项卡中可以进行相关设置。

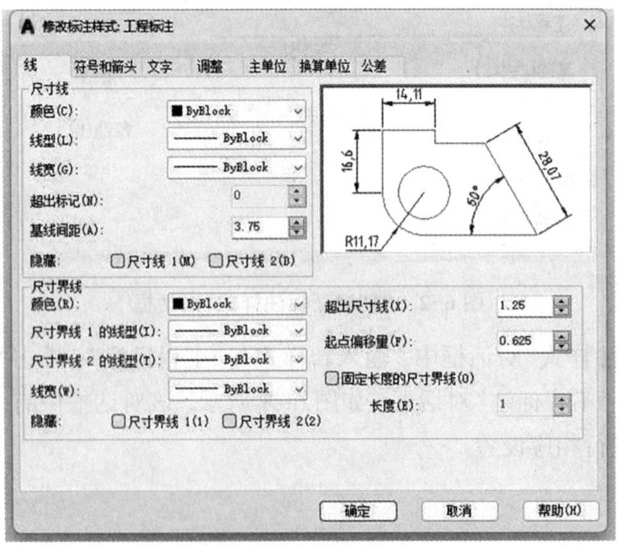


**图 6-4 “修改标注样式”对话框**

### (一)“线”选项卡

“线”选项卡主要设置尺寸线、尺寸界线的特性。

1.“尺寸线”选项组

“尺寸线”选项组主要用于设定尺寸线的形式。

(1)“颜色”下拉列表框：设定尺寸线的颜色。

(2)“线型”下拉列表框：设定尺寸线的线型。

(3)“线宽”下拉列表框：设定尺寸线的线宽。

(4)“基线间距”微调框：设定以基线方式标注尺寸时，相邻两尺寸线之间的距离。

(5)“隐藏”复选框组：确定是否隐藏尺寸线及相应的箭头。

2.“尺寸界线”选项组

“尺寸界线”选项组主要用于确定尺寸界线的形式。

(1)设定尺寸界线的颜色、线型、线宽、隐藏等特性。

(2)“超出尺寸线”微调框：设定尺寸延伸线超出尺寸线的距离。

(3)“起点偏移量”微调框：设定尺寸延伸线的实际起点相对于指定尺寸延伸线起点的偏移量。

(4)“固定长度的尺寸界线”复选框：勾选该复选框，系统以固定长度的尺寸界线标注尺寸，可以在其下面的“长度”文本框中输入长度值。

### (二)“符号和箭头”选项卡

在“修改标注样式”对话框中，“符号和箭头”选项卡如图 6-5 所示。该选项卡用于设置箭头、圆心标记、弧长符号和半径折弯标注等特性。

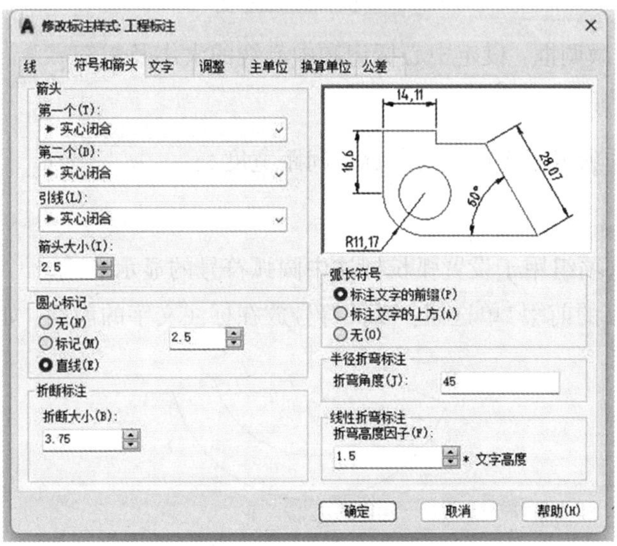


**图 6-5　“符号和箭头”选项卡**

1.“箭头”选项组

AutoCAD 中有多种箭头类型，在“箭头”选项组中可以设置尺寸线和引线的箭头类型及大小。

2.“圆心标记”选项组

“圆心标记”选项组用于设置半径标注、直径标注，以及中心标注中的中心标记和中心线形式。

（1）“无”单选钮：不产生中心标记和中心线。

（2）“标记”单选钮：中心标记是一个点记号，如图 6-6 所示。

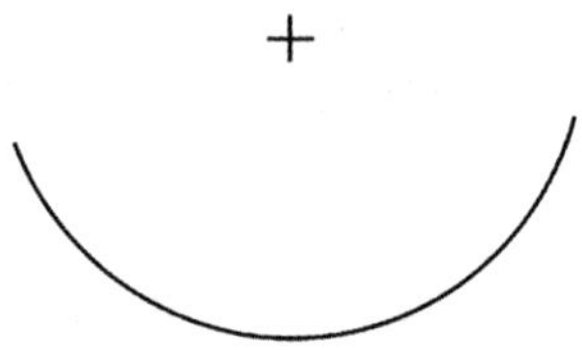

**图 6-6　圆心标记（标记选项）**

（3）“直线”单选钮：中心标记采用中心线的形式，如图 6-7 所示。

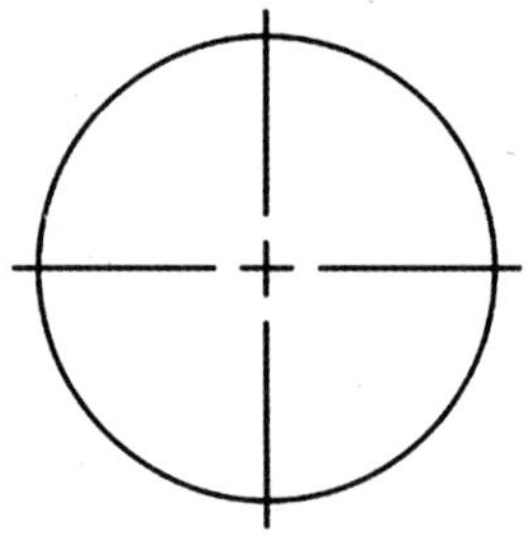

**图 6-7　圆心标记（直线选项）**

（4）“标记”的微调框：设定中心标记和中心线的大小及粗细。

3.“折断标注”选项组

“折断标注”选项组用于设置折断标注间距宽度。

4.“弧长符号”选项组

“弧长符号”选项组用于设置弧长标注中圆弧符号的显示形式。

（1）“标注文字的前缀”单选钮：弧长符号放在标注文字的前面，如图 6-8 所示。

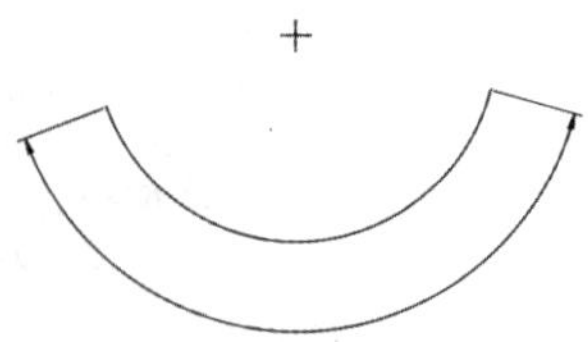


**图 6-8　标注文字的前缀**

(2)“标注文字的上方”单选钮：弧长符号放在标注文字的上方，如图 6-9 所示。

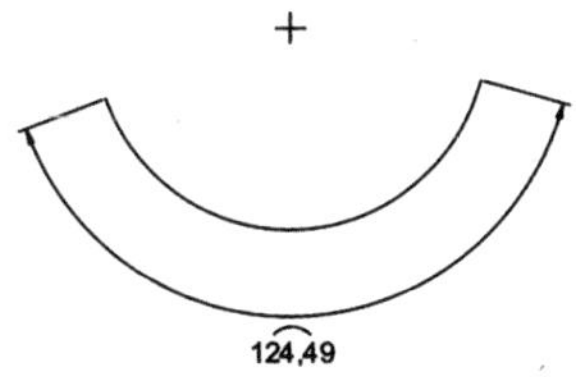


图 6-9　标注文字的上方

(3)“无”单选钮：不显示弧长符号，如图 6-10 所示。

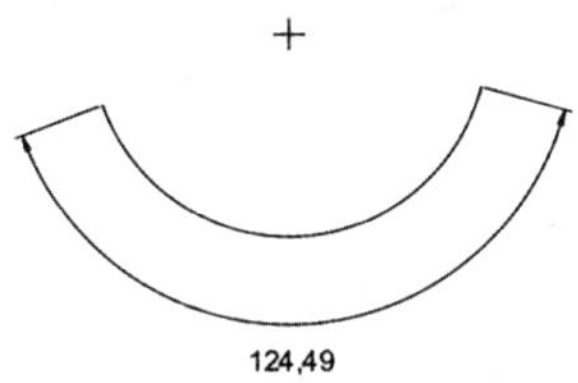


图 6-10　不显示弧长符号

5.“半径折弯标注”选项组

“半径折弯标注”选项组用于设置折弯半径标注的显示形式，通常在中心点位于页面外部时创建。

6.“线性折弯标注”选项组

“线性折弯标注”选项组用于设置线性折弯标注的显示形式，当标注不能精确表示实际尺寸时，将折弯线加到线性标注中。

## (三)“文字”选项卡

在“修改标注样式”对话框中，“文字”选项卡主要设置标注中文字的外观、位置、对齐方式等，如图 6-11 所示。

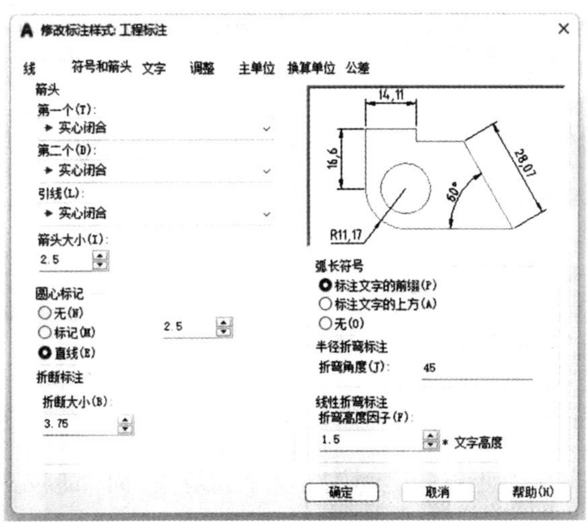


图 6-11　“文字”选项卡

1.“文字外观”选项组

“文字外观”选项组可设置文字样式、文字颜色、填充颜色、文字高度、分数高度比例、绘制文字边框等。

2.“文字位置”选项组

(1)“垂直”下拉列表框：尺寸文本相对于尺寸线在垂直方向的对齐方式。

(2)“水平”下拉列表框：尺寸文本相对于尺寸线和尺寸延伸线在水平方向的对齐方式。

(3)“观察方向”下拉列表框：控制标注文字的观察方向。

(4)”从尺寸线偏移“微调框：当尺寸文本在断开的尺寸线中间时，用于设置尺寸文本与尺寸线之间的距离。

3.“文字对齐”选项组

(1)“水平”单选钮：不论标注哪个方向的尺寸，尺寸文本都按照水平方向放置。

(2)“与尺寸线对齐”单选钮：尺寸文本按照尺寸线方向放置。

(3)“ISO 标准”单选钮：当尺寸文本在尺寸延伸线之间时，按照尺寸线方向放置；在尺寸延伸线之外时，按照水平方向放置。

## (四)“调整”选项卡

在“修改标注样式”对话框中，“调整”选项卡可以根据两条尺寸延伸线之间的空间调整文本、尺寸箭头放置位置，如图 6-12 所示。

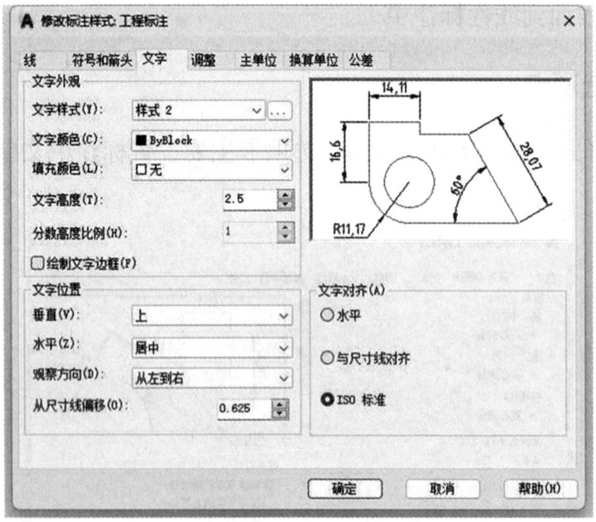


**图 6-12 “调整”选项卡**

1.“调整选项”选项组

如果尺寸界线之间没有足够的空间放置文字和箭头，那么应先从尺寸界线中移出文字或箭头到最佳位置。

2.“文字位置”选项组

当文字不在默认位置上时，可以选择将其放置在“尺寸线旁边”、“尺寸线上方，带引线”或“尺寸线上方，不带引线”，具体效果如图 6-13 所示。

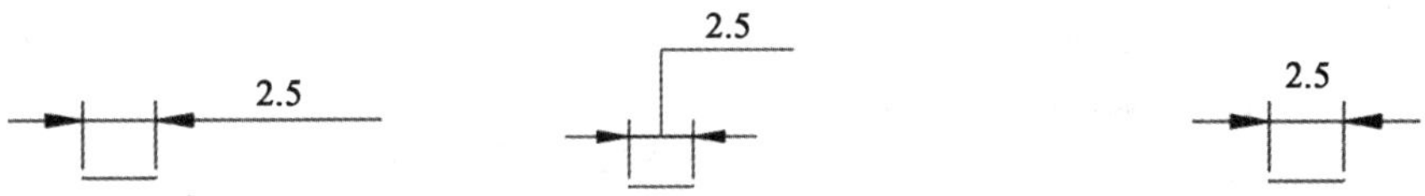


（a）尺寸线旁边　（b）尺寸线上方，带引线　（c）尺寸线上方，不带引线

**图 6-13　尺寸调整文本位置**

3.“标注特征比例”选项组

（1）“将标注缩放到布局”单选钮：根据当前模型空间视口和图纸空间之间的比例来确定比例因子。

（2）“使用全局比例”单选钮：确定尺寸的整体比例系数。其后的比例值微调框可以用来设定合理的比例。

## （五）“主单位”选项卡

在“修改标注样式”对话框中，“主单位”选项卡用于设置尺寸标注的主单位和精度，为尺寸文本增加固定的前缀或后缀，如图 6-14 所示。

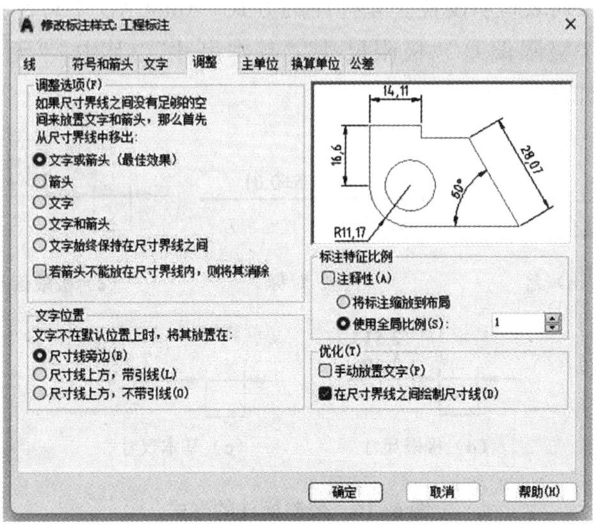


**图 6-14　“主单位”选项卡**

1.“线性标注”选项组

“线性标注”选项组用于设置标注长度型尺寸的单位和精度。

2.“角度标注”选项组

“角度标注”选项组设置标注角度采用的角度单位。

### (六)“公差”选项卡

在“修改标注样式”对话框中，“公差”选项卡用于确定标注公差的方式，如图 6-15 所示。

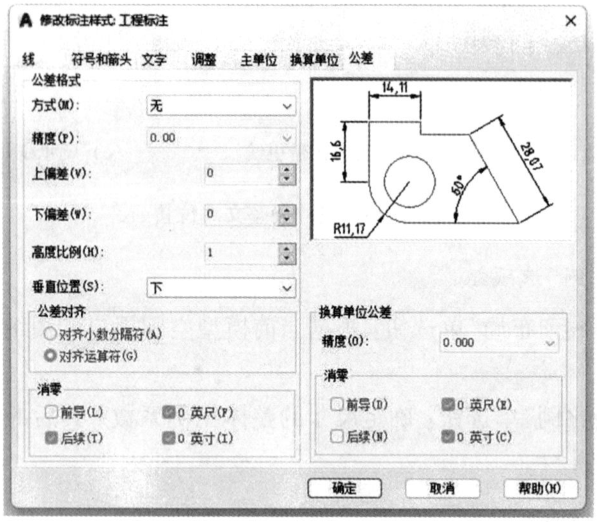

图 6-15　“公差”选项卡

1.“公差格式”选项组

(1)“方式”下拉列表框：设置公差标注的方式。AutoCAD 中有 5 种标注公差的方式，分别是“无”“对称”“极限偏差”“极限尺寸”“基本尺寸”。其中，“无”表示不标注公差，其余 4 种标注情况如图 6-16 所示。

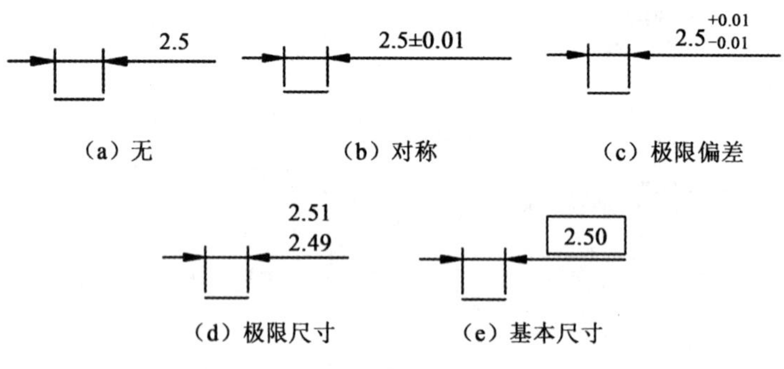

图 6-16　公差标注的形式

(2)“精度”下拉列表框：设定公差标注的精度。

(3)“上偏差”微调框：设定尺寸的上偏差。

(4)“下偏差”微调框：设定尺寸的下偏差。

(5)“高度比例”微调框：设定公差文本的高度与一般尺寸文本的高度之比。

(6)“垂直位置”下拉列表框：设定“对称”“极限偏差”形式公差标注的文本对齐方式。

2.“公差对齐”选项组

当有堆叠时，“公差对齐”选项组用于设置上偏差数值和下偏差数值的对齐方式。

(1)“对齐小数分隔符”单选钮：选定该按钮，通过值的小数分割符堆叠值。

(2)“对齐运算符”单选钮：选定该按钮，通过值的运算符堆叠值。

# 任务二　尺寸标注

## 任务情景

正确的尺寸标注是绘图工作中的一个重要环节，AutoCAD 提供了方便快捷的尺寸标注方法，可以通过执行命令实现，也可以利用菜单或工具栏中的按钮实现。

## 任务目标

(1)对图形进行线性标注、对齐标注、基线标注、连续标注、快速标注。

(2)对图形进行半径标注、直径标注、弧长标注、角度标注、折弯标注。

## 任务要求

(1)能够正确、合理、美观、清晰地标注图样。

(2)掌握在机械图样中标注公差的方法。

(3)灵活地对已有的尺寸标注进行修改。

## 任务思考

AutoCAD 中，在标注过程中，应用最广泛的操作就是设置全局比例。

## 任务实施

### 一、线性标注

“线性”标注命令仅可以完成两点间的水平、竖直方向上的长度尺寸标注。

#### (一)“线性”标注命令的启动方法

“线性”标注命令的启动方法有以下 4 种。

(1)菜单栏：选择“标注”菜单→“线性”命令。

(2)功能区：单击“默认”→“注释”→“线性”按钮。

(3)工具栏：单击“”按钮。

(4)命令行：输入“DIM”。

### (二)命令解析

“线性”标注命令的命令行操作提示如下：

命令：_dimliner

指定第一个尺寸界线原点或 <选择对象>：

指定第二条尺寸界线原点：

创建了无关联的标注。

指定尺寸线位置或

[多行文字(M)/文字(T)/角度(A)/水平(H)/垂直(V)/旋转(R)]：

该命令的选项说明如下。

(1)多行文字(M)：使用该选项时，打开“文字编辑器”选项卡，用户可以利用此选项卡输入新的标注文字。

(2)文字(T)：用户用此选项可以在命令行上输入新的尺寸文字。

(3)文字角度(A)：用户通过该选项设置文字的放置角度。

【例题 6-1】 按照图 6-17 所示标注线性尺寸，并标注直径符号和公差。

线性尺寸标注、对齐标注、半径、直径、折弯标注

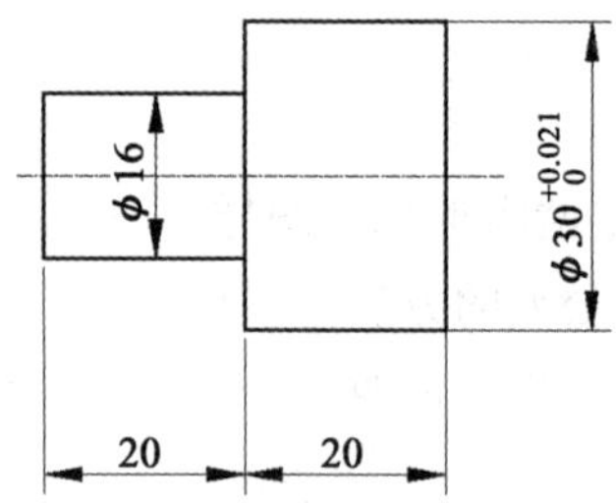


**图 6-17 例题 6-1 图形**

例题 6-1 的操作步骤命令行提示如下：

命令：_dimlinear //调用“线性”标注命令//

指定第一个尺寸界线原点或<选择对象>：

指定第二条尺寸界线原点：

指定尺寸线位置或

[多行文字(M)/文字(T)/角度(A)/水平(H)/垂直(V)/旋转(R)]：t //输入“t”，修改文字//

输入标注文字<16>：%%c16 //文字前加“%%c”//

指定尺寸线位置或

[多行文字(M)/文字(T)/角度(A)/水平(H)/垂直(V)/旋转(R)]：

标注文字=16

命令：_dimlinear

指定第一个尺寸界线原点或<选择对象>：

指定第二条尺寸界线原点：
指定尺寸线位置或
[多行文字(M)/文字(T)/角度(A)/水平(H)/垂直(V)/旋转(R)]：m
//输入“m”，编辑多行文字//
指定尺寸线位置或
[多行文字(M)/文字(T)/角度(A)/水平(H)/垂直(V)/旋转(R)]：
//30 数字前输入“%%c”，30 数字后输入“+0.021^0”，按“Enter”键。其中，“^”是用快捷键“Shift+6”输入的//
标注文字 = 30

## 二、对齐标注

“对齐”标注命令可以完成各种倾斜方向上的长度尺寸标注。该命令的两条尺寸界线与标注的 2 个指定原点对齐；其尺寸线平行于标注的 2 个指定原点构成的直线。如果 2 个指定原点水平对正，也可以标注水平尺寸；如果 2 个指定原点竖直对正，也可以标注竖直尺寸。

### (一)“对齐”标注命令的启动方法

“对齐”标注命令的启动方法有以下 4 种。

(1)菜单栏：选择“标注”菜单→“对齐”命令。

(2)功能区：单击“默认”→“注释”→“ ”按钮。

(3)工具栏：单击“ ”按钮。

(4)命令行：输入“DIMALIGNED”。

### (二)命令解析

“对齐”标注命令的命令行操作提示如下。

命令：_dimaligned
指定第一个尺寸界线原点或 <选择对象>：
指定第二条尺寸界线原点：
创建了无关联的标注。
指定尺寸线位置或
[多行文字(M)/文字(T)/角度(A)]：

该命令的选项说明如下。

(1)多行文字(M)：打开“文本编辑器”选项卡，其中高亮显示的值是生成的标注值。可修改标注值，或者给标注值添加前缀或后缀。

(2)文字(T)：用于在命令行提示下输入代替标注值的新的标注文本，生成的标注值显示在尖括号(<>)中。

(3)角度(A)：用于确定标注值的倾斜角度。

【例题 6-2】 按照图 6-18 所示进行对齐标注。

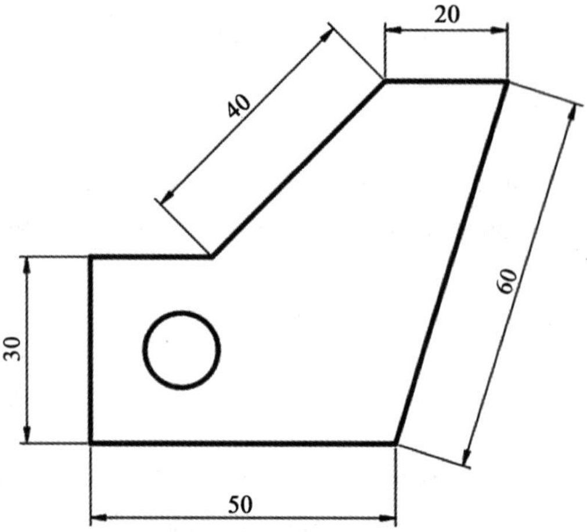


**图 6-18 例题 6-2 图形**

例题 6-2 的操作步骤命令行提示如下：

命令：_dimaligned
指定第一个尺寸界线原点或<选择对象>：
指定第二条尺寸界线原点：
指定尺寸线位置或
[多行文字(M)/文字(T)/角度(A)]：t
输入标注文字<61.08>：60
指定尺寸线位置或
[多行文字(M)/文字(T)/角度(A)]：
标注文字 = 61.08
命令：_dimaligned
指定第一个尺寸界线原点或<选择对象>：
指定第二条尺寸界线原点：
指定尺寸线位置或
[多行文字(M)/文字(T)/角度(A)]：
标注文字 = 50
命令：_dimaligned
指定第一个尺寸界线原点或<选择对象>：
指定第二条尺寸界线原点：
创建了无关联的标注。
指定尺寸线位置或
[多行文字(M)/文字(T)/角度(A)]：
标注文字 = 20
命令：_dimaligned
指定第一个尺寸界线原点或<选择对象>：

指定第二条尺寸界线原点：
指定尺寸线位置或
[多行文字(M)/文字(T)/角度(A)]：
标注文字=30

## 三、弧长标注

### (一)“弧长”标注命令的启动方法

“弧长”标注命令的启动方法有以下 4 种。

(1)菜单栏：选择“标注”菜单→“弧长标注”命令。

(2)功能区：单击“默认”→“注释”→“线性扩展”→“”按钮。

(3)工具栏：单击“”按钮。

(4)命令行：输入“DIMARC”。

### (二)命令解析

“弧长”标注命令的命令行操作提示如下：

命令：_dimarc
选择弧线段或多段线圆弧段：
指定弧长标注位置或[多行文字(M)/文字(T)/角度(A)/部分(P)/引线(L)]：

该命令的选项说明如下。

(1)弧长标注位置：指定尺寸线的位置并确定延伸线的方向。

(2)多行文字(M)：打开“文本编辑器”选项卡，其中高亮显示的值是生成的标注值，可以修改标注值，或者给标注值添加前缀或后缀。

(3)文字(T)：用于在命令行提示下输入代替标注值的新的标注文本，生成的标注值显示在尖括号(<>)中。

(4)角度(A)：用于确定标注值的倾斜角度。

(5)部分(P)：用于部分圆弧的弧长标注。

(6)引线(L)：添加引线对象，仅当圆弧(或弧线段)大于 90°时才会显示此选项。

【例题 6-3】　标注图 6-19 所示圆弧的弧长。

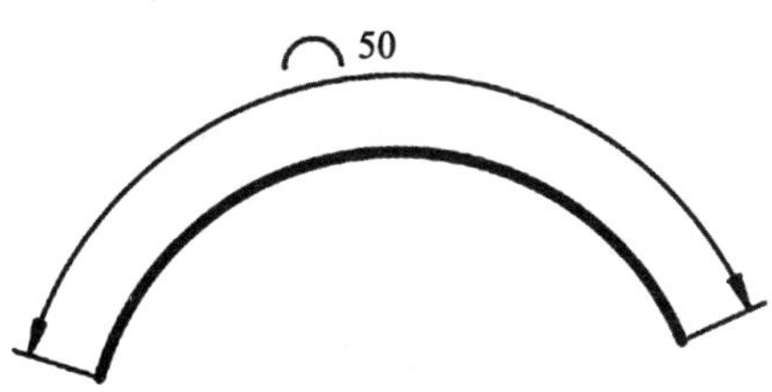


**图 6-19　例题 6-3 图形**

例题 6-3 的操作步骤命令行提示如下：

命令：_dimarc

选择弧线段或多段线圆弧段

指定弧长标注位置或[多行文字(M)/文字(T)/角度(A)/部分(P)/引线(L)]：t

标注文字<54.62>:50

## 四、角度标注

“角度”标注命令用于标注两条不平行直线之间的夹角、圆弧对应的圆心角。

### (一)“角度”标注命令的启动方法

“角度”标注命令的启动方法有以下 4 种。

(1)菜单栏：选择“标注”菜单→“角度”命令。

(2)功能区：单击“默认”→“注释”→“线性扩展”→“”按钮。

(3)工具栏：单击“”按钮。

(4)命令行：输入“DIMANGULAR”。

### (二)命令解析

“角度”标注命令的命令行操作提示如下：

命令：_dimangular

选择圆弧、圆、直线或 <指定顶点>：

选择第二条直线：

指定标注弧线位置或 [多行文字(M)/文字(T)/角度(A)/象限点(Q)]：

该命令的选项说明如下。

象限点(Q)：指定标注应锁定到的象限。打开象限行为后，将标注文字放置在角度标注外时，尺寸线会延伸超过延伸线。

【例题 6-4】 标注图 6-20 所示的圆弧角度。

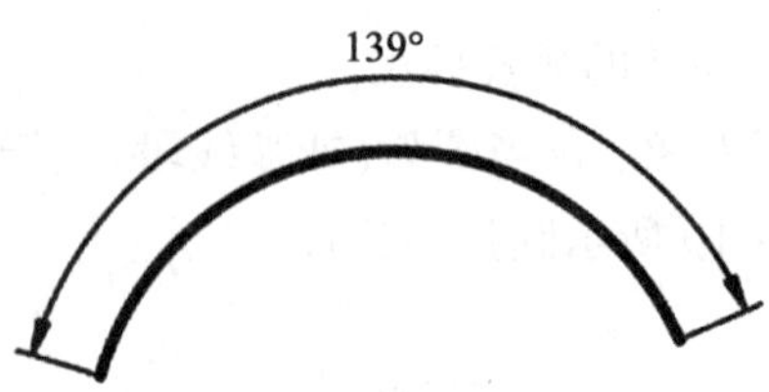


**图 6-20 例题 6-4 图形**

例题 6-4 的操作步骤命令行提示如下：

命令：_dimangular

选择圆弧、圆、直线或<指定顶点>：

指定标注弧线位置或 [多行文字(M)/文字(T)/角度(A)/象限点(Q)]：

标注文字 = 139

【例题 6-5】 标注图 6-21 所示两直线间的角度。

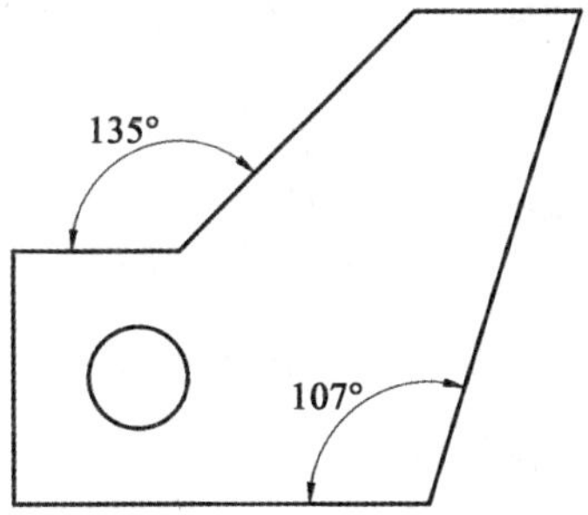


**图 6-21　例题 6-5 图形**

例题 6-5 的操作步骤命令行提示如下：

命令：_dimangular

选择圆弧、圆、直线或<指定顶点>：

选择第二条直线：

指定标注弧线位置或［多行文字(M)/文字(T)/角度(A)/象限点(Q)］：

标注文字＝135

命令：_dimangular

选择圆弧、圆、直线或<指定顶点>：

选择第二条直线：

指定标注弧线位置或［多行文字(M)/文字(T)/角度(A)/象限点(Q)］：

标注文字＝107

## 五、半径/直径标注

### (一)“半径”/“直径”标注命令的启动方法

“半径”/“直径”标注命令的启动方法有以下 4 种。

(1)菜单栏：选择“标注”菜单→“半径”/“直径”命令。

(2)功能区：单击“默认”→“注释”→“线性扩展”→“
”按钮。

(3)工具栏：单击“半径”按钮()或“直径”按钮()。

(4)命令行：半径输入“DIMRADIUS”，直径输入“DIMDIAMETER”。

### (二)命令解析

“半径”/“直径”标注命令的命令行操作提示如下：

命令：_dimradius/dimdiameter

选择圆弧或圆：

指定尺寸线位置或［多行文字(M)/文字(T)/角度(A)］：

【例题 6-6】 标注图 6-22 所示圆的半径和直径。

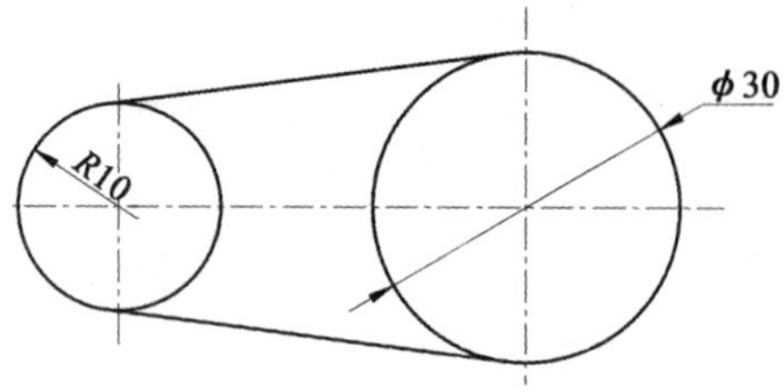


图 6-22　例题 6-6 图形

例题 6-6 的操作步骤命令行提示如下：

命令：_dimradius

选择圆弧或圆：

标注文字=10

指定尺寸线位置或［多行文字(M)/文字(T)/角度(A)］：

命令：_dimdiameter

选择圆弧或圆：

标注文字=30

## 六、折弯标注

### (一)"折弯"标注命令的启动方法

"折弯"标注命令的启动方法有以下 4 种。

(1)菜单栏：选择"标注"菜单→"折弯"命令。

(2)功能区：单击"默认"→"注释"→"线性扩展"→""按钮。

(3)工具栏：单击""按钮。

(4)命令行：输入"DIMJOGGED"。

### (二)命令解析

"折弯"标注命令的命令行操作提示如下：

命令：_dimjogged

选择圆弧或圆：

指定图示中心位置：

指定尺寸线位置或［多行文字(M)/文字(T)/角度(A)］

【例题 6-7】　按照图 6-23 所示进行折弯标注。

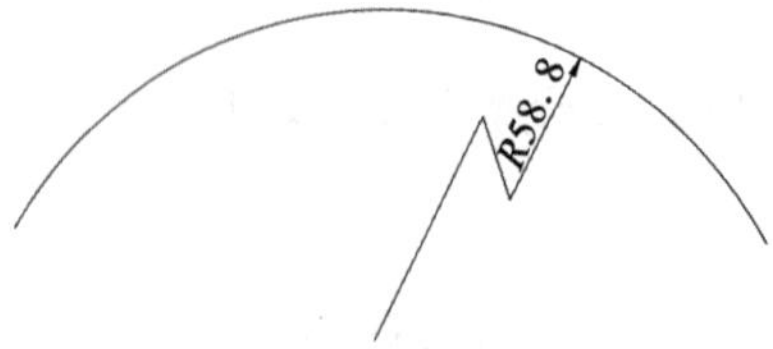


图 6-23　例题 6-7 图形

例题 6-7 的操作步骤命令行提示如下：

命令：_dimjogged

选择圆弧或圆：

指定图示中心位置：

标注文字 = 58.8

指定尺寸线位置或 [ 多行文字(M)/文字(T)/角度(A) ]：

指定折弯位置：

## 七、基线标注

“基线”标注命令用于多个尺寸基于同一尺寸界限的尺寸标准，通常用于长度尺寸、角度和坐标标注。

### (一)“基线”标注命令的启动方法

“基线”标注命令的启动方法有以下 3 种。

(1)菜单栏：选择“标注”菜单→“基线”命令。

(2)工具栏：单击“”按钮。

(3)命令行：输入“DIMBASELINE”。

### (二)命令解析

“基线”标注命令的命令行操作提示如下：

命令：_dimbaseline

指定第二个尺寸界线原点或 [ 选择(S)/放弃(U) ] <选择>：

【例题 6-8】　按照图 6-24 所示进行基线标注。

基线、连续标注

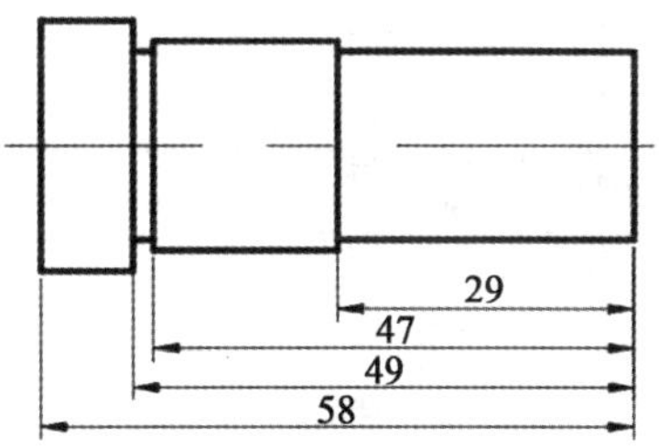


**图 6-24　例题 6-8 图形**

提示：先用“线性”标注命令标注出轴最右端 29 的长度，再用“基线”标注命令进行标注。

例题 6-8 的操作步骤命令行提示如下。

命令：_dimbaseline

指定第二个尺寸界线原点或 [ 选择(S)/放弃(U) ] <选择>：

标注文字 = 47

指定第二个尺寸界线原点或 [ 选择(S)/放弃(U) ] <选择>：

标注文字=49

指定第二个尺寸界线原点或［选择(S)/放弃(U)］<选择>:

标注文字=58

指定第二个尺寸界线原点或［选择(S)/放弃(U)］<选择>:

## 八、连续标注

“连续”标注命令用于一系列连续的尺寸标注，后一个尺寸标注把前一个标注的第二条尺寸界限作为其第一条尺寸界限，通常用于长度尺寸标注。在使用“连续”标注命令之前，应该先标注出一个相关的尺寸作为基准标注。

### (一)“连续”标注命令的启动方法

“连续”标注命令的启动方法有以下 3 种。

(1)菜单栏：选择“标注”菜单→“连续”命令。

(2)工具栏：单击“”按钮。

(3)命令行：输入“DIMCONTINUE”。

### (二)命令解析

“连续”标注命令的命令行操作提示如下：

命令：_dimcontinue

指定第二个尺寸界线原点或［选择(S)/放弃(U)］<选择>:

【例题 6-9】 按照图 6-25 所示进行连续标注。

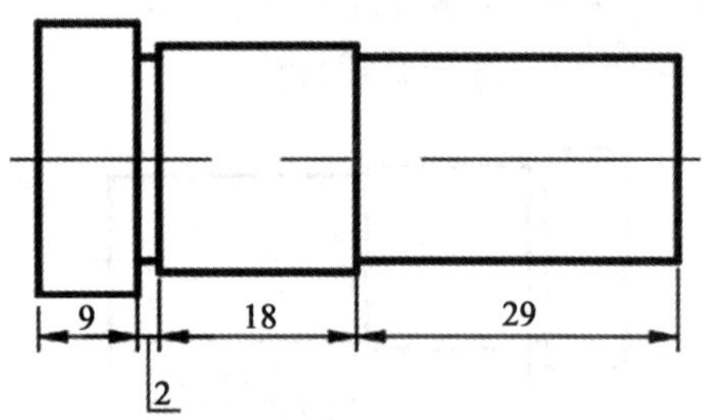


**图 6-25 例题 6-9 图形**

提示：先用“线性”标注或“对齐”标注命令标出阶梯轴最右端 29 的长度，再用“连续”标注命令进行标注。

例题 6-9 操作步骤命令行提示如下。

命令：_dimcontinue

选择连续标注：

指定第二个尺寸界线原点或［选择(S)/放弃(U)］<选择>:

标注文字=18

指定第二个尺寸界线原点或［选择(S)/放弃(U)］<选择>:

标注文字=2

指定第二个尺寸界线原点或［选择(S)/放弃(U)］<选择>:

标注文字=9

## 九、快速标注

“快速标注”命令既可以同时选择多个对象进行基线标注和连续标注，也可以同时选择多个圆或圆弧标注直径或半径。

### (一)“快速标注”命令的启动方法

“快速标注”命令的启动方法有以下 3 种。

(1)菜单栏：选择“标注”菜单→“快速标注”命令。

(2)工具栏：单击“”按钮。

(3)命令行：输入“QDIM”。

### (二)命令解析

“快速标注”命令的命令行操作提示如下：

命令：_qdim

选择要标注的几何图形：

指定尺寸线位置或［连续(C)/并列(S)/基线(B)/坐标(O)/半径(R)/直径(D)/基准点(P)/编辑(E)/设置(T)］<连续>:

该命令的选项说明如下。

(1)连续(C)：产生一系列连续标注的尺寸。

(2)并列(S)：产生一系列交错的尺寸标注。

(3)基线(B)：产生一系列基线标注尺寸。

(4)坐标(O)：产生一系列坐标标注尺寸。

(5)半径(R)：产生一系列半径标注尺寸。

(6)直径(D)：产生一系列直径标注尺寸。

(7)基准点(P)：为基线标注和连续标注指定一个新的基准点。

(8)编辑(E)：对多个尺寸标注进行编辑。

【例题 6-10】　用“快速标注”命令标注图 6-26 所示阶梯轴的基线。

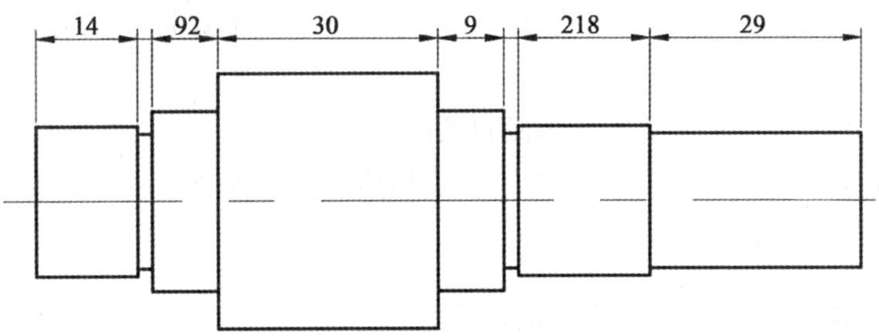


**图 6-26　例题 6-10 图形**

例题 6-10 的操作步骤命令行提示如下：

命令：_qdim

关联标注优先级=端点

选择要标注的几何图形：找到 1 个

选择要标注的几何图形：找到 1 个，总计 2 个

选择要标注的几何图形：找到 1 个，总计 3 个

选择要标注的几何图形：找到 1 个，总计 4 个

选择要标注的几何图形：找到 1 个，总计 5 个

选择要标注的几何图形：找到 1 个，总计 6 个

选择要标注的几何图形：找到 1 个，总计 7 个

选择要标注的几何图形：找到 1 个，总计 8 个

选择要标注的几何图形：回车确认

指定尺寸线位置或［连续(C)/并列(S)/基线(B)/坐标(O)/半径(R)/直径(D)/基准点(P)/编辑(E)/设置(T)］<连续>：

## 十、尺寸标注的编辑

AutoCAD 可以对已经创建好的尺寸标注进行编辑及修改，利用“编辑标注”命令可以旋转、修改或恢复标注文字，更改尺寸界线的倾斜角，移动文字和尺寸线，等等。利用“编辑标注文字”命令可以更改或恢复标注文字的位置，对正方式和角度，等等。

### （一）“编辑标注”命令的启动方法

“编辑标注”命令的启动方法有以下 2 种。

(1)工具栏：单击“”按钮。

(2)命令行：输入“DIMEDIT”或“DED”。

### （二）命令解析

“编辑标注”命令的命令行操作提示如下：

命令：_dimedit

输入标注编辑类型［默认(H)/新建(N)/旋转(R)/倾斜(O)］<默认>：

该命令的选项说明如下。

(1)默认(H)：按照尺寸标注样式中设置的默认位置和方向放置尺寸文本。

(2)新建(N)：选择此选项，系统打开“文字编辑器”选项卡，可利用此选项卡对尺寸文本进行修改。

(3)旋转(R)：改变尺寸文本行的倾斜角度。

(4)倾斜(O)：修改线性尺寸标注的尺寸延伸线，使其倾斜一定角度，与尺寸线不垂直。

### （三）“编辑标注文字”命令的启动方法

“编辑标注文字”命令的启动方法有以下 3 种。

(1)菜单栏：选择“标注”菜单→“对齐文字”→“

”按钮。

(2)工具栏：单击“”按钮。

(3)命令行：输入“DIMTEDIT”或“DIMTED”。

### (四)命令解析

“编辑标注文字”命令行操作提示如下：

命令：_dimtedit

选择标注：选择一个尺寸标注

为标注文字指定新位置或［左对齐(L)/右对齐(R)/居中(C)/默认(H)/角度(A)］：

该命令的选项说明如下。

(1)左(L)：使尺寸文本沿尺寸线向左对齐。

(2)右(R)：使尺寸文本沿尺寸线向右对齐。

(3)居中(C)：把尺寸文本放在尺寸线上的中间位置。

(4)默认(H)：把尺寸文本按照默认位置放置。

(5)角度(A)：改变尺寸文本行的倾斜角度。

## 十一、巩固提高案例

尺寸标注巩固提高案例

绘制由直线、圆弧构成的二维图形，巩固提高标注技巧。

【例题 6-11】　利用“线性”“对齐”“半径”“直径”等标注命令，标注图 6-27 所示图形。

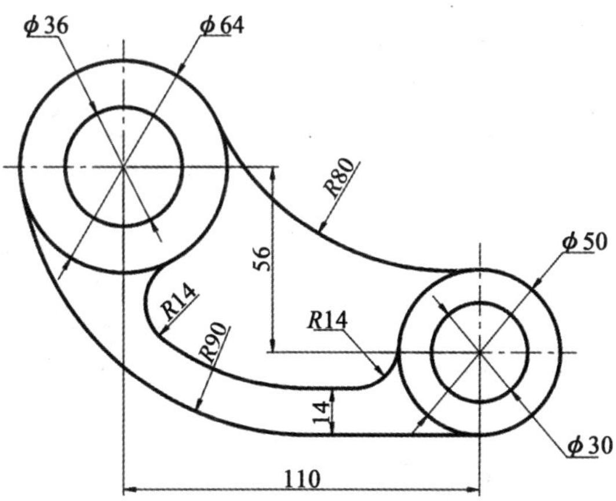


**图 6-27　例题 6-11 图形**

提示：①利用“线性”标注命令标出 14；②利用“对齐”标注命令标出 56，110；③利用“半径”标注命令标出 $R14$，$R90$，$R14$，$R80$；④利用“直径”标注命令标出 $\phi30$，$\phi50$，$\phi64$，$\phi36$。

【例题 6-12】 利用“对齐”“角度”“半径”“直径”等标注命令，标注图 6-28 所示图形。

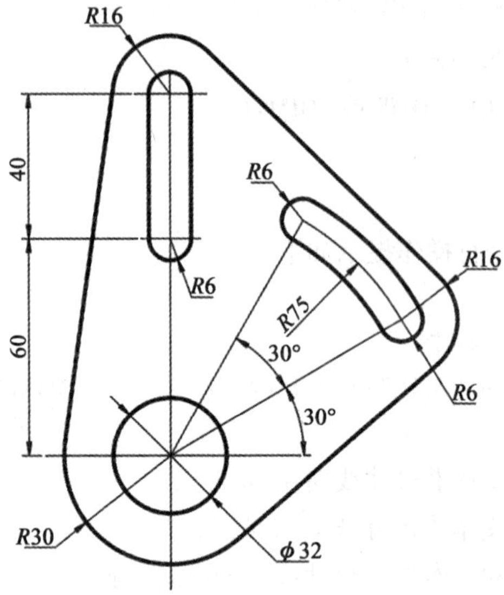


**图 6-28 例题 6-12 图形**

提示：①利用“对齐”标注命令标出 60，40；②利用“半径”标注命令标出 *R*6，*R*16，*R*30，*R*75；③利用“直径”标注命令标出 $\phi$32；④利用“角度”标注命令标注 30°。

标注齿轮

【例题 6-13】 标注如图 6-29 所示图形。

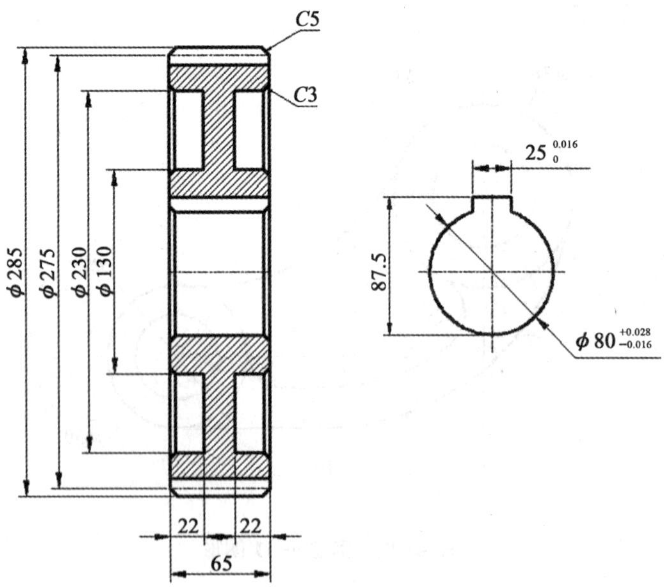


**图 6-29 例题 6-13 图形**

提示：①尺寸数值前标注直径；②标注公差。

# 项目七

# 图块应用与设计中心

## 知识目标

(1)让学生掌握图块的功能及常见的应用。

(2)让学生掌握属性的功能及应用。

(3)让学生掌握块的定义方法。

(4)让学生掌握属性的定义方法。

(5)让学生掌握块、块属性的插入方法。

(6)让学生掌握块、块属性的编辑方法。

(7)让学生掌握设计中心的使用方法。

## 技能目标

(1)熟练掌握块、块属性的制作方法等。

(2)能够熟练使用块、块属性完成加工符号、电气元件等的制作。

(3)能够熟练使用块属性编辑器。

(4)能够快速完成块属性的插入和编辑。

(5)通过设计中心来调用其他文件中的块属性。

## 素质目标

(1)通过块的应用训练学生的全局意识,如图形中的块可以统一调整修改等。

(2)创新性素质:通过改变块的大小、方向和属性值来创新完成一类图。

(3)团队合作素质:通过设计中心可以调用其他成员的图形,也可以分工合作。

(4)增强学生解决问题的能力。

# 任务一　图块的应用

## 任务情景

学生通过本任务的学习，当在绘图过程中遇到一些重复图形、相似图形或有规律变化的图形内容时，可以考虑使用图块和属性解决问题，以简化工作量，方便图形的编辑修改。

## 任务目标

(1)熟练掌握块定义和属性定义的方法，掌握定义块的三要素。

(2)掌握块插入的方法，能在插入过程中改变块的大小、方向和基点的控制，能给有属性的块进行属性赋值。

(3)掌握块属性编辑器的应用，能熟练修改块属性的内容。

(4)了解设计中心。

(5)掌握通过设计中心调用其他文件中的块属性的方法。

## 任务要求

将加工符号中的表面粗糙度符号中的数字部分定义成属性，绘制符号并创建带属性的块。在图形中需要的位置插入块并给属性赋值。

## 任务思考

通过对 AutoCAD 中块属性的学习，学生能够合理利用块，以提高绘图效率、减少工作量。但是此内容不好理解，学生接受较慢，因此必须强化训练，让学生熟练掌握，以便使绘图既准确又高效。

## 任务实施

### 一、创建图块

图块是 AutoCAD 提供的在图形中管理对象的重要功能之一，属性是块的文本信息，图块是一组图形或文本对象构成的单一对象。当插入块时，用户可以通过输入缩放比例因子及旋转角度来设定块的大小和方向，也可以通过块编辑器对已插入的块进行统一编辑修改。

块和块属性

☞ **知识点精**

块是由一个或多个对象组成的对象集合，常用于绘制复杂、重复的图形。它具有提高绘图速度、节省储存空间、便于修改图形和数据管理的特点，广泛应用于机械图中的加工符号、螺栓、垫圈等，建筑图中的门、窗标高等，电气图中的电气元件等。还具有减少重复性劳动、节省存储空间、方便编辑等优点。

## (一)创建块的三要素

创建块的三要素即确定定义块的名称、选定创建块的图形或文本对象、确定块的插入基点。

“创建块”命令调用“块定义”对话框的方法有以下 4 种。

(1)菜单栏：执行“绘图”→“块”→“创建”命令。

(2)命令行：在命令行中输入“BLOCK”或“B”命令。

(3)功能区：在“插入”选项卡中，单击“块定义”面板中的“创建块”按钮。

(4)功能区：在“默认”选项卡中，单击“块”面板中的“创建”按钮。

“块定义”对话框如图 7-1 所示。

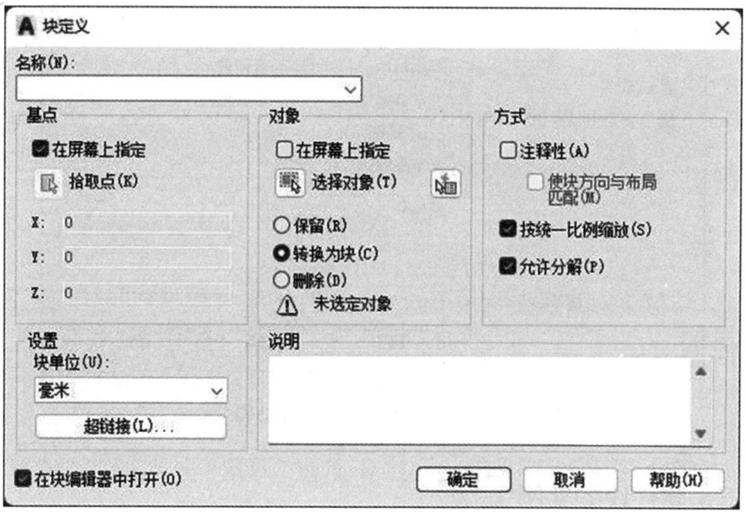


图 7-1　“块定义”对话框

## (二)创建块的实例

(1)打开 AutoCAD 文件，创建块所需图形对象。

(2)通过上述 4 种方法中的一种，打开“块定义”对话框。

(3)在“名称”输入框中输入要创建的块的名称。

(4)单击“选择对象”按钮，选择预创建块的图形元素，确认返回。

(5)单击“拾取点”按钮，在图形中指定块的基点。

(6)单击“确定”按钮，完成块的创建。

## 二、创建带属性的块

属性是属于图块的非图形信息，是图块的组成部分。属性具有以下特点：在插入块时可以给属性赋值，插入后可以通过块属性编辑器来编辑属性值。

### (一)定义属性

调用“属性定义”对话框的方法有以下3种。

(1)菜单栏：执行“绘图”→“块”→“定义属性”命令。

(2)功能区：在“插入”选项卡中，单击“块定义”面板中的“定义属性”按钮。

(3)功能区：在“默认”选项卡中，单击“块”面板中的“定义属性”按钮。

“属性定义”对话框如图7-2所示。

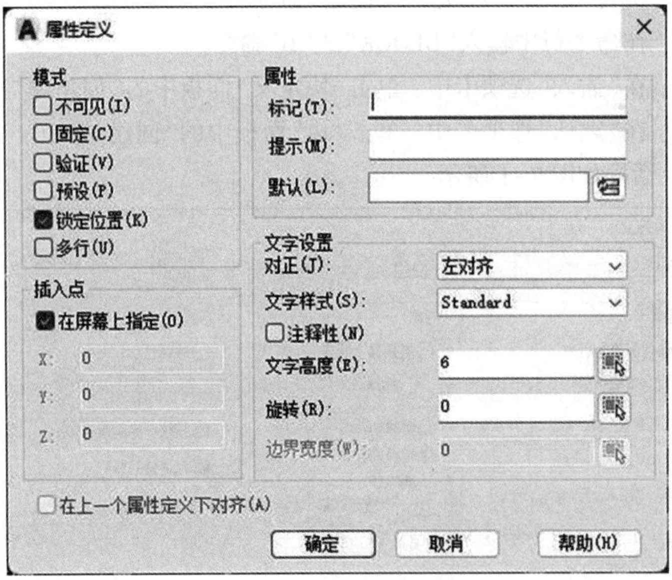


图7-2 “属性定义”对话框

### (二)创建带属性块的实例

(1)打开AutoCAD文件，创建块所需的图形对象。

(2)定义属性，通过上述打开“属性定义”对话框的方法，打开“属定义性”对话框，在“标记”输入框中输入标记内容(赋值前显示内容)；在“提示”输入框中输入提示内容(插入属性赋值时的提示内容)；在“默认”输入框中输入默认值，也可以不输；在“文字高度”输入框中输入文字高度，也可以用鼠标在屏幕上指定文字高度；可以在“旋转”输入框中改变旋转角度。单击“确定”按钮，在绘图区单击以确定属性的位置，放置属性，完成定义属性。

(3)通过4种块定义方法中的一种，打开“块定义”对话框。在“名称”输入框中输入要创建块的名称；单击“选择对象”按钮，选择预创建块的图形元素，选择要创建块的属性内容，选择完毕确认返回；单击“拾取点”按钮，在图形中指定块的基点；单击“确定”按钮，完成带属性的块的创建。

## 三、插入图块

创建完成的图块，可以在绘图时根据需要插入到图形中使用，在 AutoCAD 中不仅可以插入单个图块，而且可以连续插入多个相同的图块。

在 AutoCAD 中，可以通过以下 4 种方法启动“块选项板”对话框。

(1)菜单栏：执行“插入”→“块选项板”命令。

(2)命令行：在命令行中输入“INSERT”命令。

(3)功能区：在“插入”选项卡中，单击“块”面板中的“插入块”按钮。

(4)功能区：在“默认”选项卡中，单击“块”面板中的“插入块”按钮。

“块选项板”对话框如图 7-3 所示。

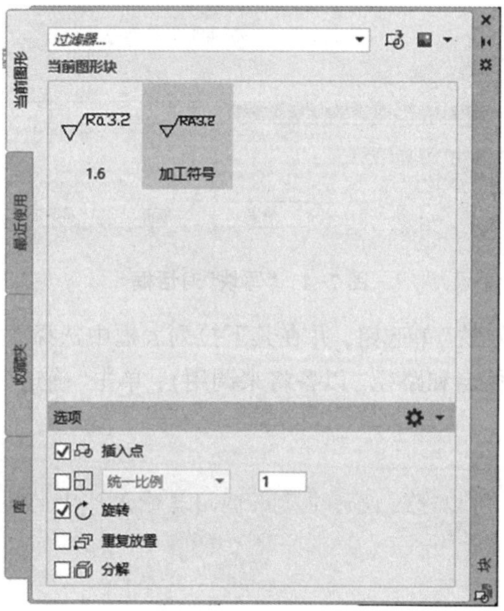


**图 7-3　“块选项板”对话框**

(1)在“块选项板”对话框中选择插入的块(单击选择)，既可以在“当前图形选项卡”中选择，也可以在“最近使用”“收藏夹”“库”选项卡中选择。

(2)在绘图区选择插入点，可指定缩放比例及旋转角度，输入属性值。

☞ **知识点精**

如选择重复放置选项，可连续放置多个。

## 四、写块

写块又称创建外部块。写块是将块以文件的形式保存在本地磁盘中，用户可以根据需要随时将外部图块调用到其他图形文件中。

用户可以通过“WBLOCK”命令启动“写块”对话框。即在命令行中输入“WBLOCK”命令，打开“写块”对话框，如图 7-4 所示。

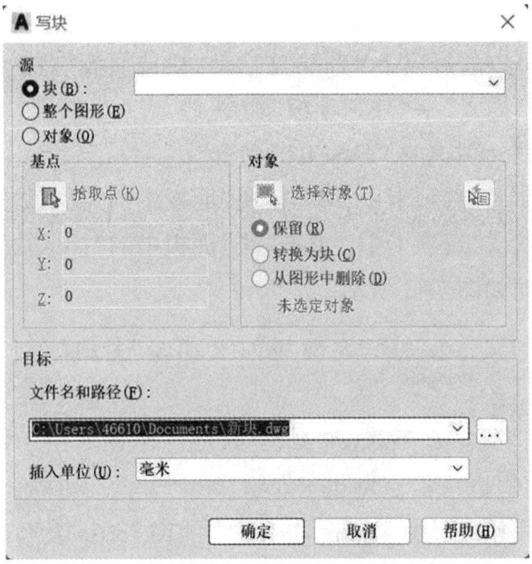


图 7-4 “写块”对话框

在该对话框中选择“块”单选钮，并在其下拉列表框中选择要保存为文件的块；设置文件名和路径(记住文件名和路径，以备将来调用)；单击“确定”按钮，完成写块操作。

☞ **知识点精**

在 AutoCAD 中，可以通过设计中心来调用其他文件中的块、图层、标注样式等内容到当前文件中。

## 五、修改图块

### (一)编辑块

打开“块编辑器”窗口，修改已创建好的块。

方法一：功能区。在“插入”选项卡中，单击“块”面板中的“块编辑器”按钮，打开“编辑块定义”对话框(如图 7-5 所示)，选择要编辑的块，单击“确定”按钮后进入“块编辑器”窗口(如图 7-6 所示)，可以对块进行修改。

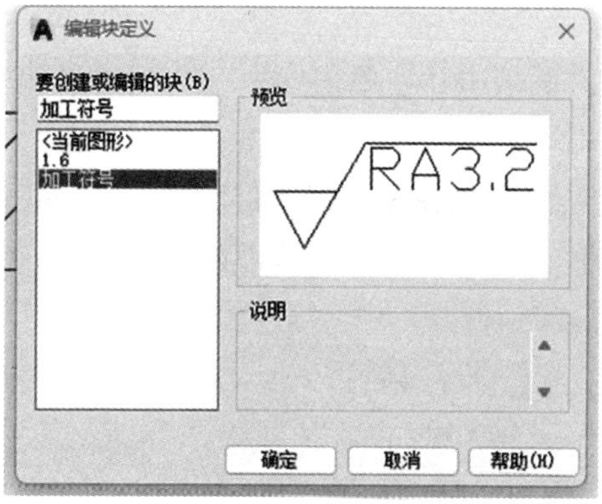


图 7-5　“编辑块定义”对话框

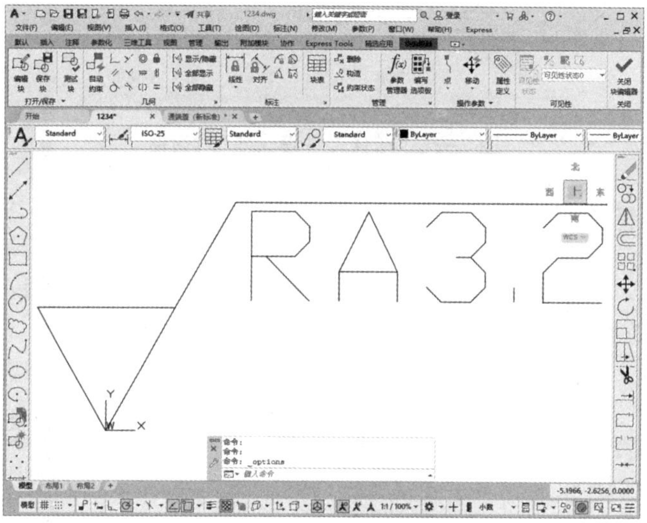


图 7-6　“块编辑器”窗口

方法二：菜单栏。执行“工具”→“块编辑器”，打开“编辑块定义”对话框，选择要编辑的块，单击“确定”按钮后进入“块编辑器”窗口，对块进行修改。

方法三：选择要插入的块，右击选择“块编辑器”，直接打开“块编辑器”窗口。

在块编辑器中修改完块图形后，单击“关闭”按钮，关闭块编辑器，在弹出的对话框中单击第一项“将更改保存到块文件中”。

☞ **知识点精**

在完成块修改后，已插入的块都可以同步更新。

## (二)编辑属性

插入块中的属性值可以进行编辑，具体方法如下。

(1)菜单栏：执行“修改”→“对象”→“属性”→“单个”命令。

(2)功能区：在“插入”选项卡中，单击“块”面板中的“编辑属性”按钮，选“单个”

命令。

(3)功能区：在“默认”选项卡中，单击“块”面板中的“编辑属性”按钮，选“单个”命令。

选“单个”命令后，在绘图区选择要编辑的带属性的块，打开“增强属性编辑器”对话框，如图 7-7 所示。在“值”文本框中输入要修改的值，单击“确定”按钮完成操作。

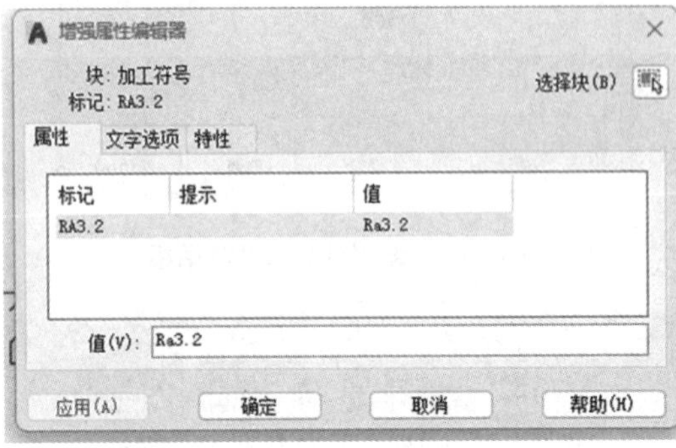


图 7-7　“增强属性编辑器”对话框

## 六、巩固提高案例

块属性综合实例：机械零件图加工符号(表面粗糙度)的制作应用。通端盖零件效果图如图 7-8 所示，应用块属性标注加工符号。

块属性的制作

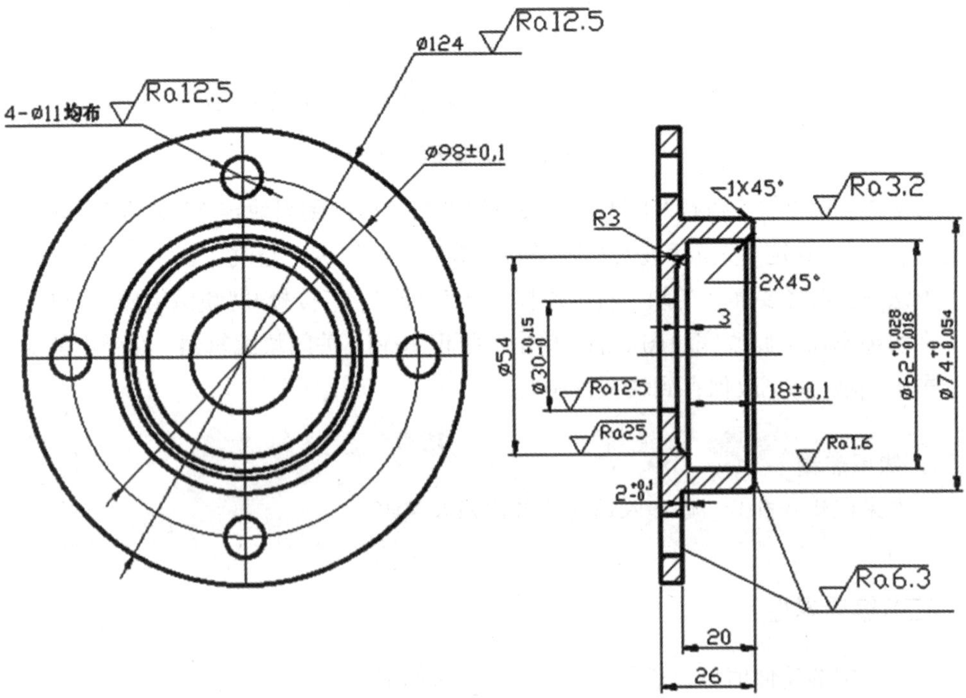


图 7-8　通端盖零件效果图

(1)通过 AutoCAD 绘制基本图形和基本标注，如图 7-9 所示。

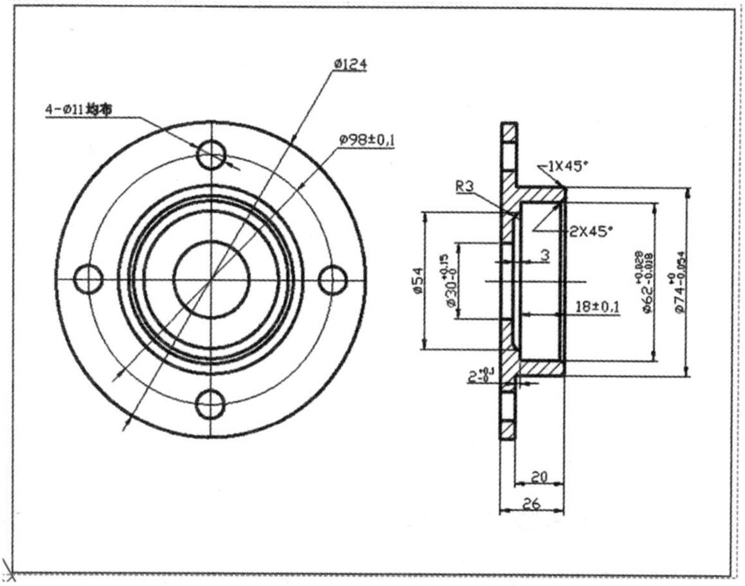


**图 7-9　通端盖零件基本图形和基本标注**

(2)在图 7-9 的基础上制作块及块属性，标注加工符号。

①制作块基本图形。设置“极轴追踪增量角”为 30°，操作步骤命令行如下：

命令：_line　//启动“直线”命令//

指定第一个点：　//屏幕指定一个点//

指定下一点或 [放弃(U)]：7　//捕捉极角 300°，输入极轴长 7//

指定下一点或 [放弃(U)]：7　//捕捉极角 60°，输入极轴长 7//

指定下一点或 [闭合(C)/放弃(U)]：c　//输入“c”，闭合生成正三角形//

命令：　//结束命令//

命令：_line　//启动“直线”命令//

指定第一个点：　//屏幕指定三角形右上角点//

指定下一点或 [放弃(U)]：7　//捕捉极角 60°，输入极轴长 7//

指定下一点或 [放弃(U)]：20　//捕捉极角 0°，输入极轴长 20//

命令：　//结束命令//

生成块基本图形，如图 7-10 所示。

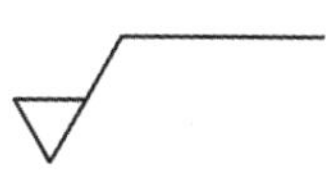

**图 7-10　块基本图形**

②定义属性。具体操作步骤如下。

❖在菜单栏中，执行“绘图”→“块”→“定义属性”命令。

打开“属性定义”对话框(如图 7-11 所示)，在“标记”输入框中输入“粗糙度”，在

“提示”输入框中输入“输入值”，在“默认”输入框中输入“3.2”；指定“文字高度”为“5”，单击“确定“按钮，返回到绘图窗口，将属性放置在块图形的适当位置，如图 7-12 所示。

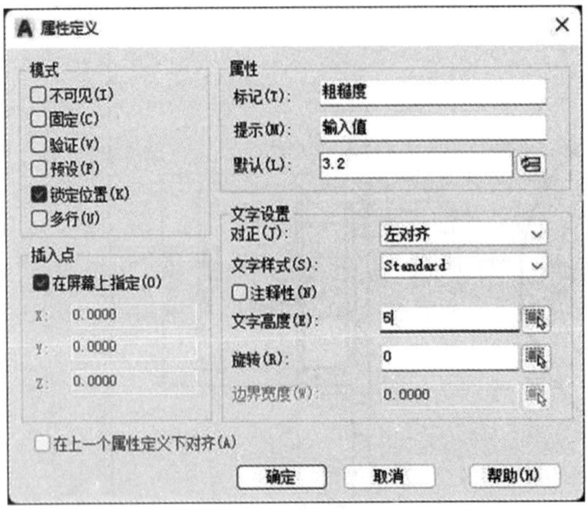


**图 7-11　“属性定义”对话框**

**图 7-12　定义属性**

(3)创建带属性的块。具体操作如下。

在菜单栏中，执行“绘图”→“块”→“创建”命令。打开“块定义”对话框，输入块名称“加工符号”。指定基点为图形下方的顶点，选择对象为“加工符号的图形和定义的属性”，单击“确定”按钮后完成块定义。

(4)插入块到通端盖基本图形中。

在菜单栏中，执行“插入”→“块选项板”命令。打开“块选项板”对话框，在“当前图形”选项卡中选择“粗糙度加工符号”(如图 7-13 所示)，即可在图形中插入块及属性值，得到的最终效果如图 7-14 所示。

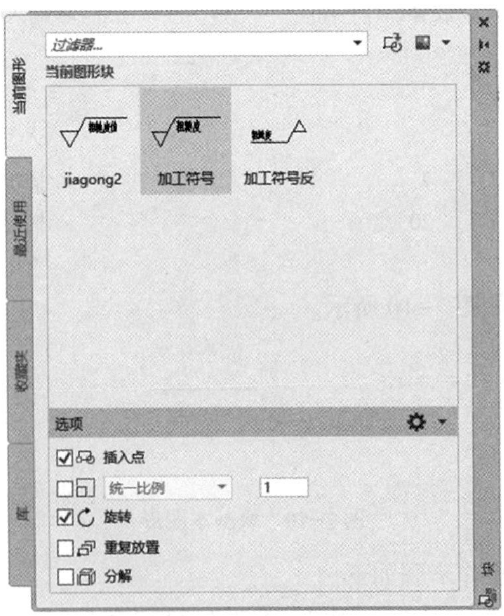


**图 7-13　“块选项板”面板**

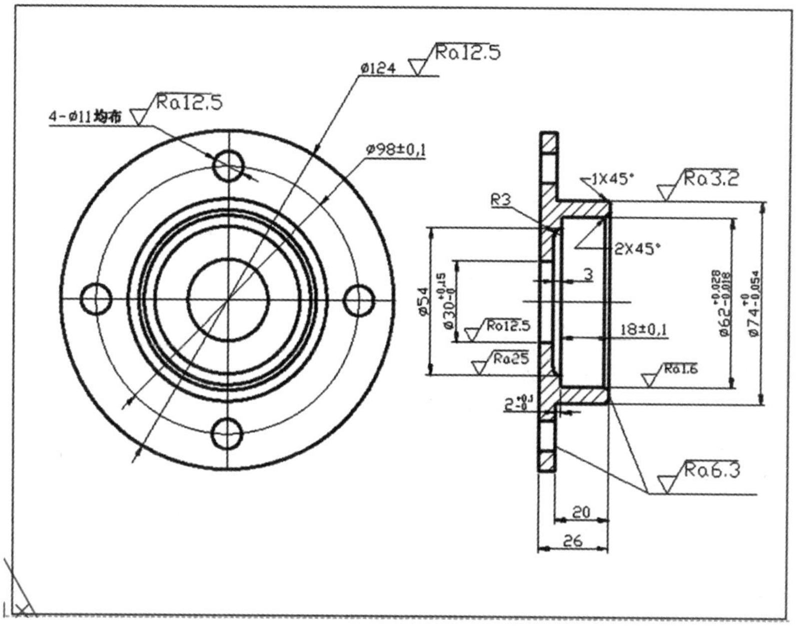


图 7-14　插入加工符号块属性的最终效果图

☞ **知识点精**

块是由一个或多个对象组成的对象集合，在插入块时，可以通过改变图块的比例来调节块的大小以与图形匹配；还可以通过“旋转”改变块的方向，使加工符号指向加工面。

另外，还可以通过“最近使用”选项卡，调用最近使用过的块。

或者可以通过“收藏夹”或“库”来调用其他 AutoCAD 文件中的块。

# 任务二　布局、打印

## 任务情景

在前面，学生已经学习了 AutoCAD 二维图形的绘制方法，能够绘制简单的二维图形。要想看到图形的最终效果，还要学习 AutoCAD 图形的布局和打印知识。

## 任务目标

(1)掌握新建布局的方法。

(2)掌握布局重命名的方法。

(3)掌握布局中窗口的调整方法。

(4)掌握激活窗口并调整窗口内物体视图的方法。

(5)掌握设置布局中的页面大小和方向的方法。

(6)学会打印布局。

## 任务要求

(1)培养学生灵活切换、运用模型空间和图纸空间的能力。

(2)培养学生在布局空间灵活调整窗口的能力。

(3)掌握设置布局空间、调节窗口的方法。

(4)培养学生合理灵活地利用布局来打印图形的能力。

## 任务思考

灵活运用布局，可提高出图效果，可考虑通过布局多窗口来实现多视图的效果。

## 任务实施

### 一、模型空间与布局空间

布局和打印

#### (一)模型空间

模型空间主要用于建模，绘图、修改、标注等操作都是在模型空间完成的。模型空间是一个没有界限的三维空间，用户在这个空间以任意尺寸绘制图形，通常按照 1∶1 的比例，以实际尺寸绘制实体。AutoCAD 中，大部分工作是在模型空间完成的。

#### (二)布局空间

布局空间，又称图纸空间，是为了打印出图而设置的。一般在模型空间绘制完图形后，需要将图形输出到图纸上。为了让用户方便设置打印设备、纸张、比例、图纸视图布置等，AutoCAD 提供了一个用于进行图纸设置的布局空间。布局空间还可以预览到真实的图纸输出效果。

#### (三)模型空间与图纸空间的转换

一般用于绘图的都是模型空间，在默认情况下，AutoCAD 显示的窗口是模型窗口，在绘图窗口的左下角显示“模型”和“布局”窗口的选项卡按钮，单击“布局 1”或“布局 2”可进入图纸空间。

#### (四)添加布局和重命名

把光标放在“布局”选项卡的标题处，右击打开快捷菜单，如图 7-15 所示，通过快捷菜单中的命令可新建布局或重命名。

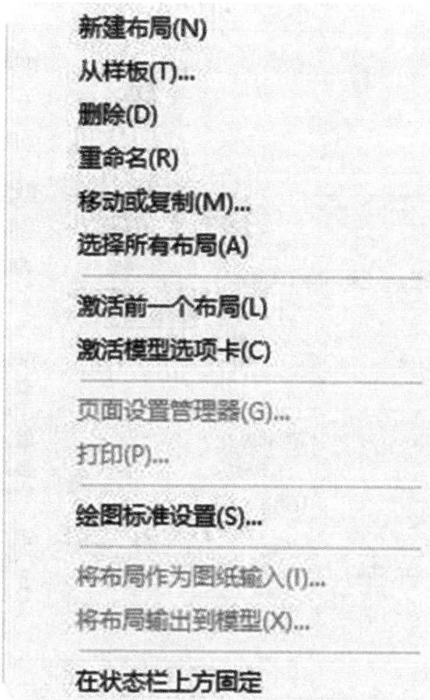


图 7-15　新建布局、重命名

## 二、布局空间的设置

### (一)设置图纸的大小和方向

用鼠标在打开的布局的标签位置右击，在打开的快捷菜单中选择“页面设置管理器”(如图 7-16 所示)，打开“页面设置管理器”对话框(如图 7-17 所示)，在“页面设置管理器”对话框中单击“修改”按钮，打开“页面设置”对话框(如图 7-18 所示)，可分别设置打印机、纸张大小、纸张方向等参数。

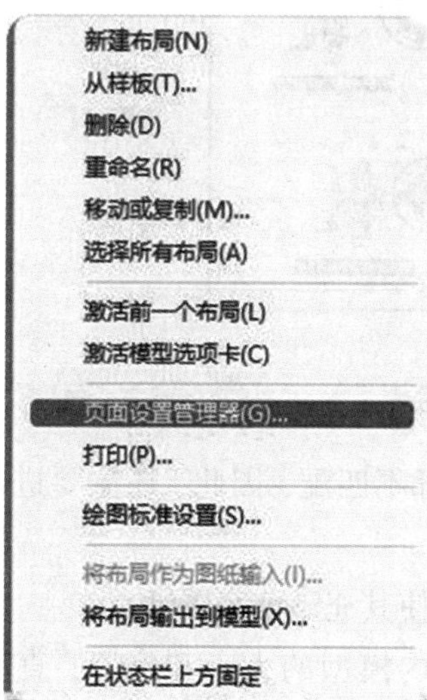


图 7-16　选择“页面设置管理器”

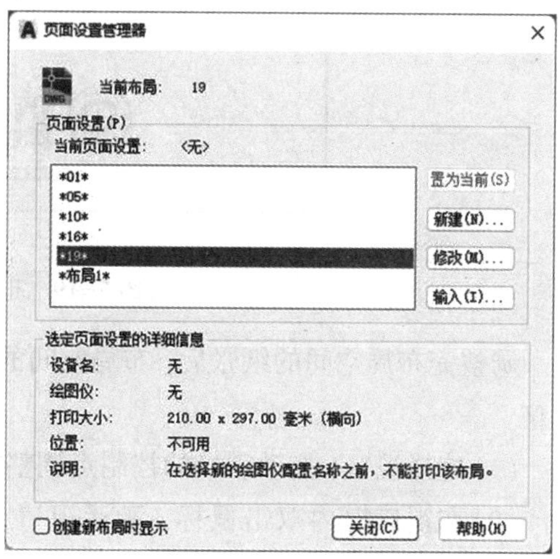


图 7-17　“页面设置管理器”对话框

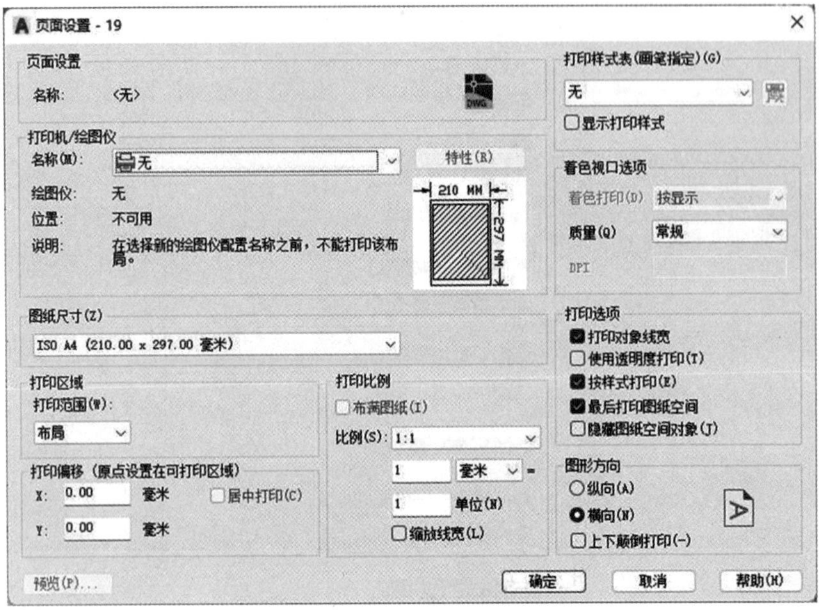


图 7-18 “页面设置”对话框

## (二)设置视口

打开现有 AutoCAD 的布局空间，如图 7-19 所示。

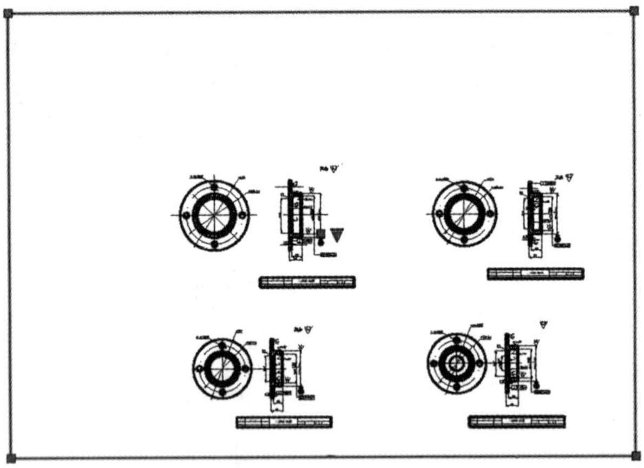

图 7-19 布局空间示意图

调整完布局空间的纸张后，布局空间的视口一般都不匹配，因此，还需要进行如下调整。

(1)选择视口，拖动视口的控制点调整视口大小，使其充满整张图纸。

(2)在视口框内双击鼠标，激活视口，调整视口内模型的大小和位置，直至理想状态。

(3)可删除当前视口，重建视口；也可建多个视口或多边形视口。菜单栏：执行“视图"→"视口"→"新建视口"→"单个视口/多边形视口"等命令。

(4)调整后的布局空间如图 7-20 所示。

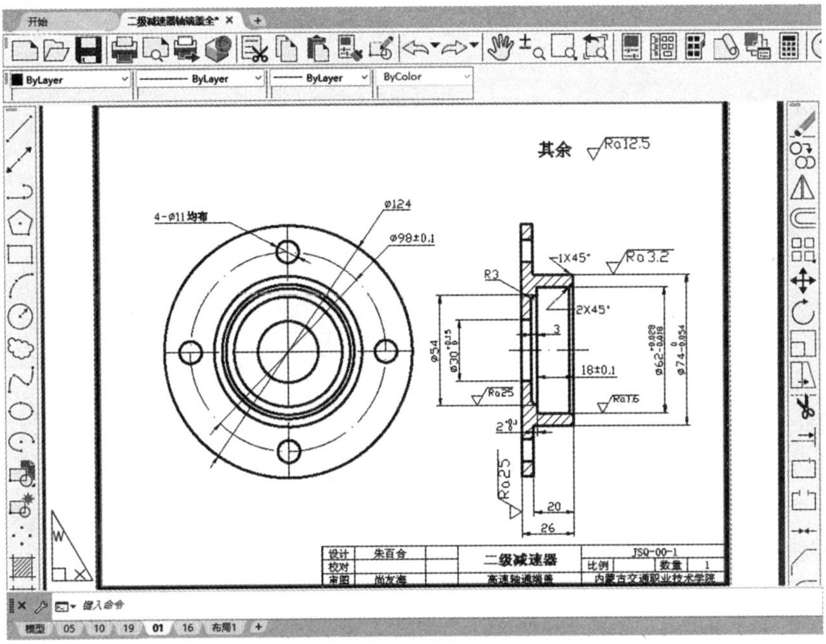


图 7-20　调整后的布局空间

# 项目八

## 三维建模

### 知识目标

(1)熟悉三维模型空间。
(2)掌握创建三维标准体的命令。
(3)掌握拉伸建模方法。
(4)掌握旋转建模方法。
(5)理解扫掠建模方法。
(6)理解放样建模方法。

### 技能目标

(1)熟练切换二维、三维视图窗口。
(2)能够熟练调用三维常用命令。
(3)能够准确掌握拉伸建模命令的调用方法。
(4)能够准确掌握旋转建模命令的调用方法。
(5)能够掌握扫掠建模命令的调用方法。
(6)能够掌握放样建模命令的调用方法。

### 素质目标

(1)学生不仅能使用 AutoCAD 绘制图形，而且可以通过三维建模功能，利用二维图形创建出三维模型。
(2)让学生掌握三维概念，并将二维图形转换成三维实体或曲面。
(3)学生可以通过三维建模方法创建新的三维模型。
(4)创建三维模拟动画，激发学生的创造力。

# 任务一　三维建模基础

## 任务情景

学完二维绘图功能后，学生继续学习并掌握三维建模的基础知识及常用的建模方法，同时能灵活运用这些方法制作相对复杂的模型。

## 任务目标

(1)掌握创建三维标准体的方法，并创建标准体。
(2)掌握拉伸命令建模方法，并创建拉伸体。
(3)掌握旋转命令建模方法，并创建旋转体。
(4)理解扫掠命令建模方法，并生成扫掠体。
(5)理解放样命令建模方法，并生成放样体。

## 任务要求

(1)培养学生的三维概念，增加其空间想象力。
(2)熟悉创建三维标准体命令的各项参数。
(3)熟悉拉伸命令的各项参数和功能，掌握拉伸建模方法。
(4)熟悉旋转命令的各项参数和功能，掌握旋转建模方法。
(5)了解扫掠、放样命令的各项参数和功能，掌握简单模型的建模方法。

## 任务思考

灵活运用三维建模命令，可以提高学生的三维想象力。定性的模型，可使用标准体建模；定量的复杂模型，常配合使用拉伸、旋转、扫掠建模命令及布尔运算等编辑命令建模。

## 任务实施

### 一、三维模型空间

三维建模基础

AutoCAD 中，当创建三维模型时，可以从二维绘图空间切换至三维工作空间。单击右下角快速访问工具栏上的“切换工作空间”按钮，弹出“切换工作空间”下拉列表(如图 8-1 所示)，选择“三维建模”或“三维基础”选项，切换至三维模型空间。在默认情况下，三维建模空间包含“建模”面板、“实体编辑”面板、“绘图”面板、“修改”面板、“坐标”面板等。

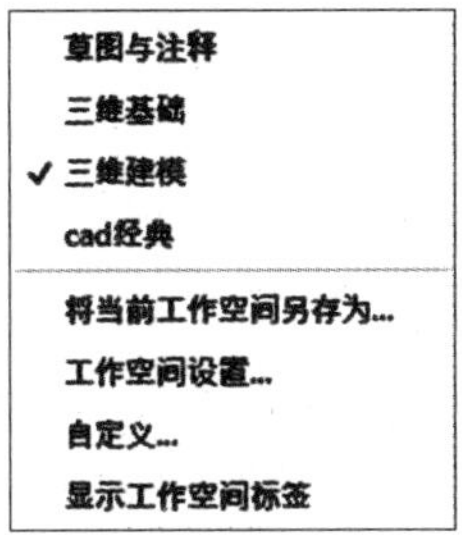


图 8-1　“切换工作空间”下拉列表

三维模型主要分为两大类：实体模型和曲面模型。实体建模方法有标准体建模、拉伸面建模、旋转面建模、放样面建模、扫掠面建模。在使用拉伸、旋转、放样、扫掠建模时，要先将二维封闭图形生成面域(通过“绘图”菜单→“面域”命令)。注意：圆、矩形等标准封闭图形可直接用于建模。

## 二、创建三维标准体

三维标准体包括圆柱体、圆锥体、球体、棱锥体、楔体、圆环体、多段体。在“创建”选项卡中，单击“标准体”下拉列表(如图 8-2 所示)，单击相应的标准体按钮即可调用该命令，根据命令提示行的提示输入相应的参数可获得相应的标准体模型。“标准体”在机械设计的定量设计方面并不常用，其常用于定性动画的制作。

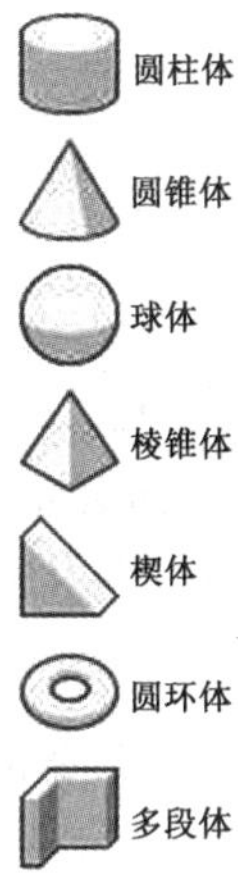


图 8-2　“标准体”下拉列表

## 三、拉伸二维图形建立实体或曲面

“拉伸”命令的启动方法有以下 4 种。

(1) 菜单栏：选择“绘图”→“建模”→“拉伸”命令。

(2) 三维建模窗口：单击“常用”选项卡中的“建模”面板上的“拉伸”按钮。

(3) 三维基础窗口：单击“默认”选项卡中的“创建”面板上的“拉伸”按钮。

拉伸旋转

(4) 命令：输入“EXTRUDE”或“EXT”。

选择二维面域或标准面拉伸生成的对象是实体，选择普通二维线框拉伸生成的对象是曲面。指定拉伸的高度：如果输入正值，则对象正向拉伸；如果输入负值，则对象负向拉伸。当对象不在坐标系 *XY* 平面内时，将沿该对象所在平面的法线方向拉伸对象。可根据参数设拉伸物体的倾斜角。

## 四、旋转二维图形建立实体或曲面

“旋转”命令的启动方法有以下 4 种。

(1)菜单栏：选择“绘图”→“建模”→“旋转”命令。

(2)三维建模窗口：单击“常用”选项卡中的“建模”面板上的“旋转”按钮。

(3)三维基础窗口：单击“默认”选项卡中的“创建”面板上的“旋转”按钮。

(4)命令行：输入“REVOLVE”或“REV”。

当执行命令时，选择二维标准面或面域旋转生成的对象是实体，选择普通二维线框旋转生成的对象是曲面。确认旋转对象系统提示：“选择旋转轴对象：选择直线或实体的线性边或坐标轴作为旋转轴。”确定旋转轴后确定旋转角度：系统默认为360°，生成旋转体，可以指定旋转角度值。

## 五、扫掠二维图形建立实体或曲面

可以通过沿路径扫掠轮廓来创建三维实体或曲面。“扫掠”命令的启动方法有以下4种。

(1)菜单栏：选择“绘图”→“建模”→“扫掠”命令。

(2)三维建模窗口：单击“常用”选项卡中的“建模”面板上的“扫掠”按钮。

(3)三维基础窗口：单击“默认”选项卡中的“创建”面板上的“扫掠”按钮。

(4)命令行：输入“SWEEP”。

“扫掠”命令通过沿指定路径延伸。先指定用于扫掠的轮廓图形(即被扫掠的对象)，并确认，再指定扫掠的路径，确定后创建扫掠实体或曲面。

## 六、放样二维图形建立实体或曲面

可以通过放样创建实体或曲面。“放样”命令的启动方法有以下4种。

(1)菜单栏：选择“绘图”→“建模”→“放样”命令。

(2)三维建模窗口：单击“常用”选项卡中的“建模”面板上的“放样”按钮。

(3)三维基础窗口：单击“默认”选项卡中的“创建”面板上的“放样”按钮。

(4)命令行：输入“LOFT”。

“放样”命令可对一组平面轮廓曲线进行放样形成实体或曲面，若所有轮廓是闭合的，则生成实体；否则，生成曲面。注意：放样时，轮廓线或是全部闭合或是全部开放，不能使用既包含开放轮廓又包含闭合轮廓的选择集。

放样实体或曲面中间轮廓的形状可利用放样路径控制。放样路径始于第一个轮廓所在的平面，终于最后一个轮廓所在的平面。导向曲线是另一种控制放样形状的方法，将轮廓上对应的点通过导向曲线连接起来，使轮廓按照预定方式进行变化。轮廓的导向曲线可以有多条，每条导向曲线必须与各轮廓相交。导向曲线始于第一个轮廓，止于最后一个轮廓。

## 七、利用布尔运算构建复杂实体模型

前面已经介绍了如何生成基本三维实体及由二维对象转换得到三维实体，将这些简单实体放在一起，然后进行布尔运算就能构建复杂的三维模型。布尔运算包括并集、差集、交集。并集操作：将两个或多个实体合并在一起形成新的单一实体。差集操作：将实体构成的一个选择集从另一个选择集中减去。交集操作：创建由两个或多个实体重叠部分构成的新实体。

布尔运算的启动方法有以下 4 种。

(1)菜单栏：选择“修改”→“实体编辑”→“并集”/“差集”/“交集”命令。

(2)三维建模窗口：单击“常用”选项卡中的“实体编辑”面板上的“并集”/“差集”/“交集”按钮。

(3)三维基础窗口：单击“默认”选项卡中的“编辑”面板上的“并集”/“差集”/“交集”按钮。

(4)命令行：输入“UNION”/“SUBTRACT”/“INTERSECT”。

实体的布尔运算编辑操作可以完成较为复杂的实体模型制作。

# 任务二　用户坐标系

## 任务情景

在创建三维实体过程中，只用一个坐标系是很难创建复杂的实体的。要想创建复杂的实体，需要变换坐标系，从而改变坐标系的方向、位置。

## 任务目标

(1)让学生理解坐标系的原理。

(2)掌握建立用户坐标系的方法。

(3)掌握变换坐标系的方法。

(4)能切换新建坐标系为当前坐标系，并在新坐标系中创建图形。

## 任务要求

(1)学生能根据需要创建用户坐标系。

(2)能将用户坐标系设置为当前坐标系。

(3)熟悉创建用户坐标系的命令。

(4)理解坐标系与视图显示的区别。

## 任务思考

熟练运用用户坐标系，可简化三维造型的难度；能快速建立用户坐标系，可提高工作效率；同时可锻炼学生的三维空间想象力。

## 任务实施

在默认情况下，AutoCAD 坐标系使用的是世界坐标系，世界坐标系是一个固定坐标系。二维空间不需要改变坐标系，但在三维空间中，世界坐标系不能满足要求，用户需建立自己的坐标系，即用户坐标系(UCS)。该坐标系是一个可变动的坐标系，坐标轴的正向按照右手螺旋法则确定。进行三维绘图时，用户可以在任意位置、沿任意方向建立 UCS，从而使得三维绘图变得更加容易。在 AutoCAD 绘图过程中，多数二维命令只能在当前坐标系的 *XY* 平面或与 *XY* 平面平行的平面内执行，若用户想在三维空间的某一平面内使用二维命令，则应在此平面位置创建新的 UCS。

创建新的 UCS 的方法有以下 4 种。

(1)菜单栏：选择“工具”→“新建 UCS”，在下拉列表框中选择适合的命令建立 UCS。

(2)三维建模窗口：在“常用”选项卡中的“坐标”面板上，选择适合的命令按钮。

(3)三维基础窗口：在“默认”选项卡中的“坐标”面板上，选择适合的命令按钮。

(4)命令行：输入“UCS”。

除用“UCS”命令改变坐标系外，也可以打开“动态 UCS”功能，使 UCS 的 *XY* 平面在绘图过程中自动与某一平面对齐。按“F6”键或按下状态栏中的“将 UCS 捕捉到活动实体表面”按钮，即可打开“动态 UCS”功能。将鼠标光标移动到要绘图的实体面，该实体面亮显，表明坐标系的 *XY* 平面临时与实体面对齐，绘制的对象将处于此面内。

☞ **知识点精**

命令选项如下。

(1)指定 UCS 的原点：将原坐标系平移到指定原点处，新坐标系坐标轴的方向与原坐标系坐标轴的方向相同。

(2)面(F)：根据所选实体的平面建立 UCS 坐标系。坐标系的 *XY* 平面与实体平面重合，*X* 轴将与距离选择点处最近的一条边对齐。

(3)命名(NA)：命名保存或恢复已保存的 UCS。

(4)对象(OB)：根据所选对象确定用户坐标系，对象所在平面将是坐标系的 *XY* 平面。

(5)上一个(P)：恢复前一个用户坐标系。AutoCAD 中保存了最近使用的 10 个坐标系，重复该选项就可逐个返回以前的坐标系。

(6)视图(V)：该选项使新坐标系的 *XY* 平面与屏幕平行，但坐标原点不变动。

(7)世界(W)：返回世界坐标系。

(8)*X*，*Y*，*Z*：将坐标系绕 *X*、*Y* 或 *Z* 轴旋转某一角度，角度的正方向由右手螺旋法则确定。

(9)*Z* 轴(ZA)：通过指定新坐标系原点及 *Z* 轴正方向上的一点来建立新坐标系。

# 任务三　巩固提高案例

## 任务情景

在前面，学生已经学习了 AutoCAD 三维建模的创建方法（标准体建模、拉伸建模、旋转建模、扫掠建模、放样建模），虽然对建模方法有所了解，但缺少实战演练。

本任务通过轴承座的制作过程，让学生掌握建模的具体操作方法。

## 任务目标

（1）掌握将封闭图形生成面域的方法。

（2）掌握将面域通过“拉伸”命令生成实体的方法。

（3）掌握将面域通过“旋转”命令生成实体的方法。

（4）掌握用布尔运算的“合集”命令生成实体的方法。

（5）掌握用布尔运算的“差集”命令生成实体的方法。

（6）掌握实体编辑“倒圆角”命令。

（7）掌握用“视图”命令旋转实体进行观察的方法。

## 任务要求

（1）学生读懂三视图的内容。

（2）根据三维实体的结构，将三维结构分成不同的基本实体部分。

（3）根据图形尺寸建立基本实体部分。

（4）根据布尔运算将基本实体通过“合集”“差集”命令生成符合要求的实体部分。

（5）利用“编辑圆角”命令，生成物体的铸造圆角。

## 任务思考

复杂的实例制作，可锻炼学生对已学知识的运用能力。通过实例制作，学生可以快速提高解决问题的能力，提高整体意识；增强大局意识；如分组制作，还可以提高团队合作能力。

## 任务实施

本案例是根据轴承座的零件三视图制作轴承座的三维立体模型。轴承座三视图如图 8-3 所示。生成的轴承座三维立体模型如图 8-4 所示。通过轴承座三维立体模型的制作，学生可以学习三维建模命令的使用方法。

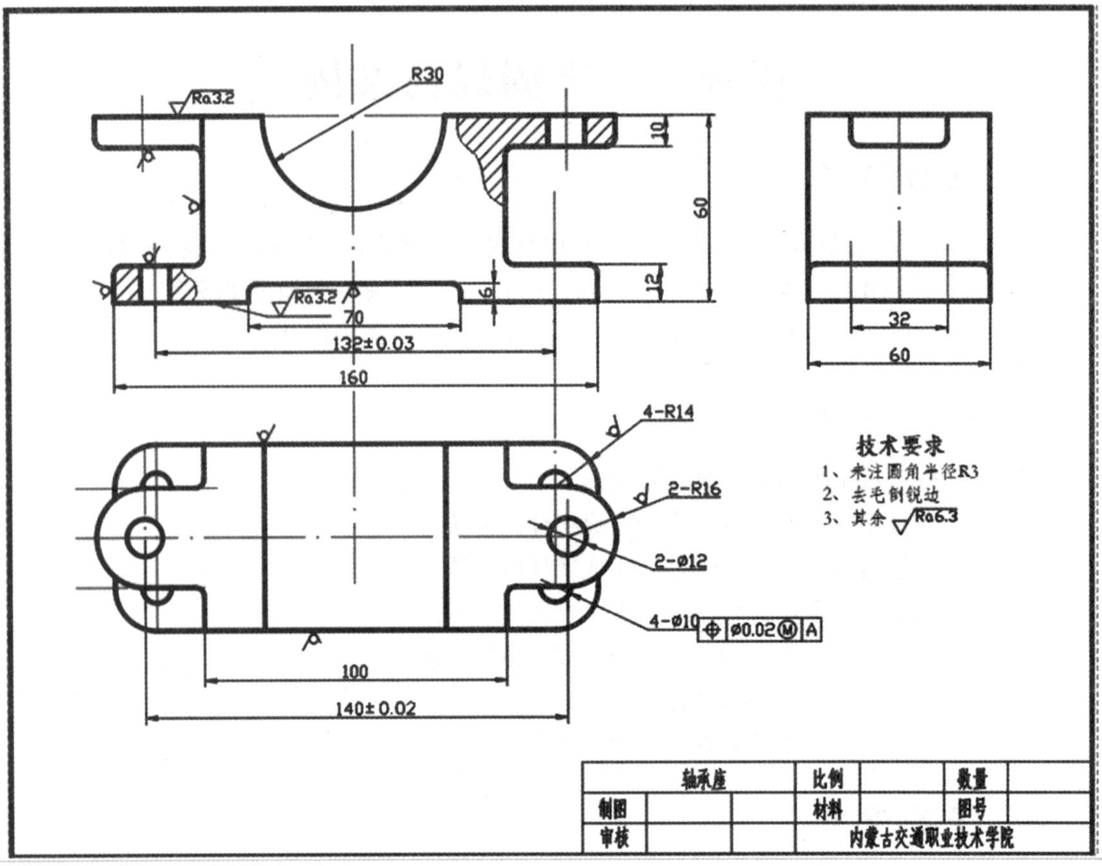


图 8-3　轴承座三视图

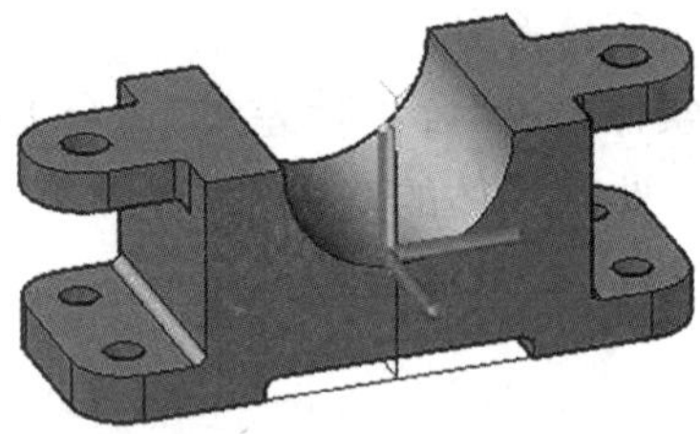

图 8-4　轴承座三维立体模型图

本案例的制作方法：复制三视图的俯视图，在俯视图的基础上拉伸所需物体部分轮廓并生成面域。具体制作方法如下。

## 一、底盘、上盘二维图形面域的制作

复制俯视图的基本图形到空白处(只需要轮廓线、中心线部分)，用“直线”命令补全底盘轮廓图形(图 8-5 中绿色轮廓环)，通过“绘图”→“面域”命令，选择绿色轮廓环上的所有物体，确认后生成一个底盘面域，如图 8-5 所示。

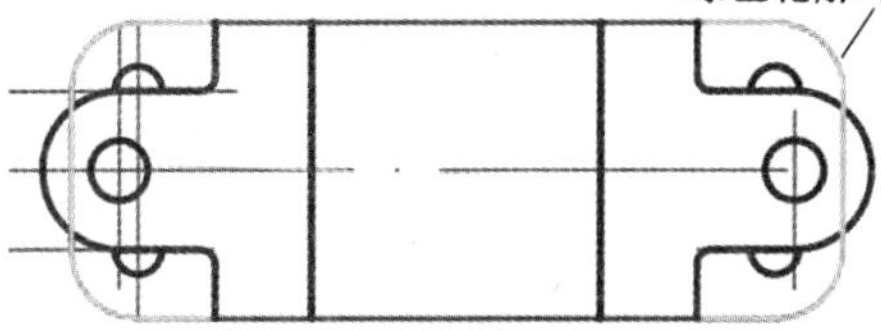


图 8-5　轴承座底盘面域图

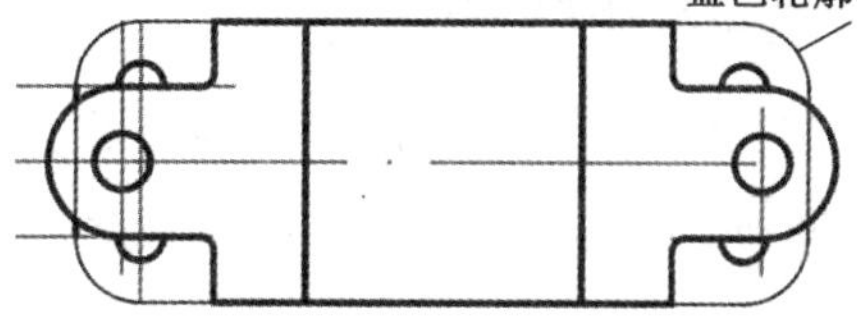


图 8-6　轴承座上盘面域平面图

在复制的图形上绘制上盘的轮廓图形。通过“绘图”→“面域”命令，选择图 8-6 中蓝色轮廓环上的所有物体，确认后生成一个上盘面域，如图 8-6 所示。

## 二、轴承座座身面域的制作

在复制的图形上绘制中间座体的轮廓图形。通过“绘图”→“面域”命令，选择粉色轮廓环上的所有物体，确认后生成一个中间座体的轮廓面域，如图 8-7 所示。

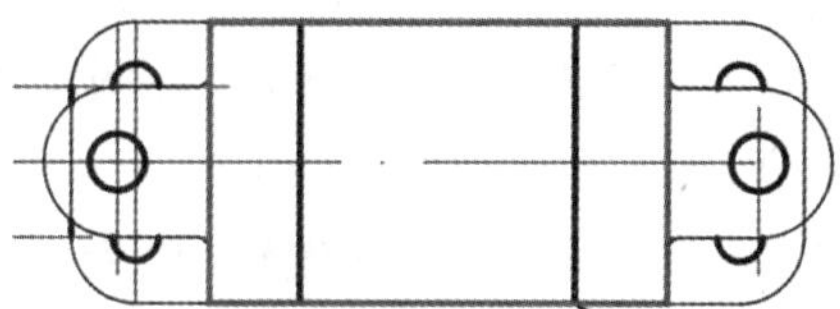


图 8-7　轴承座座身平面面域

## 三、拉伸生成底盘

（1）在俯视图底盘 4 个半圆位置上，绘制同等大小的 4 个圆。

（2）切换到三维基础窗口，在三维基础窗口中，单击“默认”选项卡中“创建”面板上的“拉伸”按钮，选择底盘面域和 4 个圆，确认拉伸高度为 12 mm，然后生成底盘和 4 个小圆柱体。

（3）在三维基础窗口中，单击“默认”选项卡中“实体编辑”面板上的“差集”按钮，选择底盘物体确认，再选 4 个被减体的圆柱体，确认后完成底盘制作。

（4）调整“视图”下拉菜单的“视觉样式”中的“灰度”样式效果；调整“视图”下拉菜单的“动态观察”中的“受约束的动态观察”，以调整底盘的观察角度。效果如图 8-8 所示。

图 8-8　轴承座底盘模型图

## 四、拉伸座体

在三维基础窗口中，单击“默认”选项卡中“创建”面板上的“拉伸”按钮，选择座体轮廓面域，确认后输入拉伸高度为 60 mm，生成座体实体，效果如图 8-9 所示。

**图 8-9　轴承座座体模型图**

## 五、拉伸上盘体

在三维建模窗口中，单击“常用”选项卡中“建模”面板上的“拉伸”按钮，选择上盘轮廓面域和 2 个中间圆，确认后输入拉伸高度为 10 mm，生成上盘实体和 2 个圆柱体。在三维建模窗口中，单击“常用”选项卡中“实体编辑”面板上的“差集”按钮，选择上盘物体确认，再选 2 个被减体的圆柱体，确认后完成底盘制作，效果如图 8-10 所示。

**图 8-10　轴承座基本模型图**

## 六、修改轴孔和底座

(1) 在三维基础窗口中，单击“默认”选项卡中“实体编辑”面板上的“并集” 按钮，选择底盘、座体、上盘 3 个物体并确认，合并成一个实体。

(2) 变换坐标系。在菜单中，选择“工具”→“新建 UCS”→“面”命令，选择实体前面为坐标平面建立用户坐标系。调用用户坐标系：“视图”→“三维视图”→“平面视图”→“当前 UCS”命令。

(3) 在当前 UCS 下，绘制图 8-11 中的红色图形并生成面域。

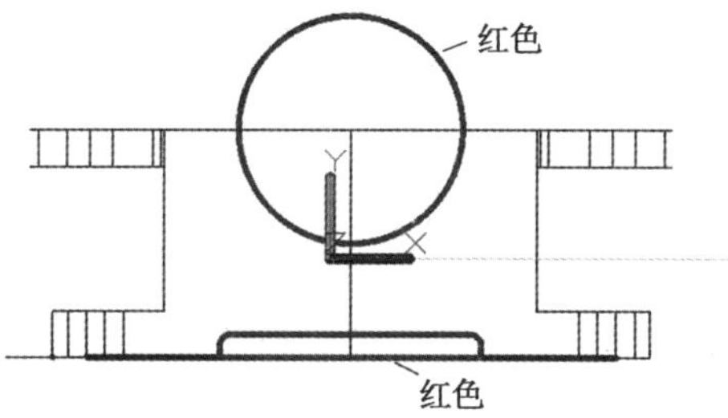


图 8-11　轴承座 UCS 平面图形

## 七、制作剪裁物体

拉伸 2 个面域。在三维建模窗口中，单击“常用”选项卡中“建模”面板上的“拉伸”按钮，选择底盘去除部分轮廓面域和大圆，确认后输入拉伸高度为-80 mm，生成上盘实体和 1 个圆柱体，效果如图 8-12 所示。

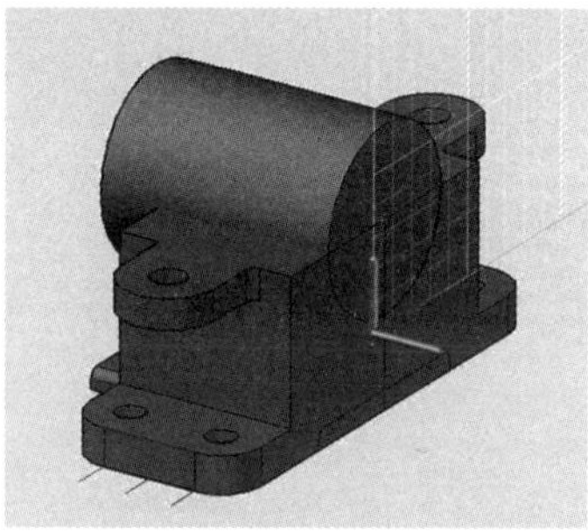

图 8-12　轴承座 UCS 平面图形生成立体图

## 八、布尔运算剪裁

在三维基础窗口中，单击“默认”选项卡中“实体编辑”面板上的“差集”按钮，选择轴承座物体，再选 2 个被减体，确认后底盘基本体制作完成，效果如图 8-13 所示。

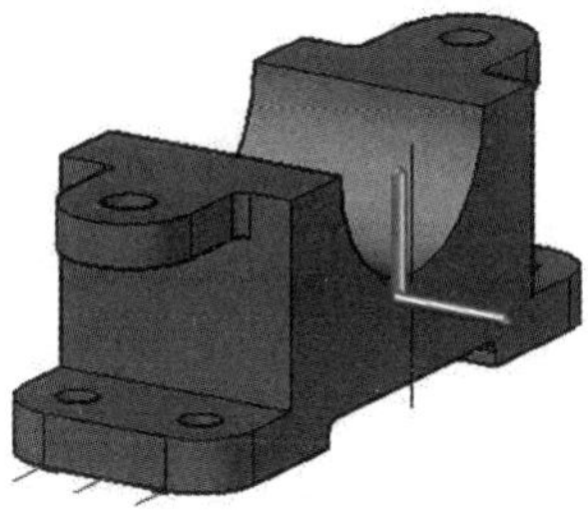

图 8-13　轴承座未倒角立体图

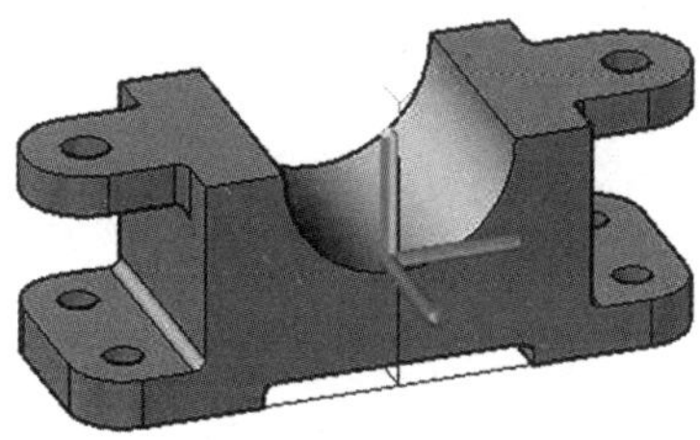

图 8-14　轴承座最终立体模型图

在三维基础窗口中，单击“默认”选项卡中“编辑”面板上的“圆角边”按钮，修改半径为 3 mm，选择 4 个需生成铸造圆角的边，确认完成倒圆角，完成效果如图 8-14 所示。

# 项目九

# 机械制图综合案例

## 知识目标

(1)了解机械图的基本概念和分类，如平面图、三视图、零件图等。

(2)掌握 AutoCAD 中绘制机械类图形的基本操作，如绘图命令的调用、选择画线工具、设置图层、添加文字等。

(3)能够根据图纸的要求，正确地绘制机械图，包括表面粗糙度符号、公差等。

(4)熟悉绘制机械图时的常见错误(如尺寸不准确、符号不规范、连接不完整等)和解决方法。

## 技能目标

(1)掌握绘制机械图的基本操作，如选择画线工具、设置图层、添加文字等。

(2)能够快速准确地绘制机械图，满足常用元件的符号、尺寸、相互位置和公差要求等。

(3)能够根据图纸的要求，正确地绘制图形，并能够根据需要进行修改和调整。

(4)能够自行处理绘图过程中出现的错误。

## 素质目标

(1)规范性素质：能够遵循规范和标准，根据图纸要求进行绘制。

(2)学习能力：具备良好的学习能力和自我学习能力，能够不断吸收新的知识和提升技能水平，并能够将其应用到实践中。

(3)团队合作素质：具备良好的团队合作素质，能够与他人有效地沟通、协作，共同完成电气图的设计和优化。

(4)问题解决能力：具备有效的问题解决能力，能够独立分析和解决绘制图形过程中遇到的各种问题，并能够通过不断的实践和反思提高自己解决问题的能力。

# 任务一　绘制平面图形

## 任务情景

根据图例要求绘制图形，包括设置图层、标注等。

## 任务目标

(1)熟知机械图绘制的规范要求，准确地绘制图形。

(2)掌握 AutoCAD 的基本操作。

(3)会用极轴绘制有角度的图形。

## 任务要求

按照图纸要求绘制图形，将文件保存为“学号后两位+姓名.dwg”。

## 任务实施

【例题 9-1】　利用“阵列”命令绘制如图 9-1 所示的平面图形。

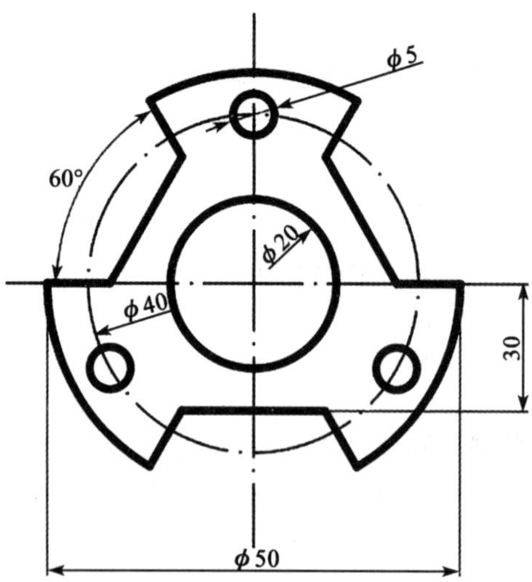


阵列绘图

**图 9-1　例题 9-1 图形**

具体操作步骤如下。

(1)设置绘图环境，创建图层，如图 9-2 所示。

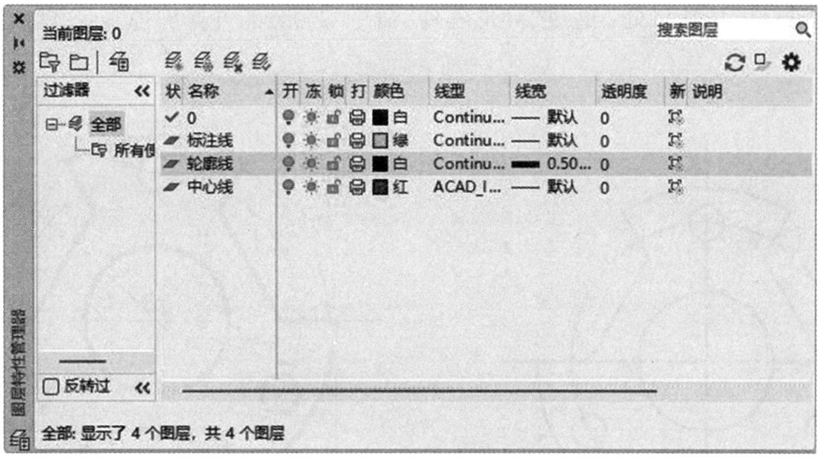


图 9-2　平面图形图层设置

(2)打开“极轴追踪”“对象捕捉”“对象捕捉追踪”等功能，设置常用极轴追踪角度是 60°，设置常用对象捕捉方式为端点、中点、交点、垂足、切点等。

(3)在图层中选择“中心线”，绘制中心线，如图 9-3 所示。

(4)单击“圆形”命令，分别绘制 $\phi 20$，$\phi 40$，$\phi 50$ 的圆。

(5)继续绘制 $\phi 5$ 的圆，如图 9-4 所示。

(6)通过“环形矩阵均匀分布”命令，生成图 9-5 所示的图形。

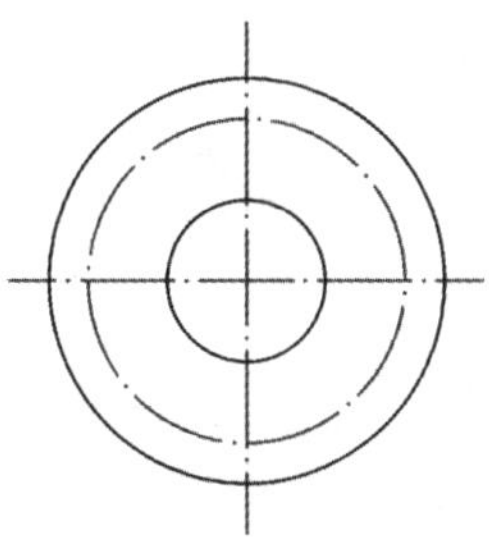

图 9-3　绘制中心线

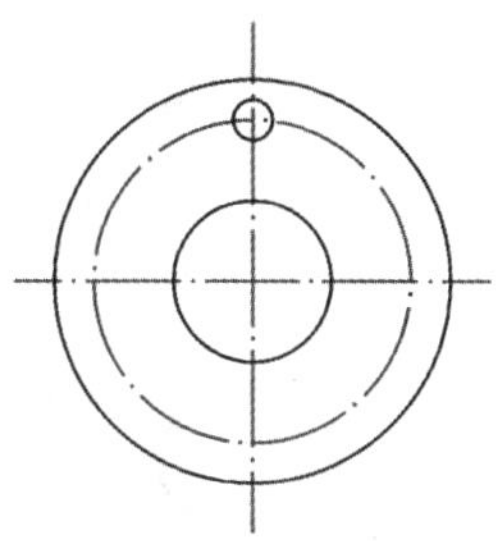

图 9-4　“圆”的绘制

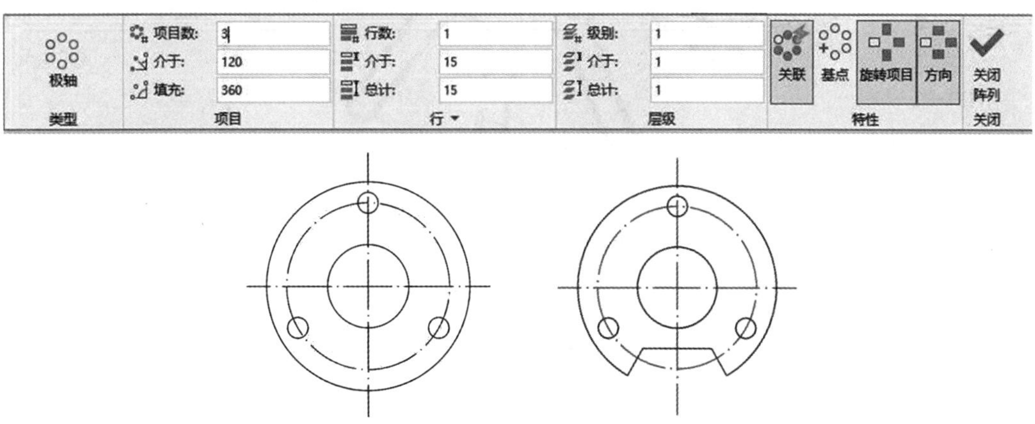


图 9-5　“环形阵列”绘图

(7)绘制 60°角缺口处；通过“环形阵列”命令均匀分布并修剪掉多余线段，如图 9-6 所示。

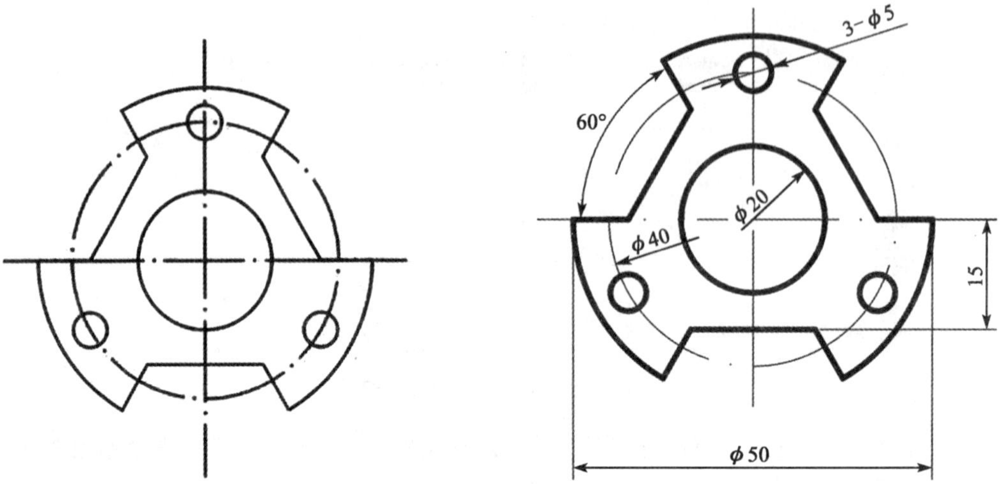


图 9-6　“极轴”绘制角度线并修剪

(8)添加标注，打开线宽，完成制图。

【例题 9-2】　巩固提高案例，如图 9-7 所示。

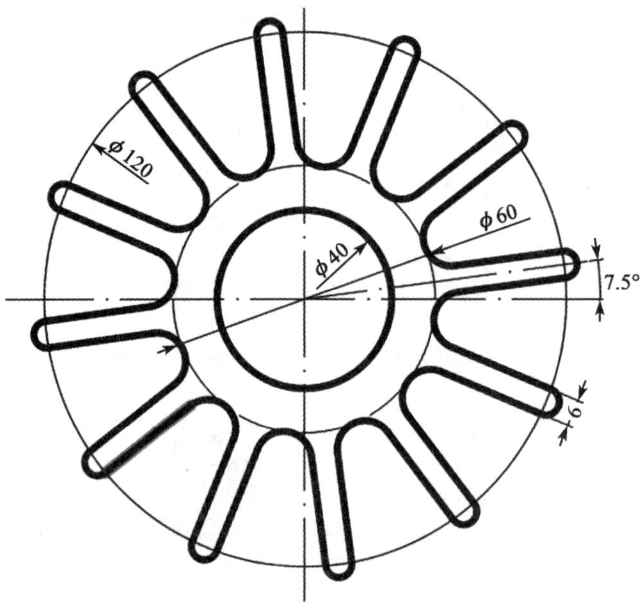


图 9-7　例题 9-2 图形

【例题 9-3】　绘制图 9-8 所示的平面图形。

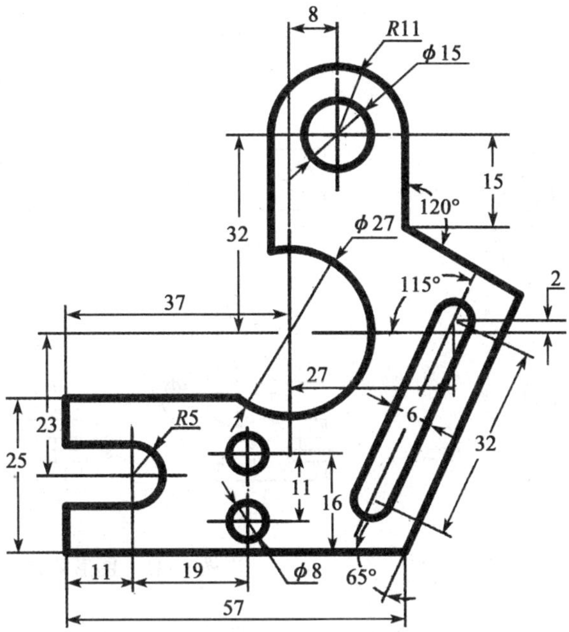


图 9-8　例题 9-3 图形

具体操作步骤如下。

(1)设置绘图环境，创建图层。

(2)打开“极轴追踪”“对象捕捉”“对象捕捉追踪”等功能，设置常用极轴追踪角度为 115°，设置常用对象捕捉方式为端点、中点、交点、垂足、切点等。

(3)在图层中选择“中心线”，绘制中心线，如图 9-9 所示。

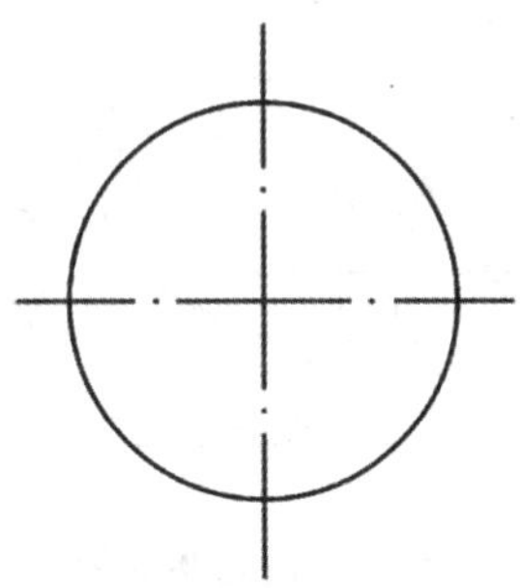

图 9-9　绘制中心线后效果

(4)单击“圆形”命令，分别绘制 $\phi 15$，$R11$，$\phi 27$ 圆，如图 9-10 所示。

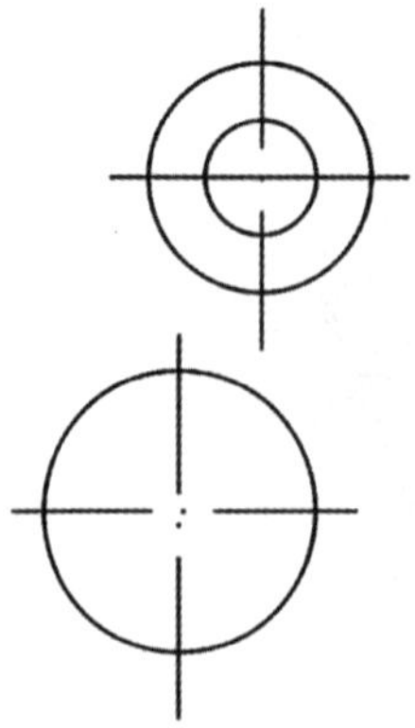

图 9-10 “圆心”定位

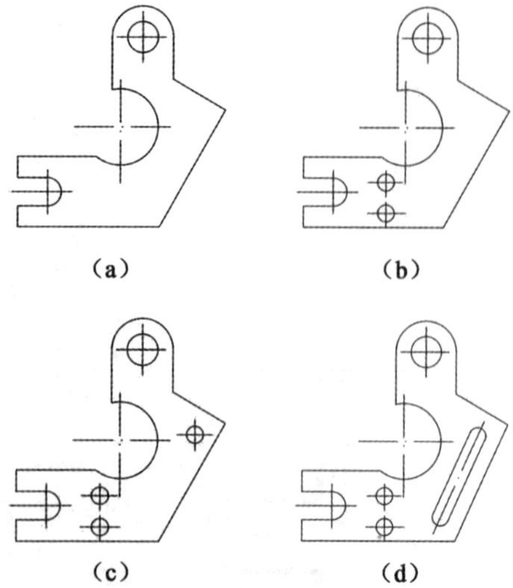


图 9-11 图形补充

(5)利用“直线”“圆”“偏移”等命令绘制图形，如图 9-11 所示。

【例题 9-4】 巩固提高案例，如图 9-12 所示。

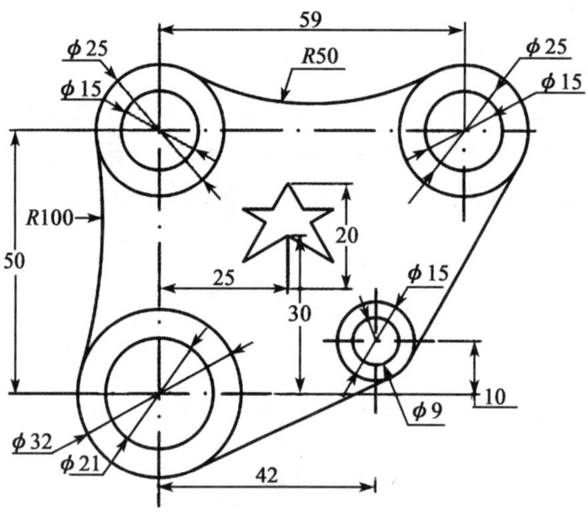


图 9-12 例题 9-4 图形

# 任务二 绘制三视图

## 任务情景

根据图例要求绘制图形，包括设置图层、标注等。

## 任务目标

(1)熟知机械图绘制的规范要求，准确地绘制图形。

(2)掌握 AutoCAD 的基本操作。

(3)锻炼识图能力，会分析三视图。

## 任务要求

按照图纸要求绘制图形，将文件保存为“学号后两位+姓名.dwg”。

## 任务实施

【例题 9-5】　绘制图 9-13 所示的图形的三视图，如图 9-14 所示。

图 9-13　例题 9-5 图形

绘制三视图(主视图)

绘制三视图(俯视、左视)

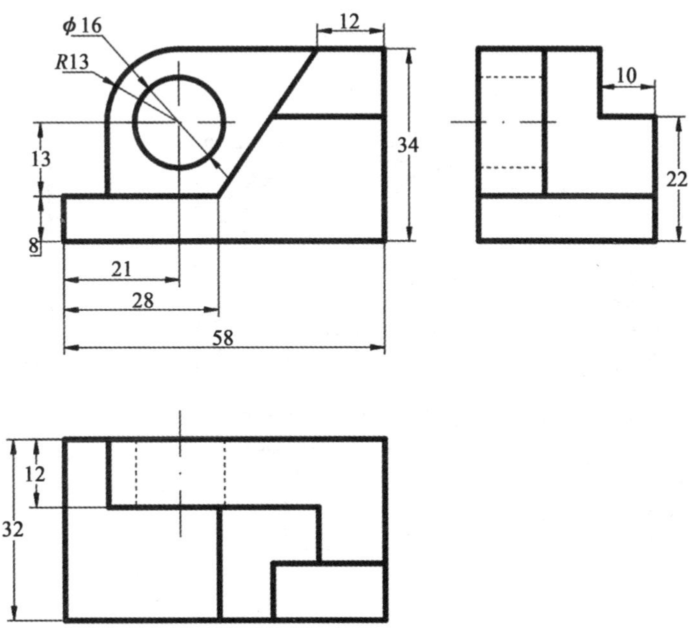


图 9-14　图 9-13 的三视图

☞ **知识点精**

绘制三视图要求遵循“长对正、高平齐、宽相等”的绘图原则，先分析立体图形结构，再准确地绘制三视图，如图 9-15 所示。

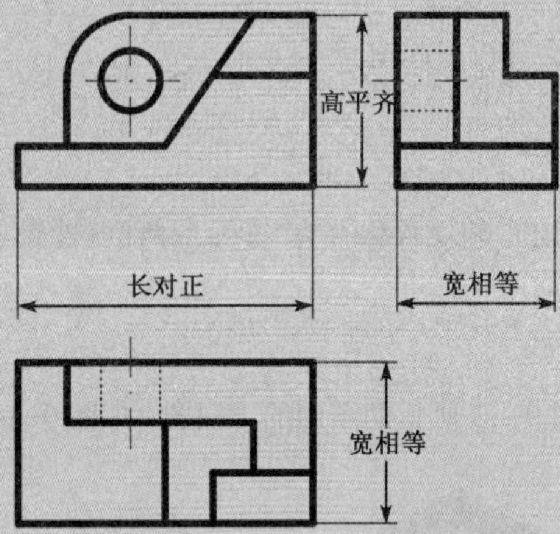


图9-15　三视图绘图要点

具体操作步骤如下。

（1）设置绘图环境，创建图层。

（2）打开“极轴追踪”“对象捕捉”“对象捕捉追踪”等功能，设置常用对象捕捉方式为端点、中点、交点、垂足、切点等。

（3）根据立体图形的形状特征，在主视图绘制体现形状特征的图线，如 $\phi16$ 的圆、$R13$ 的圆弧及长度尺寸 58、高度尺寸 34 等。

（4）结合主视图，利用“长对正、高平齐、宽相等”的绘图原则，分别绘制俯视图、左视图，如图 9-14 所示。

【例题 9-6】　巩固提高案例，如图 9-16 所示。

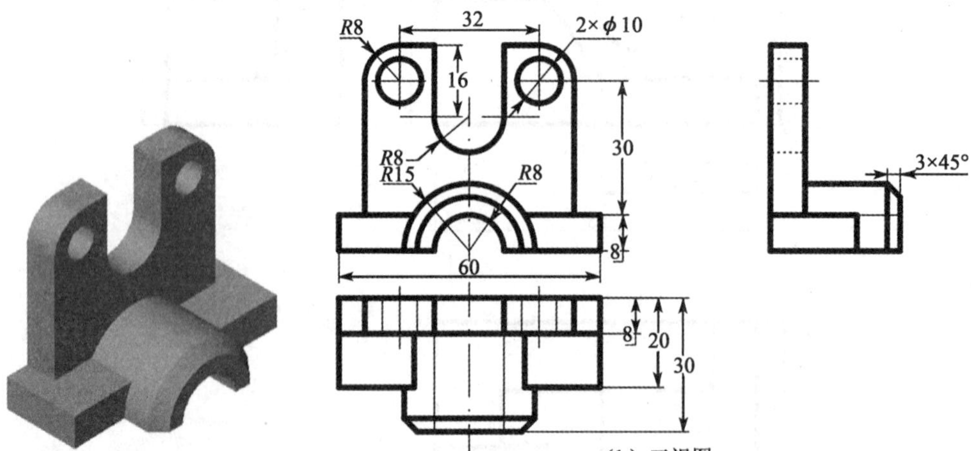


（a）立体图　　（b）三视图

图 9-16　例题 9-6 图形

# 任务三 绘制零件图

## 任务情景

根据图例要求绘制图形，包括设置图层、标注、标题栏等。

## 任务目标

(1)熟知机械图绘制的规范要求，准确地绘制图形。

(2)掌握 AutoCAD 的基本操作。

(3)锻炼识图能力，会分析剖视图。

## 任务要求

按照图纸要求绘制图形，将文件保存为“学号后两位+姓名.dwg”。

## 任务实施

【例题 9-7】 绘制如图 9-17 所示的机械零件图。

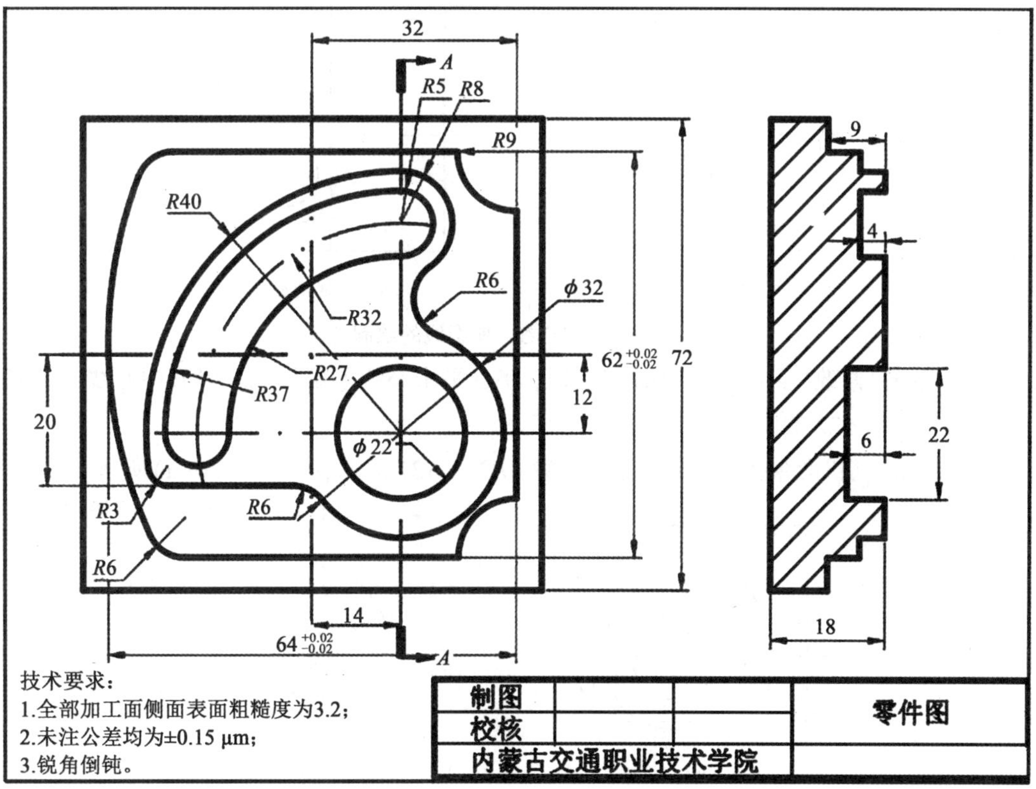


图 9-17 例题 9-7 图形

具体操作步骤如下。

(1)选择菜单栏的“文件”→“新建”命令，弹出“选择样板”对话框，选择“无样板打开-公制”，创建一个新的图形文件。

(2)单击“图层特性”按钮，弹出“图层特性管理器”选项板，设置绘图环境，创建各图层，如图 9-18 所示。

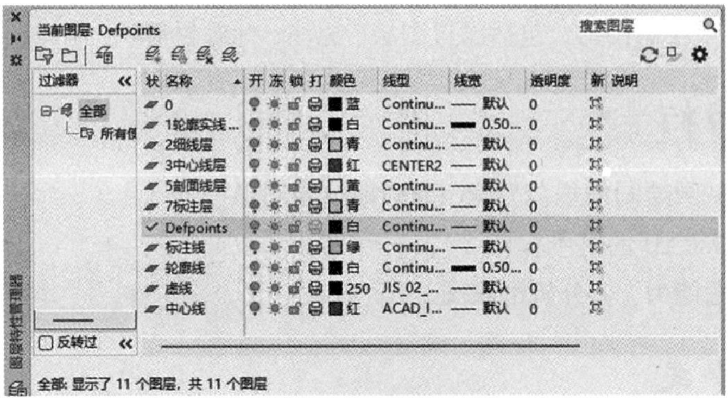


图 9-18　创建各图层

(3)打开“极轴追踪”“对象捕捉”“对象捕捉追踪”等功能，设置常用对象捕捉方式为端点、中点、交点、垂足、切点等。

(4)在图层中选择“中心线”，绘制中心线，如图 9-19(a)所示。

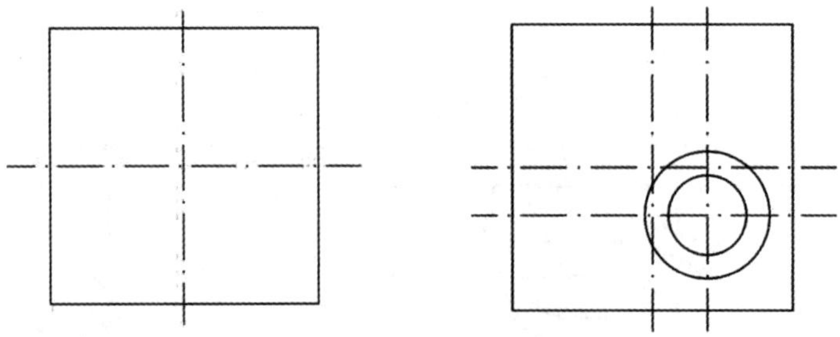

(a) 绘制中心线　　(b) 绘制轮廓线

图 9-19　中心线、轮廓线的绘制

(5)单击“修改”面板中的“偏移”按钮，将水平中心线下偏移 12，竖直中心线右偏移 14，绘制 $\phi32$，$\phi22$ 的圆，如图 9-19(b)所示。

(6)单击“圆”命令按钮，分别绘制 $R32$，$R27$，$R37$ 的圆，如图 9-20(a)所示。

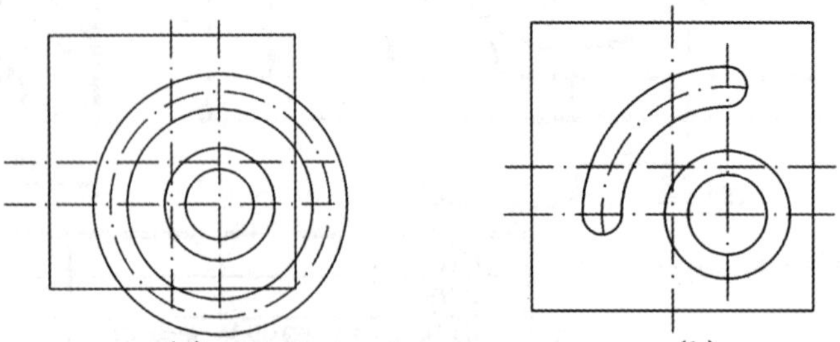

(a)　　(b)

图 9-20　画圆并进行修剪

(7)单击“修剪”命令按钮，进行裁剪，如图 9-20(b)。

(8)单击“圆”命令按钮，分别绘制 $R40$，$R8$，$R6$ 的圆，并利用“倒圆角”命令倒 $R3$，$R6$ 的圆角，如图 9-21(a)所示。

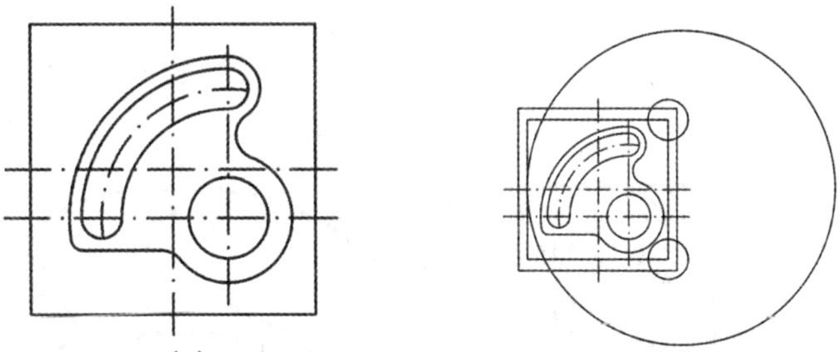

(a)　　　　(b)

**图 9-21　画其余细节部分**

(9)单击“圆”命令按钮，分别绘制右侧 2 个半径为 9 的圆，按“Shift+鼠标右键”，弹出如图 9-22(a)所示的对话框，利用“自”命令绘制 $R70$ 的圆，如图 9-22(b)所示。

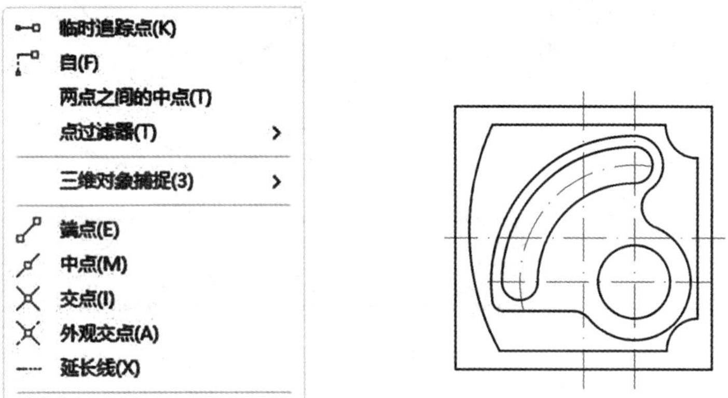


(a)　　　　(b)

**图 9-22　调用“自”命令画圆**

(10)单击“修剪”命令按钮把多余线条删除，利用“倒圆角”命令绘制 $R6$ 的圆角，如图 9-23(b)所示。

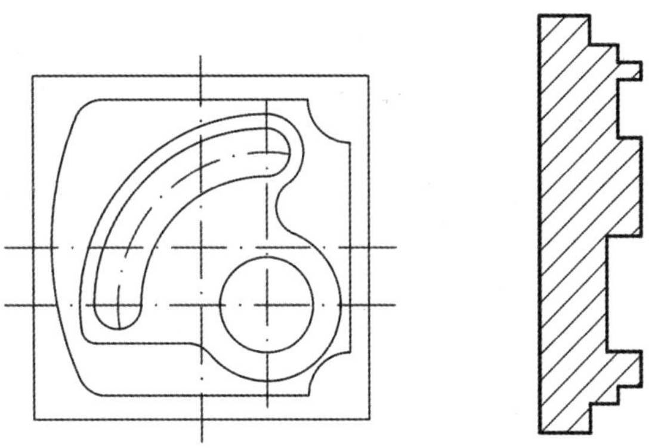

(a)　　　　(b)

**图 9-23　图案填充补全左视图**

(11)绘制左视图，并通过“图案填充”命令进行填充，如图 9-23 所示。

(12)通过“标注”命令进行标注，并编写技术要求及标题栏，如图 9-17 所示。

【例题 9-8】 巩固提高案例，如图 9-24 所示。

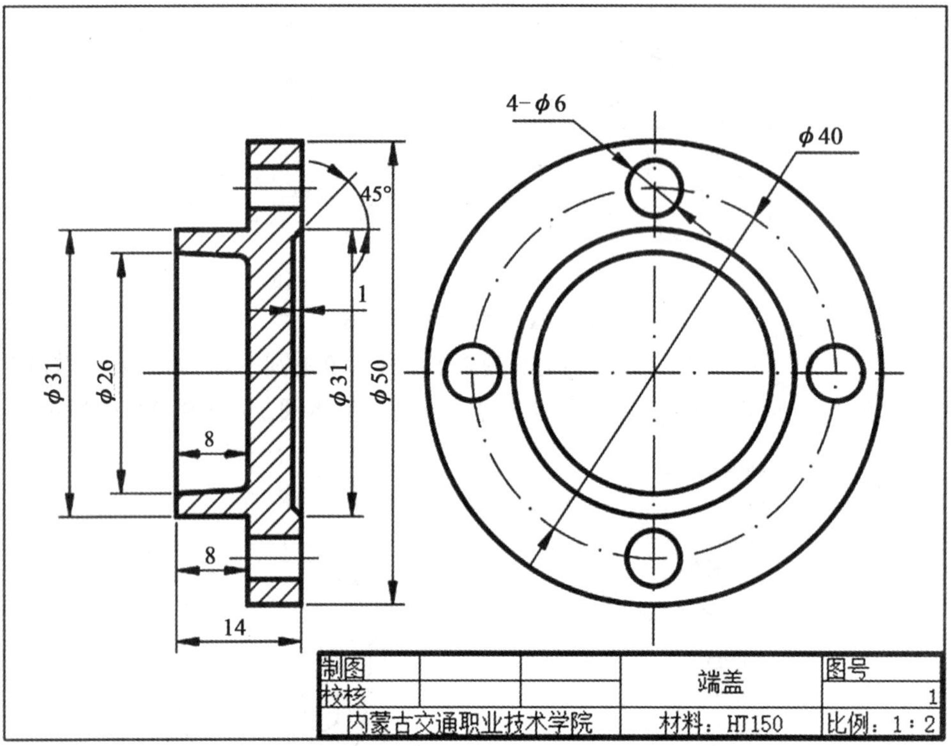


图 9-24 例题 9-8 图形

# 项目十

# 电气制图综合案例

## 知识目标

(1)了解电气图的基本概念和分类，如电路图、接线图、布线图等。

(2)掌握 AutoCAD 中绘制电气图的基本操作技能，如选择画线工具、选择线型、设置线宽、添加文字等。

(3)学会使用 AutoCAD 中的电气元件库，明确每个元件的用途和特点，如模拟元件库、数字元件库、电源元件库等。

(4)能够根据电路图的要求，正确地绘制电气图，包括元件的符号、尺寸、位置和连接方式等。

(5)掌握绘制电气图时的常见错误(如尺寸不准确、符号不规范、连接不完整等)和解决方法。

## 技能目标

(1)能够熟练掌握 AutoCAD 中绘制电气图的基本操作，如选择画线工具、选择线型、设置线宽、添加文字等。

(2)能够熟练使用 AutoCAD 中的电气元件库，并掌握每个元件的用途和特点，如模拟元件库、数字元件库、电源元件库等。

(3)能够快速准确地绘制电气图，包括常用元件的符号、尺寸、位置和连接方式等。

(4)能够根据电路图的要求，正确地绘制电气图，并能够根据需要进行修改和调整。

(5)能够有效地解决绘制电气图时遇到的各种问题，如尺寸不准确、符号不规范、连接不完整等。

## 素质目标

(1)规范性素质：能够遵循规范和标准，绘制符合要求的电气元件，如符号规范、尺寸规范、连接规范等。

(2)创新性素质：具备一定的创新意识和创新能力，能够通过自己的思考和实践，提出新的电路设计方案，并将其转化为实际效果。

(3)学习能力：具备良好的学习能力和自我学习能力，能够不断吸收新的知识和提升技能水平，并能够将其应用到实践中。

(4)团队合作素质：具备良好的团队合作素质，能够与他人有效地沟通、协作，共同完成电气图的设计和优化。

(5)问题解决素质：具备有效的问题解决能力，能够独立分析和解决绘制电气图过程中遇到的各种问题，并能够通过不断的实践和反思提高自己解决问题的能力。

(6)安全意识：具备安全意识和责任心，能够在电气图的设计和绘制过程中，充分考虑电路的安全性和可靠性，并预防潜在的安全隐患。

# 任务一　绘制电气元件

## 任务情景

学生需要根据给定的图例要求，使用 AutoCAD 绘制电气元件，包括设置线型、创建块、添加文字说明等。

## 任务目标

(1)熟悉电气元件的符号和命名：学生需要了解各种电气元件的符号表示和命名规则，以便在绘制电路图时使用。

(2)掌握 AutoCAD 的基本操作技能：学生需要熟练掌握 AutoCAD 中绘制电气元件的基本操作技能，如选择画线工具、选择线型、设置线宽、添加文字、创建块等。

(3)能够独立绘制电气元件：学生需要独立绘制电气元件，包括元件的符号、尺寸、位置和连接方式等，以满足电路图的要求。

## 任务要求

绘制图例中所给电气元件，并创建为块，将文件保存为“学号后两位+姓名.dwg”。

## 任务实施

电气元件图例如图 10-1 所示。

在 AutoCAD 中绘制电气元件是电气设计中非常重要的一步。正确的绘制不仅可以提高设计的准确性和效率，而且可以有效地避免一些设计上的问题。本任务将介绍如何在 AutoCAD 中绘制电气元件。具体的内容包括绘制电气符号、使用 AutoCAD 画布、添加文字和尺寸等。

电气图与机械图不同，没有具体的尺寸要求，但是在同一电气图纸中，电气元件及各设备间应符合比例要求。以下给出的电气元件尺寸仅供本任务参考，主要目的是使同一图纸中的电气元件合乎比例。

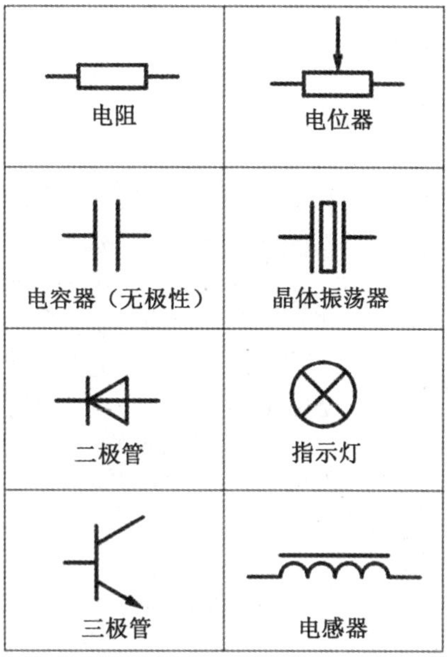


**图 10-1 电气元件图例**

## 一、绘制电阻

电阻是电学中的一种基本电性质，是指电流在导体内流动时，受到导体内部原子、离子、电子等粒子的阻碍而产生的电阻力。电阻的单位是欧姆(Ω)，用于表示电路中单位电压下单位电流通过该导体所产生的电阻力大小。

电阻的大小与导体材料、导体长度、导体截面积和温度等因素有关。通常情况下，导体的电阻与导体的长度成正比，与导体的截面积成反比。因此，可以通过改变导体的长度和截面积来控制电阻的大小。

不同材料的导体具有不同的电阻率，即单位长度和单位截面积的导体电阻，铜、铝等金属材料具有较低的电阻率，因此在电路中常用作导体；碳、铁等物质的电阻率较高，通常用于电阻器等电路中。

### (一)按照所给尺寸绘制电阻图形

使用“直线”命令，打开对象捕捉的中点，绘制如图 10-2 所示的图形。

绘制电气元件

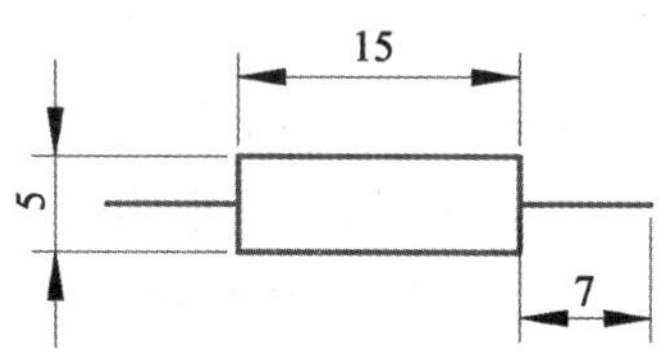


**图 10-2 电阻尺寸**

### (二)将电阻图形创建为块

将电阻图形创建为块如图 10-3 所示。

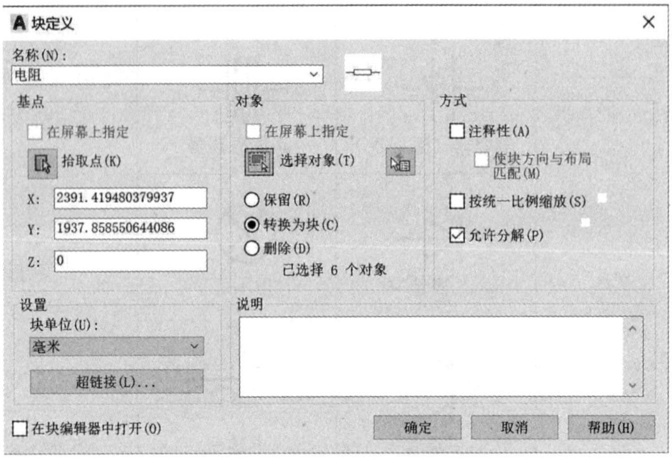


图 10-3　将电阻图形创建为块

其基本设置如下。

(1)名称：电阻。

(2)基点：一般指定为电气元件引脚位置。电阻基点可选择为两个引脚中的一个，如图 10-4 所示。

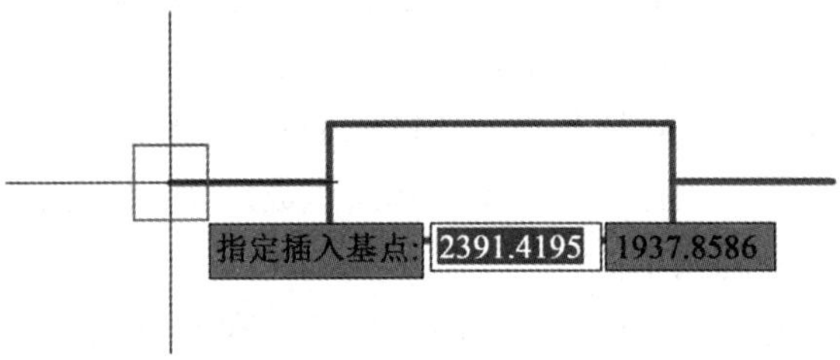


图 10-4　电阻元件基点的选择

(3)对象：选择整个电阻图形。

## 二、绘制其余电气元件

### (一)电位器

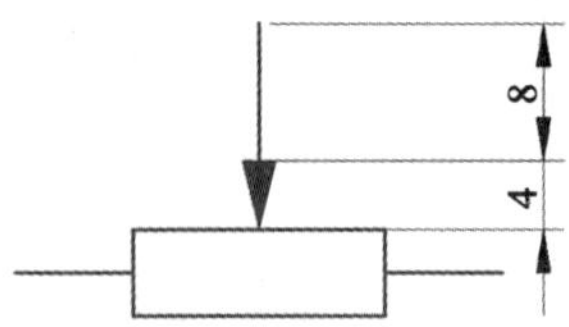


图 10-5　电位器尺寸

电阻器是一种用于调节电路中电阻大小的电气元件，通常由导体材料和固定的电阻组成。常见的电阻器有定值电阻器、可调电阻器、电位器等。根据电阻器的电阻值大小和功率大小的不同，电阻器可以分为不同的型号及规格。

例如，电位器的尺寸如图 10-5 所示。

电位器是在电阻的基础上使用“多段线”命令添加一个箭头，其命令行如下：

命令：_pline　　//启动“多段线”命令//

指定起点：　　//单击起点//

当前线宽为 0.0000　　//默认线宽为 0//

指定下一个点或［圆弧(A)/半宽(H)/长度(L)/放弃(U)/宽度(W)］：w　　//输入“w”，修改线宽//

指定起点宽度 <0.0000>：0　　//箭头的头部线宽为 0//

指定端点宽度 <0.0000>：2　　//箭头的尾部线宽为 2//

指定下一个点或［圆弧(A)/半宽(H)/长度(L)/放弃(U)/宽度(W)］：4　　//箭头部分长度为 4//

指定下一点或［圆弧(A)/闭合(C)/半宽(H)/长度(L)/放弃(U)/宽度(W)］：w　　//输入“w”，修改线宽//

指定起点宽度 <2.0000>：0　　//箭尾部分线宽为 0//

指定端点宽度 <0.0000>：0　　//箭尾部分线宽为 0//

指定下一点或［圆弧(A)/闭合(C)/半宽(H)/长度(L)/放弃(U)/宽度(W)］：8　　//箭尾部分长度为 8//

指定下一点或［圆弧(A)/闭合(C)/半宽(H)/长度(L)/放弃(U)/宽度(W)］：　　//按“Enter”键结束命令//

### (二)电容器

电容是电学中的一种基本电性质，是指导体或电介质的 2 个电极之间由于电荷分离而产生的电势差和电荷之比。电容的单位是法拉(F)，用于表示单位电压下所存储的电荷量大小。

电容器是一种用于存储电荷的电气元件，通常由 2 个金属电极和介电材料构成。当在电容器两端施加电压时，金属电极之间的介电材料会发生极化，导致电容器内部存储电荷，使其具有电容性质。根据电容器的结构和材料的不同，电容器可以分为不同类型，如电解电容器、陶瓷电容器、瓷介电容器、聚酰亚胺电容器等。

电容的大小与电容器的结构、材料、电极间距、电介质厚度和介电常数等因素有关。通常情况下，电容器的电容与电极间距和电介质厚度成反比，与介电常数成正比。因此，可以通过改变电容器的结构和材料来控制电容的大小。

电容器在电路中有着广泛的应用，如用于滤波、电源稳压、信号耦合、频率调节等。在交流电路中，电容器可以起到分频、相移、滤波等作用，是电路中重要的元器件之一。

电容器尺寸如图 10-6 所示。

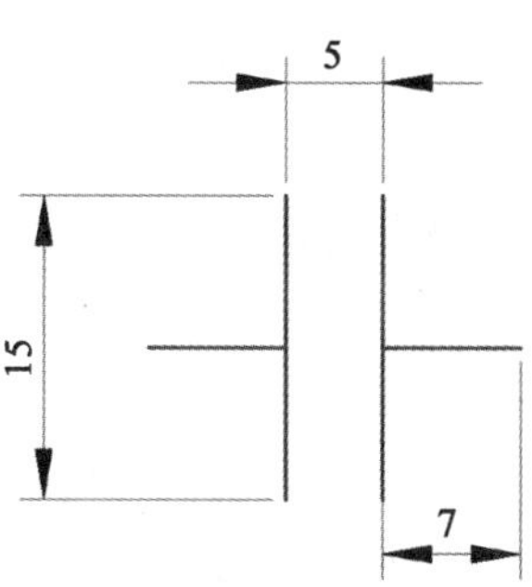


图 10-6　电容器尺寸

### （三）晶体振荡器

晶体振荡器是一种电子元器件，用于产生稳定的高频振荡信号。它通常由晶体谐振器、放大器和反馈电路等组件构成。晶体振荡器的工作原理是基于晶体谐振器的共振特性和放大器的反馈增益特性。

晶体振荡器的工作原理如下。晶体谐振器是晶体振荡器的核心部件，它可以通过由晶体和电容组成的谐振电路产生稳定的谐振频率。当外部电压施加在谐振电路上时，晶体谐振器的晶体会发生机械振动，产生电荷和电压的周期性变化，使谐振电路产生稳定的振荡信号。晶体振荡器的放大器部分通常由一个放大器电路组成，用于将晶体谐振器产生的微弱振荡信号放大到足够的幅度以驱动负载。反馈电路用于将放大器输出的一部分信号反馈到放大器输入端，形成正反馈作用，使晶体振荡器产生稳定的振荡信号。

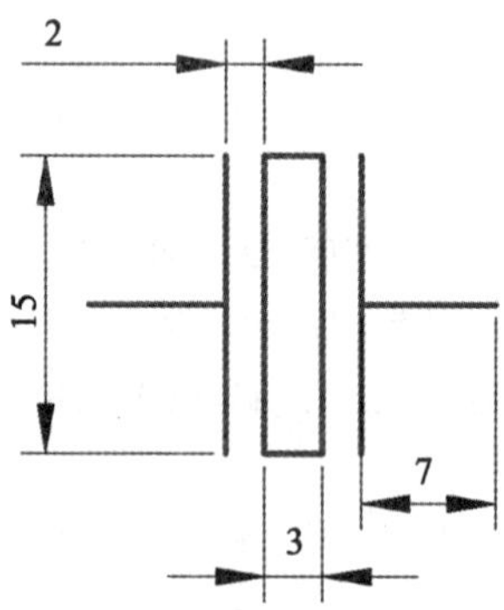

图 10-7　晶体振荡器尺寸

晶体振荡器的优点是频率稳定性高、噪声小、温度稳定性好、可靠性高等。它被广泛应用于电子产品中，如射频通信、计算机、控制系统、钟表等领域。晶体振荡器的种类和型号较多，常见的有温度补偿晶体振荡器、电压控制晶体振荡器等。

晶体振荡器尺寸如图 10-7 所示。

### （四）二极管

电气元件

二极管是一种半导体器件，由 P 型半导体和 N 型半导体组成。它具有单向导电性，即只有在正向偏置时才能导电，而在反向偏置时基本不导电。

二极管的工作原理是基于 P 型半导体和 N 型半导体之间的 PN 结的特性。当二极管的正极与 P 型半导体相连、负极与 N 型半导体相连时，形成了正向偏置，电子流从 P 型半导体向 N 型半导体流动，二极管导电；而当二极管的正极与 N 型半导体相连、负极与 P 型半导体相连时，形成了反向偏置，PN 结区域的电子被阻挡，二极管基本不导电。

二极管具有许多重要的特性和应用。其中，最基本的特性是单向导电性，使二极管能够在电路中起到整流、限幅、检波等作用。另外，二极管的电压降和电流关系近似指数函数关系，因此，二极管可以用于电压参考、温度补偿等。此外，二极管还可以用于组成各种电路元件，如稳压二极管、肖特基二极管、光电二极管等。

二极管尺寸如图 10-8 所示。

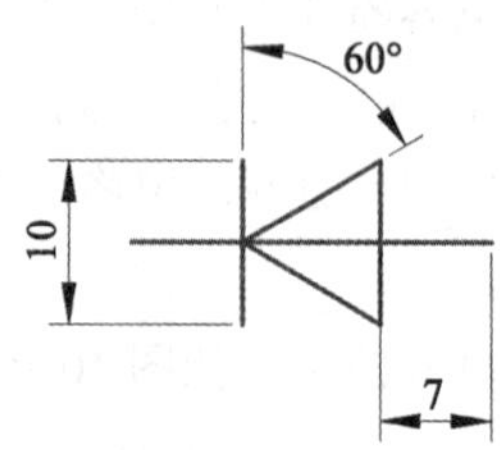

图 10-8　二极管尺寸

## （五）指示灯

指示灯是一种电气元件，用于指示电路的状态和工作情况。它通常由发光二极管、光敏电阻和电路板等组件构成。指示灯可以通过发光二极管的发光来指示电路的开关、故障、操作状态等。

指示灯具有许多重要的特性和应用。其中，最基本的特性是指示电路的状态和工作情况，可以用于电路调试、故障排查和操作指示等。另外，指示灯还可以用于面板指示、安全警示、信号传输等应用，如交通信号灯、机器设备指示灯等。

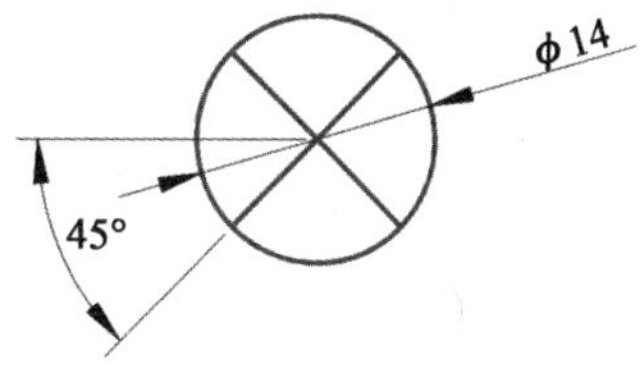


图 10-9　指示灯尺寸

指示灯尺寸如图 10-9 所示。

指示灯的基点应选择为上、下、左、右四点中的一点。

## （六）三极管

三极管是一种半导体器件，也称为晶体三极管或晶体管。它由 P 型半导体（基极）、N 型半导体（发射极）和 P 型半导体（集电极）组成，是一种具有放大作用的电子器件。

三极管的工作原理是基于 PNP 或 NPN 型晶体管的电子输运机制。当三极管的基极接到正向电压时，P 型半导体与 N 型半导体之间的 PN 结区域会变窄，使大量电子从 N 型半导体注入到 P 型半导体中，形成 P 型半导体区域中的电流。这个电流将通过集电极流回电路中，从而实现了三极管的放大作用。

三极管具有许多重要的特性和应用。其中，最基本的特性是放大作用，可以用于电路信号放大、开关控制等应用。另外，三极管还可以用于电路振荡、稳压、变频等，如正弦波振荡器、稳压电源、变频器等电路。

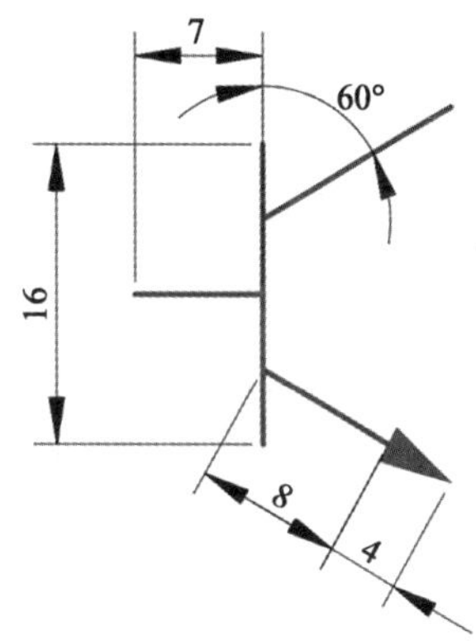


图 10-10　三极管尺寸

三极管尺寸如图 10-10 所示。

三极管的箭头画法参考电位器中的箭头画法。

## （七）电感器

电感是电学中的一种基本电性质，是指电流在导体中流动时，导体周围的磁场产生的自感电动势。电感的单位是亨利（H），用于表示单位电流在一个线圈中产生的磁通量与该线圈中的自感电动势的比值。

电感器是一种用于存储电磁能量的电气元件，通常由线圈和铁芯组成。当电流通过电感器中的线圈时，线圈中会产生磁场，磁场通过铁芯的导磁性使自身能够被集中，从而提高电感器的电感值。电感器的电感值与线圈的匝数、线圈的截面积、线圈中的磁芯材料等因素有关。

电感器在电路中有着广泛的应用，如用于滤波、振荡、变压和电源稳定等。在交流电路中，电感器可以起到阻抗变化、相移、滤波等作用，是电路中重要的元器件之一。电感器还可以用于电动机、变压器等电力设备中，起到能量传输和储存的作用。

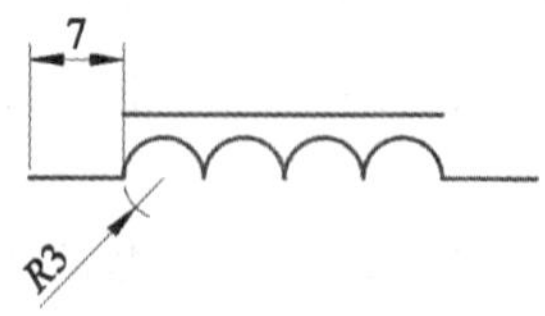

图 10-11　电感器尺寸

电感器尺寸如图 10-11 所示。

# 任务二　绘制三相异步电动机点动控制电路图

## 任务情景

学生需要根据给定的图例要求，使用 AutoCAD 绘制三相异步电动机点动控制电路图，包括设置图层、创建块、连接线路、添加文字说明等。

## 任务目标

(1) 了解三相异步电动机的基本结构和工作原理，掌握其电气参数和特性。

(2) 掌握电动机控制的基本原理和方法，了解电动机的启动、制动和控制过程。

(3) 学习点动控制电路的设计和实现方法，掌握电路中各个元件的作用和特点。

(4) 熟悉 AutoCAD 的使用方法，掌握电路图的绘制方法和技巧，能够准确地绘制出三相异步电动机点动控制电路图。

## 任务要求

(1) 绘制三相异步电动机点动控制电路图中所需的元器件，并创建为块。

(2) 完成元器件与线路的连接。

(3) 添加标号、文字等。

(4) 将文件保存为“学号后两位+姓名.dwg”。

## 任务思考

(1) 三相异步电动机连续正转的工作原理。

(2) 三相异步电动机连续正转电路图的设计与绘制。

## 任务实施

绘制三相异步电动机点动控制电路图

三相异步电动机点动控制电路图如图 10-12 所示。

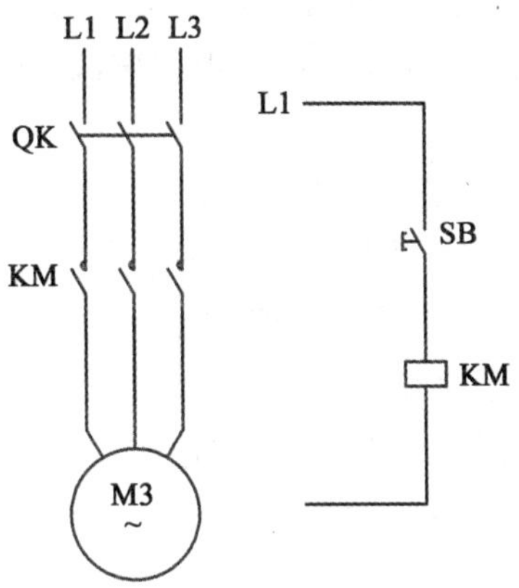


**图 10-12　三相异步电动机点动控制电路图**

## 一、图层设置

如图 10-13 所示，新建以下 3 个图层：

(1) 名称为“元器件”，颜色为“红”，线型为“Continuous”，线宽为“默认”；

(2) 名称为“线路”，颜色为“蓝”，线型为“Continuous”，线宽为“默认”；

(3) 名称为“文字”，颜色为“白”，线型为“Continuous”，线宽为“默认”。

| 状态 | 名称 | 开 | 冻结 | 锁... | 颜色 | 线型 | 线宽 | 透明度 | 打.. | 新.. | 说明 |
|---|---|---|---|---|---|---|---|---|---|---|---|
| | 0 | | | | 白 | Continuous | —— 默认 | 0 | | | |
| | 文字 | | | | 白 | Continuous | —— 默认 | 0 | | | |
| ✓ | 线路 | | | | 蓝 | Continuous | —— 默认 | 0 | | | |
| | 元器件 | | | | 红 | Continuous | —— 默认 | 0 | | | |

**图 10-13　三相异步电动机点动控制电路图的图层设置**

## 二、绘制所需元器件并创建为块

将图层切换为“元器件图层”，按照以下所给尺寸画出元器件，并创建为块。注意：基点的位置应选择在元器件的引脚处，对象选择应准确。

### (一)刀开关

刀开关(QK)是一种常用的电气开关，也称为刀闸开关、隔离开关或刀割开关。它主要用于断开电路或隔离电源，保证人员和设备的安全。刀开关通常由一个带有刀片的手柄和一个或多个固定的触点组成。手柄可以通过旋转或移动刀片，使触点分离或闭合，从而打开或关闭电路。当刀开关断开时，由于电路中没有带电触点，因此可以安全地进行操作。

刀开关通常分为单刀和双刀 2 种类型。单刀刀开关只有 1 个刀片和 1 个触点，适用于断开单个电源或电路，常用于低压电气系统，如家庭电气系统。双刀刀开关由 2 个刀片和 2 个触点组成，适用于断开双电源或双回路，常用于高压电气系统，如工业电气系统。本任务中使用的为三相刀开关，其绘制尺寸如图 10-14 所示。

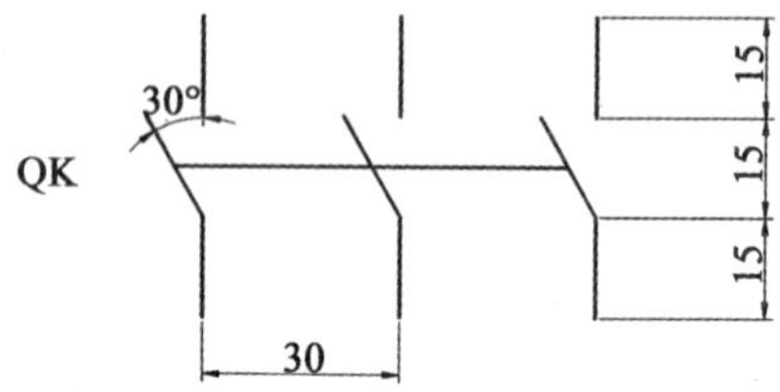


图 10-14　刀开关尺寸

### (二)交流接触器主触点及线圈

交流接触器(KM)是一种电气控制设备，用于控制电路的开关。它通常由电磁铁和一组接点组成，可以实现电路的远程控制、自动控制、保护控制等功能。交流接触器可以用于控制电动机、电炉、照明电路等各种电气设备。

交流接触器的基本原理是利用电磁铁的吸合和释放来控制接点的开关。当电磁铁通电时，它会产生磁场，吸引接点闭合，电路得以通电；当电磁铁断电时，它产生的磁场消失，接点松开，电路断电。交流接触器通常具有较大的开断容量和较长的使用寿命，可靠性高，被广泛应用于各种电气控制系统中。

交流接触器的分类和型号较多，常见的有 CJX2 系列、LC1 系列等。它们的区别主要在于额定电流、额定电压、触点数目、接线方式等方面，用户需要根据实际需求和设备要求选择合适的型号。

本任务所需交流接触器的主触点与线圈尺寸如图 10-15 与图 10-16 所示。

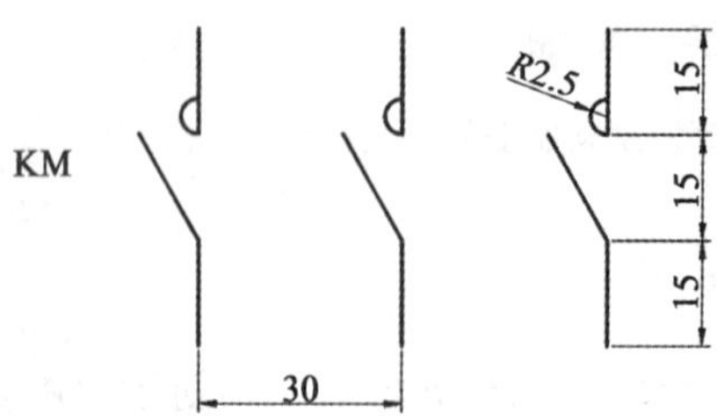


图 10-15　交流接触器主触点尺寸

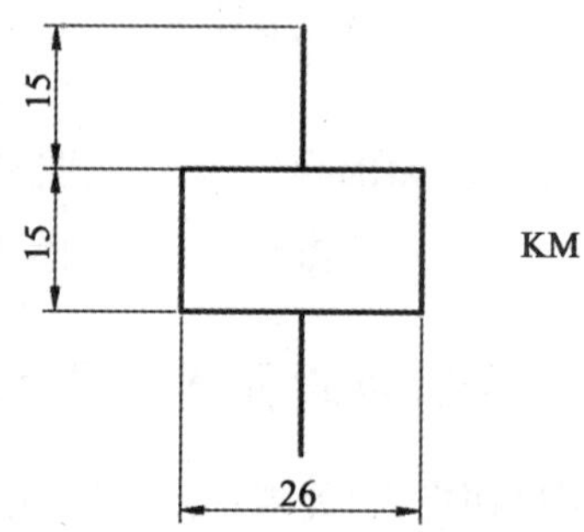


图 10-16　交流接触器线圈尺寸

### (三)三相异步电动机

三相异步电动机(M3~)是一种常用的交流电动机，被广泛应用于各种机械传动设备和工业生产中。它的主要部件包括定子和转子两部分。定子由三组相位差为120°的线圈组成，与电源相连，产生旋转磁场；转子是由导体构成的铁芯，安装在轴上，旋转时受到定子磁场的作用而产生电磁转矩，驱动机械设备转动。

三相异步电动机的工作原理是基于电磁感应和电磁力的相互作用。当定子通电时，产生旋转磁场，转子中的导体感应到旋转磁场，产生感应电动势，引起电流，同时产生电磁力，使转子旋转。由于转子的旋转速度稍低于旋转磁场的速度，因此，它被称为“异步”电动机。

三相异步电动机的特点是结构简单、可靠性高、使用寿命长、功率因数高、启动电流小等，特别适用于大功率、高效率的机械传动设备和工业生产。它的额定功率范围广泛，从几千瓦到几十万瓦不等，可满足各种不同的应用要求。

本任务使用的三相异步电动机尺寸如图10-17所示。

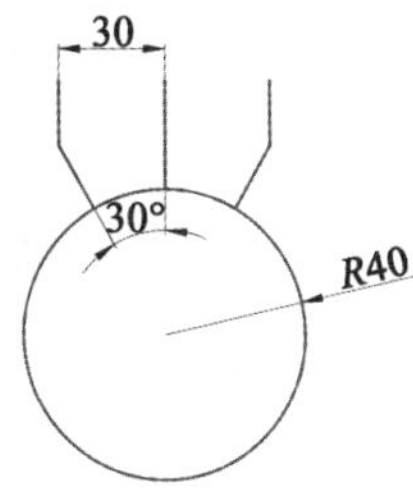


图10-17　三相异步电动机尺寸

### (四)启动按钮

按钮是一种电气开关，用于手动控制电路。它通常由按钮头、按钮体、弹簧、触点等组件组成。按钮头是用于按压的部分，通常具有不同的颜色和形状，以区分不同的功能。按钮体是按钮的壳体，通常由塑料或金属材料制成，具有抗压、防水、防尘等性能。弹簧用于恢复按钮头的位置，使按钮在按下后能够自动弹回。触点是按钮的核心部件，当按钮按下时，触点闭合，使电路通电；当按钮松开时，触点断开，电路断电。

按钮通常有2种类型：一种是按下即通电、松开即断电的常开型按钮；另一种是按下即断电、松开即通电的常闭型按钮。在实际应用中，常开型按钮通常用于控制电路的开关，如电灯开关；常闭型按钮通常用于控制电路的制动或反转，如电动机制动按钮。

本任务中的启动按钮(SB)为常开型按钮，其绘制尺寸如图10-18所示。

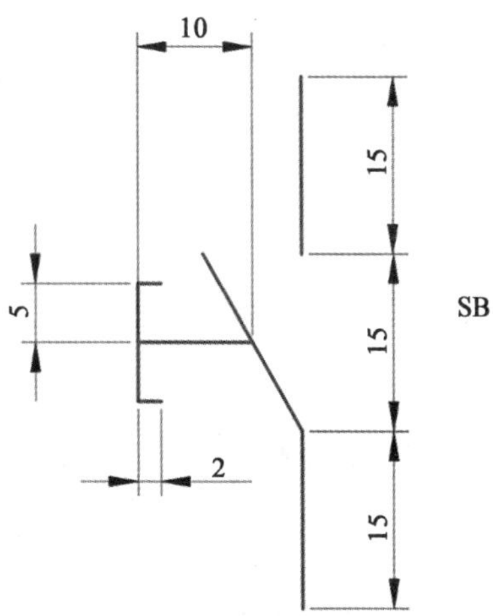


图10-18　启动按钮尺寸

## 三、线路连接

将图中所需元器件创建为块后，可以在块的“插入”窗口中选择使用，或者进入“最近使用的块”选项板选择使用，如图10-19所示。

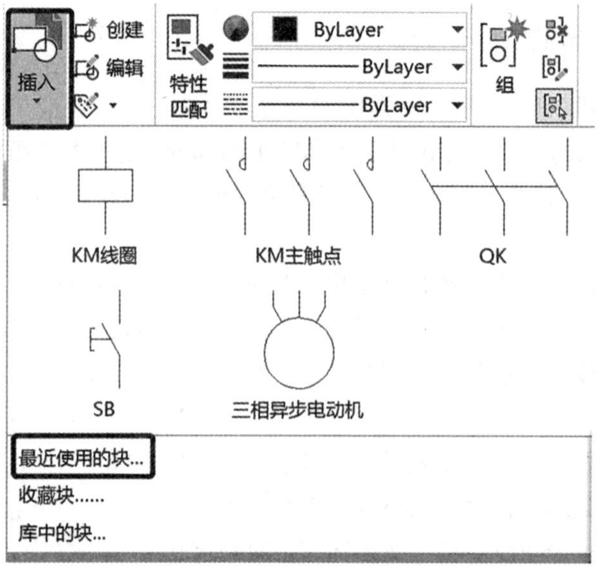


图 10-19　块的“插入”窗口

将元器件按照图 10-12 中的线路进行连接，线路连接效果如图 10-20 所示。

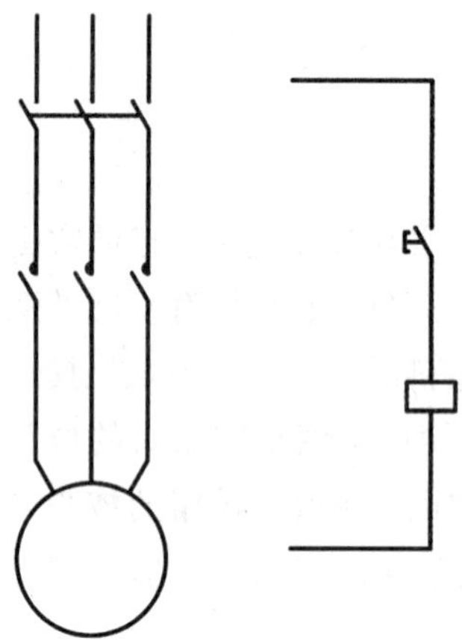

图 10-20　线路连接效果

## 四、插入文字

使用“多行文字”命令将图中的文字加入到相应位置，文字插入后效果见图 10-12。

## 五、工作原理

三相异步电动机点动控制电路是一种常用的电动机控制电路，可以实现电动机的点动启动。它的工作原理是通过控制电磁接触器的吸合和断开来控制电动机的启动和停止。下面是该电路的工作原理。

(1)闭合 QK，接通主电源 L1，L2，L3。

(2)当需要进行点动启动时，按下启动按钮 SB，交流接触器 KM 的线圈通电，交流接触器 KM 的主触点闭合，主电源与三相异步电动机之间接通，电动机开始运转。

(3)松开启动按钮 SB，交流接触器 KM 的线圈失电，交流接触器 KM 的主触点断开，主电源与三相异步电动机之间断开，电动机停止运转。

## 六、探索思考

设计并绘制“三相异步电动机连续正转控制电路图”，并考虑在电路中加入保护作用的元器件。

# 任务三 绘制跑马灯遥控电路原理图

### 任务情景

学生需要根据给定的图例要求，使用 AutoCAD 绘制跑马灯遥控电路原理图，包括设置图层、创建块、连接线路、添加文字说明等。

### 任务目标

(1)绘制跑马灯遥控电路的主要元件，如电源、电阻、二极管、三极管等。

(2)连接电路元件，绘制电路的电气连接和信号传输路径，以实现跑马灯遥控电路的功能。

### 任务要求

(1)绘制跑马灯遥控电路原理图中所需的元器件，并创建为块。

(2)完成元器件与线路的连接。

(3)添加标号、文字等。

(4)将文件保存为“学号后两位+姓名.dwg”。

### 任务思考

(1)优化电路结构和布局，以提高电路的性能和可靠性，避免干扰和误差。

(2)根据电路的设计要求和应用场景，选择合适的元件和参数，确保电路的正常工作和安全性。

### 任务实施

跑马灯遥控电路原理图如图 10-21 所示。

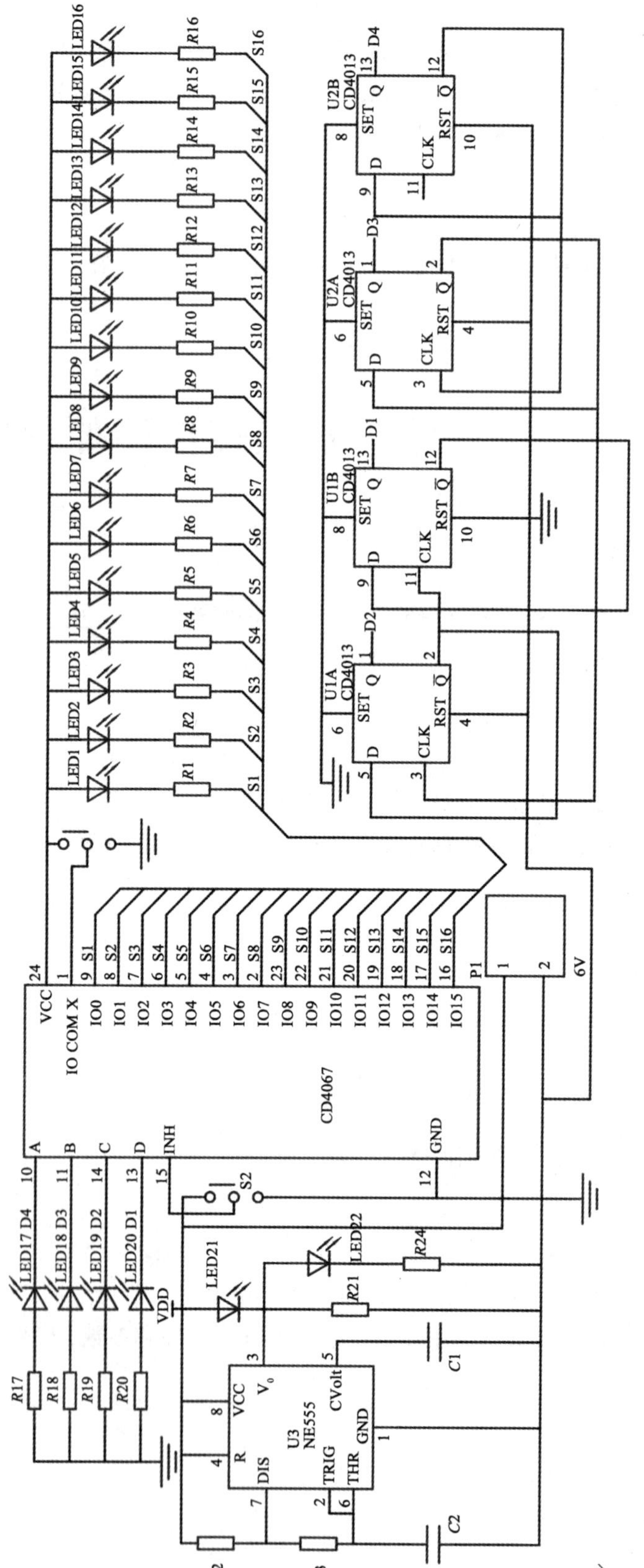


图10-21 跑马灯遥控电路原理图

## 一、图层设置

新建以下 3 个图层(图层颜色没有严格要求，区分元器件与线路即可)：

(1)名称为“元器件”，颜色为“红”，线型为“Continuous”，线宽为“默认”；

(2)名称为“线路”，颜色为“蓝”，线型为“Continuous”，线宽为“默认”；

(3)名称为“文字”，颜色为“白”，线型为“Continuous”，线宽为“默认”。

## 二、绘制所需元器件并创建为块

将图层切换为“元器件图层”，按照以下所给尺寸画出元器件，并创建为块。注意：基点的位置应选择在元器件的引脚处，对象选择应准确。

可以将本项目任务一中已经画过的元器件进行引用，如电阻(图 10-2)、电容器(图 10-6)。

### (一)发光二极管

发光二极管(LED)尺寸如图 10-22 所示。

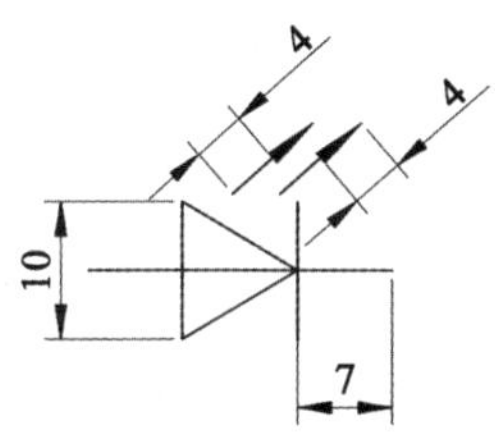


**图 10-22　发光二极管尺寸**

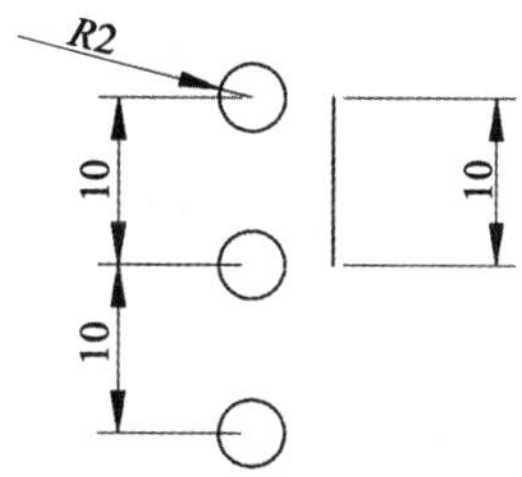


**图 10-23　开关尺寸**

发光二极管即在二极管的基础上添加 2 个箭头，用“多段线”命令绘制。

### (二)开关

开关(S)尺寸如图 10-23 所示。

### (三)接地符号

接地符号尺寸如图 10-24 所示。

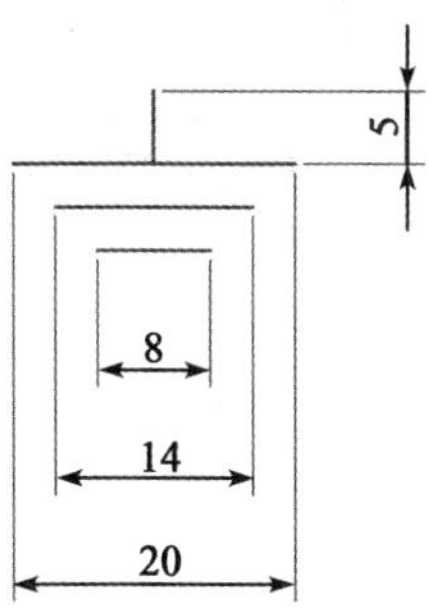


**图 10-24　接地符号尺寸**

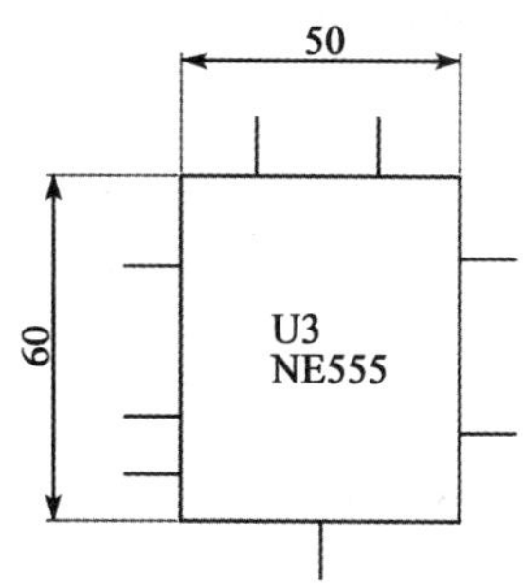


**图 10-25　NE555 尺寸**

(四)NE555

NE555 尺寸如图 10-25 所示。

(五)CD4067

CD4067 尺寸如图 10-26 所示。

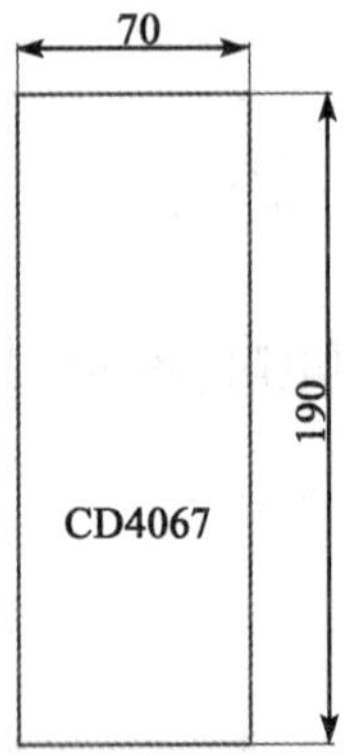


图 10-26　CD4067 尺寸

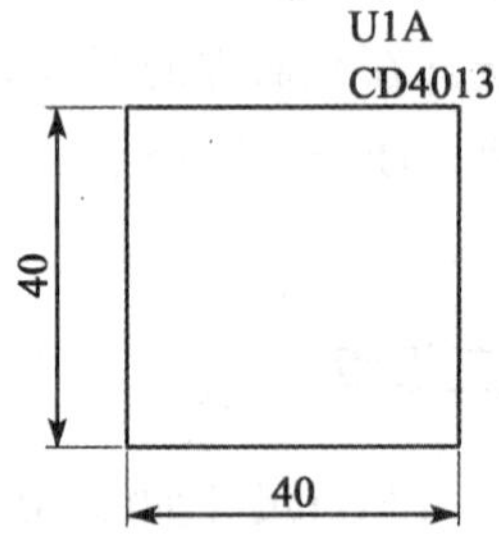


图 10-27　CD4013 尺寸

(六)CD4013

CD4013 尺寸如图 10-27 所示。

## 三、连接线路

将元器件与线路进行连接，线路连接效果如图 10-28 所示。

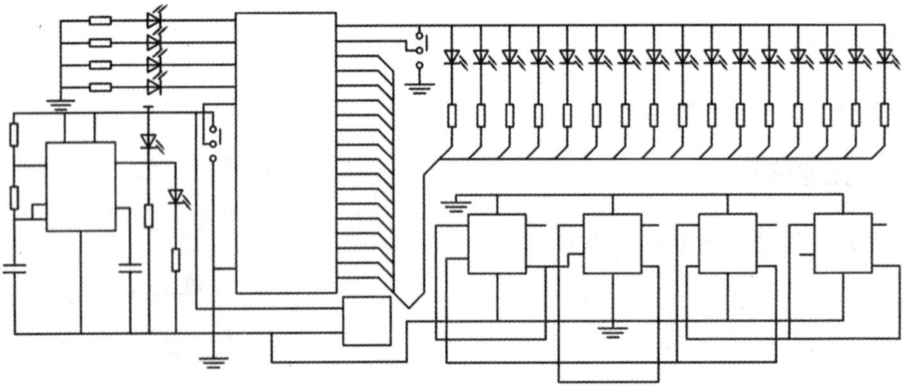

图 10-28　线路连接效果

## 四、加入文字

使用“多行文字”命令加入文字对象，最终效果如图 10-21 所示。

# 参考文献


[1]　李军.电气制图与CAD[M].北京:高等教育出版社,2017.

[2]　李善锋,姜勇.计算机辅助设计AutoCAD 2016中文版基础教程[M].4版.北京:人民邮电出版社,2020.

[3]　陈卫红.AutoCAD 2020项目教程[M].北京:机械工业出版社,2020.

[4]　李柏枝.AutoCAD 2018机械绘图技术[M].北京:机械工业出版社,2020.

[5]　李汾娟,李程.AutoCAD 2018项目教程[M].北京:机械工业出版社,2019.

# 附　录

**表 F-1　资源清单**

| 名称 | 二维码 | 页码 | 名称 | 二维码 | 页码 |
|---|---|---|---|---|---|
| AutoCAD 用户界面 | | 1-3 | 偏移 | | 2-18 |
| 文件管理 | | 1-7 | 修剪、延伸 | | 2-21 |
| 工作空间切换 | | 1-10 | 绘制点 | | 2-24 |
| 选择对象、平移缩放 | | 1-12 | 绘制构造线 | | 2-27 |
| 设置图层 | | 1-18 | 绘制圆 | | 2-32 |
| 正交模式绘制直线 | | 2-4 | 绘制圆弧 | | 2-35 |
| 利用坐标绘制直线 | | 2-6 | 圆角 | | 2-39 |
| 对象捕捉 | | 2-9 | 倒角 | | 2-41 |
| 极轴 | | 2-13 | 绘制圆、圆角案例 | | 2-43 |

表 F-1(续)

| 名称 | 二维码 | 页码 | 名称 | 二维码 | 页码 |
|---|---|---|---|---|---|
| 绘制矩形 | | 2-45 | 利用多边形、分解、镜像命令绘制图形 | | 3-23 |
| 多边形案例 | | 2-49 | 关键点编辑方式 | | 3-29 |
| 椭圆案例 | | 2-50 | 绘制多段线 | | 4-3 |
| 矩形、多边形、椭圆案例 | | 2-51 | 面域 | | 4-15 |
| 图案填充 | | 2-55 | 文字样式和单行文字 | | 5-2 |
| 综合进阶案例 | | 2-57 | 多行文字 | | 5-8 |
| 移动、复制命令 | | 3-3 | 标注样式 | | 6-2 |
| 使用直线、移动、复制、修剪等命令绘制如图所示图形 | | 3-6 | 线性尺寸标注、对齐标注、半径、直径、折弯标注 | | 6-12 |
| 阵列、偏移、修剪巩固提高案例 | | 3-12 | 基线、连续标注 | | 6-19 |
| 旋转、缩放案例 | | 3-15 | 尺寸标注巩固提高案例 | | 6-23 |
| 利用直线、圆、修剪、拉伸等命令绘制图形 | | 3-20 | 标注齿轮 | | 6-24 |

**表 F-1(续)**

| 名称 | 二维码 | 页码 | 名称 | 二维码 | 页码 |
|---|---|---|---|---|---|
| 块和块属性 | | 7-2 | 绘制三视图（主视图） | | 9-7 |
| 块属性的制作 | | 7-8 | 绘制三视图（俯视、左视） | | |
| 布局和打印 | | 7-12 | 绘制电气元件 | | 10-3 |
| 三维建模基础 | | 8-2 | 电气元件 | | 10-6 |
| 拉伸旋转 | | 8-3 | 绘制三相异步电动机点动控制电路图 | | 10-9 |
| 阵列绘图 | | 9-2 | | | |